基礎からわかる
機械設計学

茶谷明義／新宅救徳／放生明廣／喜成年泰／立矢 宏
共著

森北出版株式会社

●本書のサポート情報を当社Webサイトに掲載する場合があります．
下記のURLにアクセスし，サポートの案内をご覧ください．

　　　　　　　https://www.morikita.co.jp/support/

●本書の内容に関するご質問は，森北出版 出版部「(書名を明記)」係宛
に書面にて，もしくは下記のe-mailアドレスまでお願いします．なお，
電話でのご質問には応じかねますので，あらかじめご了承ください．

　　　　　　　editor@morikita.co.jp

●本書により得られた情報の使用から生じるいかなる損害についても，
当社および本書の著者は責任を負わないものとします．

■本書に記載している製品名，商標および登録商標は，各権利者に帰属
します．

■本書を無断で複写複製（電子化を含む）することは，著作権法上での
例外を除き，禁じられています．複写される場合は，そのつど事前に
(一社)出版者著作権管理機構（電話03-5244-5088, FAX03-5244-5089,
e-mail:info@jcopy.or.jp）の許諾を得てください．また本書を代行業者
等の第三者に依頼してスキャンやデジタル化することは，たとえ個人や
家庭内での利用であっても一切認められておりません．

まえがき

　本書は，大学・高専課程における「機械設計」を対象として，機械を構成する基本的な要素－機械要素－の仕組みと設計法について述べたものである．機械の設計法を修得するためには，材料力学，機械力学，流れ学，加工法など機械に共通する専門科目の履修のほか，機械に固有の専門知識や経験も必要である．いずれにしても，まずは各種機械要素の仕組みと機能を理解し，専門科目の履修で得られた知識をその設計に応用する能力を養うことが基本である．

　そこで本書は，機械設計の基本的な教科書として，機械要素の解説と専門科目の設計への応用演習の役割を果たし，また機械設計初心者用の簡単な便覧にもなり得ることを意図して執筆した．内容は，第1章では機械設計全般の基本について述べ，第2～11章では個々の機械要素を扱い，基本的な機械要素について網羅している．

　執筆に際しては，材料力学，機構学，産業機械，機械設計学など広範囲の専門分野に関わる複数の著者により各専門の立場から内容を検討し，基本的な機械要素について規格類に基づく解説を行い，力学的および運動学的観点から，「なぜそのような仕組みになり，現象が生じるのか，そして，どのように設計すればよいのか」が理解できるよう留意することとした．そこですべての章に，基本的あるいは応用的な例題と解答を配し，さらに理解がより深まることを期待して章末には演習問題を付した．これらの問題には是非とも解答を試みてほしい．このような問題を解き重ねることが設計能力を養うからである．

　なお，機械の設計能力をより向上させるためには，本書で設計の基本を，関連の専門科目から応用を学びながら，一方ではできる限り多くの実物の機械を見聞することも大切である．

　各章の分担は1，3，5章：茶谷，2，4，10，11章：放生，6，8，9章：新宅・喜成，7章：立矢である．読者が本書で機械設計の基本を学ぶとともに，誤りの指摘，助言などいただければ幸いである．

本書を草するにあたっては，森北出版(株)の石田昇司氏，吉松啓視氏に多大のご苦労をおかけした．厚く御礼申し上げる次第である．また，機械設計関連の多くの書物や資料を参考にさせていただいた．これらの著者の方々に厚く御礼申し上げます．

2002年10月

著　者

目　　次

第1章　機械設計の基本　　1
- 1.1　序　　論　　1
- 1.2　標 準 規 格　　2
- 1.3　材料の選択　　5
- 1.4　強 度 評 価　　6
  - 1.4.1　許容応力と安全率　　6
  - 1.4.2　応力集中　　7
  - 1.4.3　疲れ強さ　　9
  - 1.4.4　破壊じん性　　13
  - 1.4.5　温度の影響　　15
- 1.5　寸法公差とはめあい　　16
- 1.6　加工法と表面あらさ　　22
- 1.7　機械製図法　　24
- 演習問題　　25

第2章　締結用機械要素　　26
- 2.1　ね　　じ　　26
  - 2.1.1　ねじの基本事項と規格　　26
  - 2.1.2　ねじに作用する力と締付け力　　28
  - 2.1.3　ボルトに作用する力　　33
  - 2.1.4　ねじの強度設計　　34
  - 2.1.5　各種ねじ部品　　37
  - 2.1.6　ボルト，ナットのゆるみ止めと座金　　40
- 2.2　キー，スプライン，ピン　　41
  - 2.2.1　キー　　41
  - 2.2.2　キーの強度　　43

iv　目　次

　　2.2.3　スプライン，セレーション ……………………………… 44
　　2.2.4　ピン，コッタ …………………………………………… 46
　2.3　リベット継手 …………………………………………………… 47
　　2.3.1　リベット，リベット継手の種類 ………………………… 47
　　2.3.2　リベット継手の強度と効率 ……………………………… 48
　演 習 問 題 ………………………………………………………… 51

第3章　溶接および接着　　　　　　　　　　　　　　　　　　53

　3.1　溶接の特徴 ……………………………………………………… 53
　3.2　溶接方法の概要 ………………………………………………… 55
　3.3　溶接継手の設計 ………………………………………………… 55
　3.4　接着剤による接合 ……………………………………………… 59
　3.5　接 着 継 手 ……………………………………………………… 60
　演 習 問 題 ………………………………………………………… 61

第4章　軸および軸継手　　　　　　　　　　　　　　　　　　63

　4.1　軸 の 種 類 ……………………………………………………… 63
　4.2　軸 の 強 度 ……………………………………………………… 63
　　4.2.1　ねじりモーメント ………………………………………… 63
　　4.2.2　曲げモーメント …………………………………………… 66
　　4.2.3　ねじりと曲げが同時に加わる場合 ……………………… 67
　　4.2.4　軸のねじりこわさ ………………………………………… 67
　　4.2.5　キー溝，応力集中の影響 ………………………………… 68
　　4.2.6　危険回転速度 ……………………………………………… 71
　4.3　軸　継　手 ……………………………………………………… 72
　　4.3.1　固定継手 …………………………………………………… 73
　　4.3.2　たわみ継手 ………………………………………………… 74
　　4.3.3　自在継手 …………………………………………………… 75
　　4.3.4　かみ合いクラッチ ………………………………………… 76
　　4.3.5　摩擦クラッチ ……………………………………………… 77
　演 習 問 題 ………………………………………………………… 79

目　次　v

第5章　軸　　受　　80

5.1　軸受の種類　80
5.2　すべり軸受　80
5.2.1　油膜の力学的特性　82
5.2.2　すべり軸受の設計　87
5.2.3　軸受材料　91
5.2.4　給油法　92
5.2.5　含油軸受　92
5.3　転がり軸受　92
5.3.1　構造と種類　92
5.3.2　呼び番号　95
5.3.3　球面接触による応力　96
5.3.4　転がり軸受の選定　101
5.3.5　軸受ユニット　106
5.4　特殊軸受　107
5.5　直動玉軸受　107
5.6　ボールねじ　108
演習問題　108

第6章　歯　　車　　110

6.1　歯車の種類　110
6.2　歯車の条件　112
6.3　歯　形　113
6.4　インボリュート平歯車とそのかみ合い　117
6.5　インボリュート標準平歯車の名称と諸元　119
6.6　かみ合い率とすべり率　120
6.7　歯車製作における切下げの問題　122
6.8　転位歯車　124
6.9　平歯車の強度　127
6.10　平歯車各部の設計　133
6.11　はすば，やまば歯車　135

目次

- 6.12 かさ歯車 …………………………………………………… 136
- 6.13 ウォームギヤ ………………………………………………… 138
- 演習問題 …………………………………………………………… 140

第7章 リンクおよびカム機構 143

- 7.1 リンク機構 …………………………………………………… 143
  - 7.1.1 リンク機構の概要 …………………………………… 143
  - 7.1.2 対偶 …………………………………………………… 144
  - 7.1.3 機構の自由度 ………………………………………… 144
  - 7.1.4 リンク機構の主な使用目的 ………………………… 146
  - 7.1.5 リンク機構の運動 …………………………………… 146
  - 7.1.6 リンク機構に作用する力 …………………………… 149
  - 7.1.7 リンク機構のトルク ………………………………… 150
  - 7.1.8 平面4節リンク機構の評価法 ……………………… 150
- 7.2 カム機構 ……………………………………………………… 151
  - 7.2.1 カム機構の特徴 ……………………………………… 151
  - 7.2.2 カム曲線 ……………………………………………… 152
  - 7.2.3 カム機構の形状 ……………………………………… 154
  - 7.2.4 カム機構における圧力角とその影響 ……………… 155
  - 7.2.5 ピッチ曲線と輪郭の決定 …………………………… 157
  - 7.2.6 カム機構の静力学 …………………………………… 158
- 演習問題 …………………………………………………………… 158

第8章 巻き掛け伝動装置 160

- 8.1 ベルト伝動 …………………………………………………… 160
  - 8.1.1 平ベルト伝動 ………………………………………… 161
  - 8.1.2 Vベルト伝動 ………………………………………… 166
  - 8.1.3 その他のベルト ……………………………………… 171
- 8.2 チェーン伝動 ………………………………………………… 171
- 8.3 歯付きベルト伝動 …………………………………………… 174
- 8.4 ロープ伝動 …………………………………………………… 174

演習問題 ……………………………………………………… 176

第9章 制動装置　177
9.1 ブレーキ ……………………………………………… 177
9.2 つ め 車 ……………………………………………… 181
9.3 はずみ車 ……………………………………………… 183
演習問題 ……………………………………………………… 186

第10章 圧力容器，管，弁　188
10.1 圧力容器 …………………………………………… 188
10.2 管 …………………………………………………… 193
10.3 管 継 手 …………………………………………… 195
10.4 弁 …………………………………………………… 197
演習問題 ……………………………………………………… 198

第11章 ば　ね　199
11.1 ばねの種類と用途 ………………………………… 199
11.2 コイルばね ………………………………………… 201
　11.2.1 引張圧縮コイルばね …………………………… 201
　11.2.2 ねじりコイルばね ……………………………… 204
11.3 重ね板ばね ………………………………………… 206
11.4 トーションバー …………………………………… 208
演習問題 ……………………………………………………… 209

付　　　録 …………………………………………………… 211
演習問題解答 ………………………………………………… 213
参 考 文 献 …………………………………………………… 219
さ く い ん …………………………………………………… 221

第1章
機械設計の基本

1.1 序　論

　機械設計とは機械を作り上げるための具体的方法を示すことをいい，機械工学の諸分野の応用を基盤としている．すなわち，機械に要求される仕事を実現するための機構(mechanisms)と構造(structure)，あるいは機械を構成する部品(machine parts)を決定し，使用する材料(materials)とその加工法(working process)を選定することである．その結果，機械の目的にかなった機能(function)を発揮する仕組みになっているのか，安全性あるいは信頼性(reliability)はどうか，また生産性(productivity)があるか，保守点検の容易さ，廃棄処分時のリサイクル性や処分法，関係法規など，設計する機械によるが，一般的には多くの観点からの検討が必要である．そのために機構と構造に関する最初の提案が変更されることがしばしばで，やり直しを繰り返すのが普通である．このような設計手順を大まかに示したのが図1.1である．

　図1.1で，仕様(specification)とは作ろうとする機械の目的と条件を示し，設計情報には関係する各種のカタログ，JIS等の規格や類似機械に関する情報が含まれる．機構と構造の決定には機構学，材料力学や機械力学，適切な材料の選択には材料学，加工法の選択には機械工作法などの専門科目から得られる知識が必要であり，たとえばポンプなど流体を扱う機械ならば流れ学，熱が関係すれば熱力学からの知識が必要である．また設計の結果は図面化されるので，機械製図法を習得していなければならない．このほか，機械設計では理論的に細部を決定しにくい場合があり，経験的な対応が要求されることも多い．

　また近年，各種作業の効率化を図るためにコンピュータが普及している．機械設計にコンピュータを組み入れたシステムをCAD(computer aided design：計算機援用設計)といい，製作過程に取り入れたものをCAM(com-

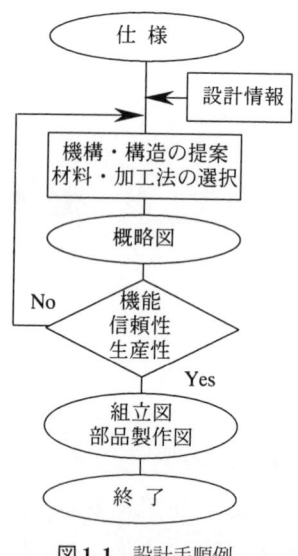

図1.1　設計手順例

puter aided manufacturing：計算機援用製作）という．設計者は設計情報管理，設計製図，設計計算のためのコンピュータ利用技術にも慣れることが求められる．

　一般に機械は複数の部品から構成され，機械全体の構成部品はその機械に特有な部品とほかの機械にもよく用いられるものに大別される．このようにほかの機械にもよく用いられる部品，たとえばねじ部品，軸，軸受，歯車，ばねなどを機械要素(machine element)という．これらのうち，ねじ部品であるボルトとナット，軸受の一種である玉軸受など多量に用いられる部品は規格化され，市販品として入手が容易であるので，その特性と使用法を知ることが設計上必要である．多種多様なために規格化されにくいすべり軸受や歯車などについては使用条件のもとで，それぞれの設計法を学ぶ必要がある．このような機械要素の仕組みを理解し，その使用法と設計法を学ぶことが機械設計の基本である．

1.2　標準規格

　各種機械に用いられる同種の機械要素の寸法をそれぞれ機械独自の設計によ

って異なったものとすれば，設計ごとに同種の機械要素を製作することになる．そこで手間を省くためにあらかじめそれぞれの設計結果に合うようにきわめて多種類の寸法のものを準備しておくのも大変である．しかし，設計結果通りの寸法でなくとも機能上や安全上また経済的に差し支えない範囲で許容される寸法のものが標準品としてあらかじめ準備されていれば，それをそのまま使用できるので大変都合よく便利である．このような標準品の需要が多ければ，多量に安価で一定の水準以上のものが常時準備されることになる．また常時準備されていれば機械製作時のみならず損傷時などの部品交換にもすぐに応じられて便利である．

このために工業上必要か，あるいは便利なものについては工業規格として標準品が定められている．国家の規格としてわが国では日本工業規格，通称 JIS (Japanese Industrial Standard) があり，アメリカに ASA (American Standard Association)，イギリスに BS (British Standard)，ドイツに DIN (Deutsche Industrie Normen) などがある．国際的には，国際標準化機構 ISO (International Organization for Standardization) があり，わが国のものはほとんどこれに沿っている．そのほか，学協会や企業内での規格もある．

標準品を定める場合，その大きさ（寸法）はどのような間隔で決められているのか．これには等差級数的なものと等比級数的なものが考えられるが，実用的価値が大きい後者の等比級数的なものが採用されている．これを標準数 (preferred number) といい，1 から 10 の間を等比級数的に，たとえば 10 等分すれば公比が $\sqrt[10]{10}=1.25$ の数列 1.00，1.25，1.60，2.00，2.50，3.15，4.00，5.00，6.30，8.00，10.00 となる．この考え方を 1 以下の場合には 1 桁下げて…，0.63，0.80，1.00，10 以上の場合には 1 桁上げて 10.0，12.5，16.0，…のように適用し，この場合の数列を R10 で表す．表 1.1 には JIS Z 8601 に基づく基本数列の標準数を示してある．

標準数を適用する際には間隔の粗いものから R5，R10，R20，R40 の順に取り上げることとしている．このような標準数による数値を採用すれば製品の寸法に互換性または共通性が出てくるので大変便利であり，経済的である．標準品の大きさや規格化の数値はこのような標準数に基づいて定められているので，使用する機械要素の類は特別に必要な場合を除いてできるだけ規格品とするこ

表 1.1 基本数列の標準数

記号	基本数列の標準数				特別数列の標準数	
	R 5	R 10	R 20	R 40	R 80	
公比	$\sqrt[5]{10}$	$\sqrt[10]{10}$	$\sqrt[20]{10}$	$\sqrt[40]{10}$	$\sqrt[80]{10}$	
標準数	1.00	1.00	1.00	1.00	1.00	1.03
				1.06	1.06	1.09
			1.12	1.12	1.12	1.15
				1.18	1.18	1.22
		1.25	1.25	1.25	1.25	1.28
				1.32	1.32	1.36
			1.40	1.40	1.40	1.45
				1.50	1.50	1.55
	1.60	1.60	1.60	1.60	1.60	1.65
				1.70	1.70	1.75
			1.80	1.80	1.80	1.85
				1.90	1.90	1.95
		2.00	2.00	2.00	2.00	2.06
				2.12	2.12	2.18
			2.24	2.24	2.25	2.30
				2.36	2.36	2.43
	2.50	2.50	2.50	2.50	2.50	2.58
				2.65	2.65	2.72
			2.80	2.80	2.80	2.90
				3.00	3.00	3.07
		3.15	3.15	3.15	3.15	3.25
				3.35	3.35	3.45
			3.55	3.55	3.55	3.65
				3.75	3.75	3.87
	4.00	4.00	4.00	4.00	4.00	4.12
				4.25	4.25	4.37
			4.50	4.50	4.50	4.62
				4.75	4.75	4.87
		5.00	5.00	5.00	5.00	5.15
				5.30	5.30	5.45
			5.60	5.60	5.60	5.80
				6.00	6.00	6.15
	6.30	6.30	6.30	6.30	6.30	6.50
				6.70	6.70	6.90
			7.10	7.10	7.10	7.30
				7.50	7.50	7.75
		8.00	8.00	8.00	8.00	8.25
				8.50	8.50	8.75
			9.00	9.00	9.00	9.25
				9.50	9.50	9.75

とが望ましい．

1.3 材料の選択

どのような材料を用いるかは機械の破損防止の観点から強度特性はもちろんであるが，ほかの諸特性や条件も勘案して決定されねばならない．そこで材料選択時の主な指針をまとめると次のようになる．

1) 必要な機械的性質をもつかどうか(強度と変形特性)．
2) 加工や熱処理の容易さはどうか(加工方法と加工費)．
3) 表面処理・仕上げ・塗装をどうするのか(耐摩耗性や耐食性など)．
4) 素材の入手は容易かどうか(素材の価格と納期)．
5) その他(重量制限，保守，廃棄処理法，リサイクル性など)．

上記のうちで1)と2)は密接に関係し，使用環境や雰囲気，温度，部材に作用する荷重状態などの使用条件のもとで検討される項目で，特に1)は機械の強度維持と機能を保証するための重要事項である．なお，昔からの材料のほか最近の材料についても検討し，利点があればそれを積極的に取り入れたいものである．

機械構造用材料はきわめて多岐にわたっているが，代表的な鉄鋼材料 (steels)，非鉄金属材料 (non-ferrous metals)，プラスチック (plastics)，木材 (woods) の機械的性質の一部を巻末の付表に示した．なお，表中の縦弾性係数はヤング率 (Young's modulus) ともいう．

付表1に示した金属材料の場合は，普通鋼，合金鋼，特殊鋼，鋳鉄などの鉄鋼材料と，銅とその合金，アルミニウムとその合金，チタンとその合金，その他などの非鉄金属材料に大別され，いずれも強度は成分元素はもちろん熱処理の影響を受ける．非鉄金属材料の場合，銅系は一般に高導電率と高熱伝導度を有するが，添加元素によって種々の特性をもつ．アルミニウム系とチタン系は鉄鋼に比較してかなりの強度をもち，しかも耐食性があるので，比較的高価ではあるが，構造用部材としてよく用いられる．付表2のようなプラスチックは一般に軽量でさびない，加工性良好などの特徴があり，強度や耐熱性，経年変化(耐候性)，廃棄処理などに問題があるが，よく用いられている．熱可塑性のものとしてポリプロピレン，ポリエチレン，ナイロン，塩化ビニール，アセ

タール，ポリカーボネイトなど，熱硬化性のものとしてフェノール，ユリヤ，メラミン，不飽和ポリエステル，エポキシなどがある．近年では，これらのプラスチックにガラスや炭素繊維をいれて強度上昇を図った繊維強化複合材料（FRP）が構造用によく用いられている．なお，一般にプラスチックは金属に比較して常温下で5～10倍程度熱膨張係数が大きく，常温近辺での強度の温度による影響も大きい．付表3は木材の大体の強度を示したもので，縦引張強度より縦圧縮強度が小さく，横圧縮になるとさらに小さくなることがわかる．しかし同産地同種材であっても乾燥度（比重と含水率に影響）や年輪幅，中心部か周辺部かによって強度は異なる．なお，これらのほかに高温状態にあっても強度が保持されるセラミックス（ceramics）がある．

1.4 強度評価
1.4.1 許容応力と安全率

機械には稼働中はもちろん静止中にも荷重が作用するために応力が発生し，これが許容限度を越えて機械が破損したりすることがないようにしておかねばならない．そのためにはまず，機械の各部分に作用する応力を明らかにする必要がある．棒，はり，板，柱などの基本的な構造要素にさまざまな荷重が作用する場合について応力や変形をまとめた強度設計資料[1]があるので活用されたい．

なお近年，有限要素法（FEM：finite element method）などによって構造物の数値的応力計算が行えるようになっているが，まず従来の簡便な材料力学的手法に慣れておくことが大切である．

いま作用応力を σ，許容応力を σ_{al} とすれば

$$\sigma \leqq \sigma_{al} \tag{1.1}$$

でなければならない．ここで σ_{al} は作用応力の種類と材料によって決定される基準強さ σ_M および1より大きい係数 S を用いて

$$\sigma_{al} = \frac{\sigma_M}{S} \tag{1.2}$$

と表される．ここで S は安全率であって，一般に σ_M に含まれるばらつきと種々の影響因子を見込んで許容応力を低くし，作用応力による破損に対して安

全度を十分に高くしようとするためのものである．これから明らかなように安全率を大きく取れば，作用応力が低く押さえられるために応力を負担する材料を増やして部材を大きくし，不必要な材料を使うことにもなりかねない．基準強さ σ_M としては降伏強さ，引張強さ，繰返し応力下での強さなどがよく用いられ，このほかに圧縮荷重下での座屈強さや高温の一定荷重下ではクリープ強さが必要となることもある．安全率はこのような基準強さの取り方によるが，一般に不確かさの程度が大きいほど大きく，経験的な面が大きい．古くから参考にされている安全率の例は表1.2のようである．これは引張強さを基準にしたもので，材料と荷重の種類によって値が異なっている．しかし後述のように安全率は条件を限定して確率・統計的に決定されることもある．

表1.2 アンウィンの安全率

材料	静荷重	繰返し荷重		衝撃荷重
		片振り	両振り	
鋼	3	5	8	12
鋳鉄	4	6	10	15
木材	7	10	15	20
石，煉瓦	20	30	-	-

1.4.2 応力集中

円穴部や肩部などのように断面が急変する部分を切欠き (notch) といい，この部分では応力集中があるために応力が大きくなり，破壊しやすい．そのためにできる限りこのような応力集中 (stress concentration) を小さくする工夫が必要であるが，一般には部材の機能上どうしても切欠き部が残ることが多いので，この部分の応力を評価しておかねばならない．

図1.2は引張荷重を受ける帯板に円穴切欠きがある場合について最小断面部における応力分布の例を示したもので，断面内で一様ではなく切欠き縁で応力は最大になる．このような切欠き縁の最大応力 σ_{max} と平均公称応力 σ_n との比，

$$\alpha = \frac{\sigma_{max}}{\sigma_n} \tag{1.3}$$

α を応力集中係数または形状係数といい，ほとんど形状のみによって決定される定数である．この図1.2の場合，α は円穴の直径に依存し，直径が大きく帯

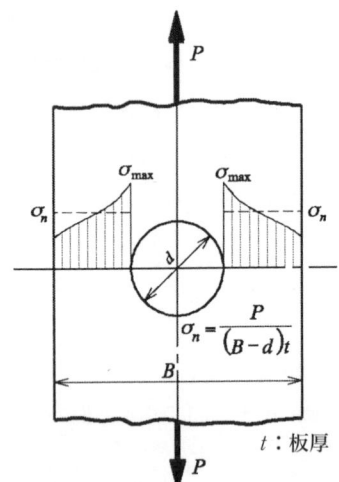

図1.2 帯板円穴部の応力集中

板の幅に近くなると2,小さく0に近づくとαは3に近づく.

図1.3[2]は半円形円周切欠きをもつ丸棒に引張荷重P,曲げモーメントM,ねじりモーメントTが作用する場合,切欠き底の最小断面部における応力集中

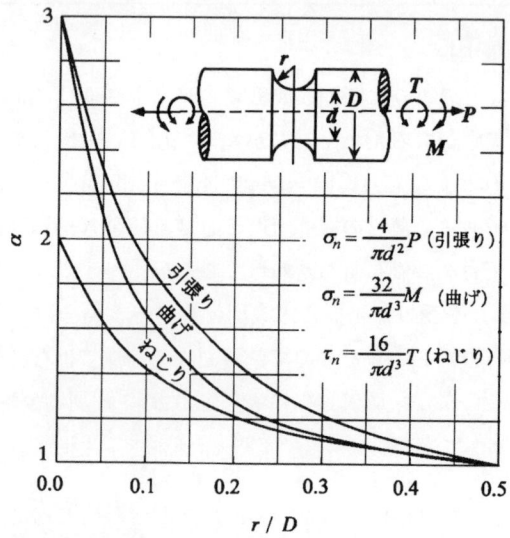

図1.3 半円形円周切欠きをもつ丸棒の応力集中係数[2]

係数をまとめて例示したものである．切欠き半径 r を大きくして切欠き表面を平坦にすれば応力集中係数は小さくなり，1 に近づくことがわかる．これらのほかさまざまな場合について応力集中係数が求められている[12,38]．

1.4.3 疲れ強さ

一般に機械部材に作用する応力は繰り返されることが多く，許容応力を知るために繰返し応力下での強さ（疲れ強さまたは疲労強度という）を知る必要がある．図 1.4 のように最大値が σ_{max}，最小値が σ_{min} である応力が，一定の平均応力 σ_m のもとで繰り返されるとき，応力振幅 $\sigma_a=(\sigma_{max}-\sigma_{min})/2$ を縦軸に取り，横軸に材料が破壊するまでの繰返し数 N を取れば図 1.5 のようになる．この曲線を $S-N$ 曲線と呼び，鋼材では N が $10^6 \sim 10^7$ で水平となるが，多くの非鉄材料では N の増大につれて勾配はゆるやかにはなるものの右下がりの傾向を示す．そこで鋼材では，水平となって勾配が 0 となるときの応力を疲れ強さの限界として疲れ限度といい，水平とならない場合は，$N=10^7$ における応力を疲れ限度とみなしている．$S-N$ 曲線で応力が繰返し数とともに減少している領域では時間強度といい，繰返し数を指定したときの疲れ強さをいう．表 1.3[36] にはいくつかの鉄鋼材料について基準強さの例を示してある．実際の機械に作用する応力波形は図 1.4 のように単純な正弦波状でないことも多いが，正弦波状での結果を基本として疲れ強さを評価している．なお，繰返し応力波形の特徴を表すためにパラメータとして $R=\sigma_{min}/\sigma_{max}$ が用いられている．

疲れ強さは材料や形状，応力のかかり方などに影響を受ける．このような影

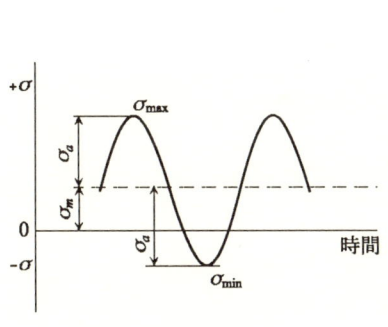

図 1.4　繰返し応力波形

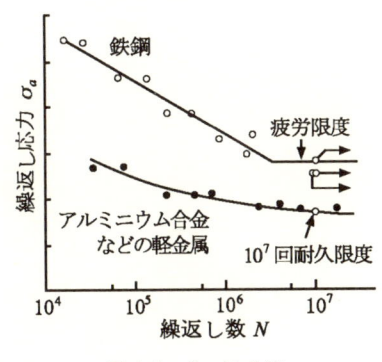

図 1.5　$S-N$ 曲線

表1.3 主要鋼材の基準強さ[36]

材料		引張強さ	疲れ限度		
名 称	JIS	σ_B [MPa]	両振引張圧縮σ_{wt} [MPa]	回転曲げσ_{wb} [MPa]	両振ねじりτ_w [MPa]
機械構造用炭素鋼	S30C	550〜670	200〜330	230〜370	110〜200
〃	S40C	620〜760	220〜360	250〜390	130〜220
〃	S50C	750〜950	230〜360	290〜400	140〜230
ニッケルクロム鋼	SNC3	950以上	310	330	210
〃	SNC22	1000 〃	330	350	220
ニッケルクロモリブデン鋼	SNCM2	950 〃	310	330	210
	SNCM22	900 〃	290	310	200
ステンレス鋼	SUS27	520 〃	170	180	110
〃	SUS51	550 〃	220	240	120
ばね鋼	SUP3	1200 〃	390	420	260
〃	SUP7	1450 〃	480	500	320
鋳 鋼	SC450	450 〃		130	
〃	SC540	540 〃		150	
鋳 鉄	FC200	200 〃	30	60	60
〃	FC300	300 〃	50	90	90

響因子について次に述べる．

(1) 材 質

材質の影響は大きいが，鉄鋼材料を対象に引張強さ σ_B と回転曲げ疲れ強さ σ_{wb}，引張圧縮疲れ強さ σ_{wt}，繰返しねじり疲れ強さ τ_w の関係は図1.6のよう

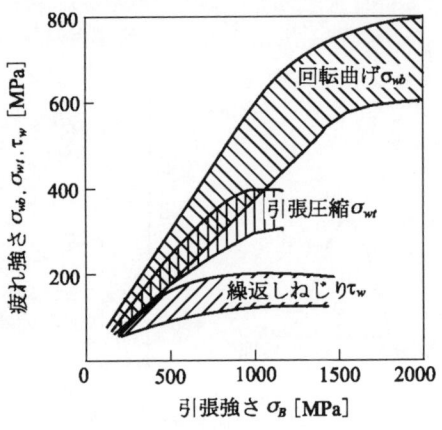

図1.6 鋼の引張強さと疲れ強さの関係

になる．引張強さと疲れ強さの間にはほぼ比例関係が成立つが，引張強さが1000 MPa を越えるような材料では疲れ強さに引張強さの影響がない．鉄鋼以外のアルミ合金や黄銅は図中のばらつき範囲の下限に近い．

（2）平均応力（静応力成分）

応力振幅に及ぼす平均応力の影響を示したのが図1.7である．ここで平均応力 σ_m は図1.4より $(\sigma_{max}+\sigma_{min})/2$ であり，平均応力が 0 の場合を両振り，応力振幅に等しい場合を片振りという．両振りの疲れ限度を σ_w として応力振幅 σ_a で表された疲れ限度は

$$\left.\begin{aligned}\sigma_a &= \sigma_w\left(1-\frac{\sigma_m}{\sigma_T}\right) \\ \text{あるいは}\quad \sigma_a &= \sigma_w\left\{1-\left(\frac{\sigma_m}{\sigma_B}\right)^2\right\} \\ \sigma_a &= \sigma_w\left(1-\frac{\sigma_m}{\sigma_B}\right) \\ \sigma_a &= \sigma_w\left(1-\frac{\sigma_m}{\sigma_y}\right)\end{aligned}\right\} \quad (1.4)$$

で評価され，ここで σ_T は真破断強さ，σ_y は降伏強さである．式(1.4)の第二式はゲルバー線図，第三式は修正グッドマン線図，第四式はゾーダーベルク線図として知られている．

なお，残留応力を静応力成分として平均応力に加算し，平均応力を負側に拡張して考えれば，圧縮残留応力は応力振幅を大きくするので，疲れ強さの上昇に寄与することがわかる．また作用最大応力が材料の降伏強さよりも小さくなるためには図中の影線の範囲内に応力がなければならない．

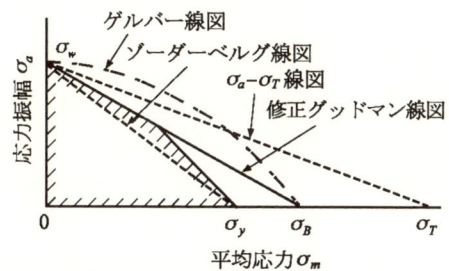

図1.7 疲れ限度線図

（3）応力集中

疲れ強さは応力集中があると，応力集中がない平滑材で求められたもの σ_w

より低下する．この場合の強さを応力集中を考慮しない平均の公称応力 σ_{wk} で表せば，

$$\sigma_{wk} = \frac{\sigma_w}{\beta} \tag{1.5}$$

である．ここで β を切欠き係数といい，1より大きく，応力集中係数 α より小さいか等しいことがわかっている．この σ_{wk} は材料や切欠き形状に依存し，関連資料がなければ正確な強度評価をするためにこれを実験によって求めておかねばならない．しかし資料を得るには相当の試験機と労力や時間を要する．そこで近似的ではあるが，α とその他の定数から β を推定する方法がいくつか提案されている．その方法の一つに，切欠き感度係数 η を α と β に関係付けて

$$\eta = \frac{\beta - 1}{\alpha - 1} \quad \therefore \quad \beta = 1 + \eta(\alpha - 1) \tag{1.6}$$

とし，η を別に求めておく方法 $(0 \leq \eta \leq 1)$ がある[4]．

（4） 寸　法

試験片の寸法によって疲れ強さが影響を受けることを疲れ強さの寸法効果といい，曲げやねじりの場合のように一般に応力勾配がある場合に現れ，寸法が大きくなると疲れ強さは小さくなる．たとえば，回転曲げを受ける鋼で，直径 200 mm の試験片の疲れ限度は直径 10 mm の場合に比較して 8〜14 ％，直径 50 mm の場合は 5〜10 ％ 減少する．

（5） 表面仕上げ

表面仕上げの程度も疲れ強さに影響する．たとえば，回転曲げを受ける切削仕上げ鋼では，高強度になるほど影響が大きく，表面あらさが 1 μm 程度以下の研磨仕上げの場合に比較して 10〜30 ％ 低下する．

（6） その他：環境・雰囲気など

海水中や水分を含んだ地表などのように腐食性雰囲気のなかでは，腐食作用のために疲れ強さは大気中の場合に比較して著しく低下する．このような現象を腐食疲れといい，腐食疲れの防止上，適当な腐食しろを見込み，定期的に部材の検査あるいは交換をする，より優れた耐腐食性材料を採用するなどの対策が必要である．

1.4.4 破壊じん性

き裂 (crack) をもつ材料の強度を評価することは必ずしも容易ではないが，き裂の進展による脆性破壊の条件を破壊力学的パラメータで表すことができる[5]．実用的に重要なモードⅠ（き裂面に垂直方向に引張応力が作用する場合）についてその基本的な考え方を述べる．図1.8は，無限板中に長さ $2a$ のき裂があって遠方でき裂面に垂直方向に応力 σ_0 を受けたときのき裂先端近傍の位置 x における応力 σ の分布を定性的に示したものである．これは

$$\sigma = \frac{K}{\sqrt{2\pi x}} \tag{1.7}$$

で表すことができ，き裂先端 $x=0$ では応力は理論上 ∞ となる．ここで K は応力拡大係数といい，き裂先端近傍の応力値とその分布を示し，公称応力 σ_0 とき裂寸法 a に依存する．すなわち

$$K = \sigma_0 \sqrt{\pi a} \tag{1.8}$$

である．き裂をもつ一般の物体の応力拡大係数は，物体の形状と荷重形式で定まる定数 f を用いて

$$K = f\sigma_0 \sqrt{\pi a} \tag{1.9}$$

で表され，物体が相似形状ならば f は一定値になる．図1.9のような場合は

$$f = \sqrt{\sec(\pi a/W)} \tag{1.10}$$

であり，他のさまざまな場合については別に資料[6],[7]を参考にされたい．

き裂の進展にはこの K が関係し，

$$K_c > K \tag{1.11}$$

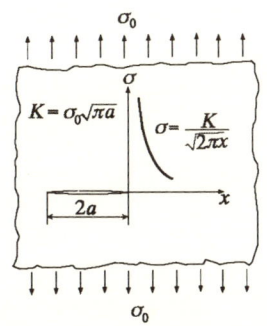
図1.8 き裂をもつ無限板の引張り

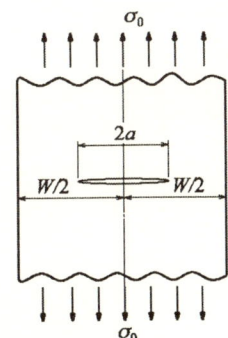
図1.9 中央にき裂をもつ帯板の引張り

ならば，き裂が一気に進展することはない．ここで K_c を破壊じん性（fracture toughness）といい，一般には変形速度，板厚，同種材料でも熱処理や組織などによって影響を受け，引張強さが大きいほど低くなる傾向がある．

このような破壊じん性の値がわかれば，式(1.9)によって脆性破壊を生ずるときの公称応力とき裂の長さの限界値を知ることができる．また，き裂の挙動が K に依存することから，き裂の長さと K の関係が十分明らかであれば，材料に発生しているき裂の大きさがある程度まで許容されるという考え方に基づいて損傷許容設計が行われている．

例題1.1

強度設計において安全率は強度のばらつきや応力のかかり方などを考慮して経験的に定められることが多い．しかしこれを統計学に基づいてできるだけ理論的に求めるために，作用応力 σ_L と基準強さ σ_M にはそれぞればらつきがあり，図1.10(a)のような分布をするとしよう．ここで両分布が重なる影線部分では $\sigma_M - \sigma_L < 0$ となるので，破損が起こることを意味し，安全率 S は両分布の平均値の比で与えられ

$$S = \frac{\overline{\sigma_M}}{\overline{\sigma_L}} \tag{1.12}$$

とする．すなわち S を大きく取ることは両分布の重なる部分が少なくなることを意味し，それだけ破損が起こりにくく安全であることを意味する．そこで σ_L，σ_M の両分布ともに正規分布と仮定して安全率 S を図1.10(a)の影線部分に関係付け，この部分に相当する破損率 p で表してみよ．

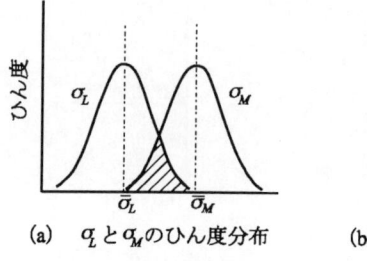
(a) σ_L と σ_M のひん度分布

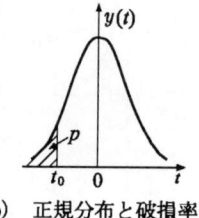
(b) 正規分布と破損率

図1.10　正規分布に基づく破損率

解

σ_L, σ_M の両分布ともに正規分布であるから，それぞれの平均値を $\bar{\sigma}_L$, $\bar{\sigma}_M$，標準偏差を D_L, D_M とすれば，両者の差 $\sigma_M - \sigma_L = \sigma_{M-L}$ も正規分布となり，その平均値 $\bar{\sigma}_{M-L}$ は

$$\bar{\sigma}_{M-L} = \bar{\sigma}_M - \bar{\sigma}_L \tag{1.13}$$

標準偏差 D_{M-L} は

$$D_{M-L} = \sqrt{D_M^2 + D_L^2} \tag{1.14}$$

である．次に σ_{M-L} の分布を

$$t = \frac{\sigma_{M-L} - \bar{\sigma}_{M-L}}{D_{M-L}} \tag{1.15}$$

とおいて標準化すれば，σ_{M-L} の分布は図 1.10（b）のような平均値 0，標準偏差 1 の正規確立密度 $y(t)$ によって表され，影線部の面積 p が破損条件 $\sigma_{M-L} \leqq 0$ である破損率 p になる．すなわち

$$p = \int_{-\infty}^{t_0} y(t) dt = \int_{-\infty}^{t_0} \frac{1}{\sqrt{2\pi}} \exp\left(\frac{-t^2}{2}\right) dt \tag{1.16}$$

$$t_0 = -\frac{\bar{\sigma}_{M-L}}{D_{M-L}} \tag{1.17}$$

式 (1.16) によって p と t_0 の関係を別に図表にしておくか，ある範囲内で定数 k，m を用いて

$$t_0 = -kp^{-m} \tag{1.18}$$

としておけば，S は p と関係付けられることになる．そこで式 (1.17) と式 (1.18) を等置し，式 (1.12), (1.13), (1.14) を代入整理すれば次のような結果が得られる．

$$S = \frac{p^{2m} + k\left[p^{2m}\left\{\left(\frac{D_M}{\bar{\sigma}_M}\right)^2 + \left(\frac{D_L}{\bar{\sigma}_L}\right)^2\right\} - k^2\left(\frac{D_M}{\bar{\sigma}_M}\right)^2\left(\frac{D_L}{\bar{\sigma}_L}\right)^2\right]^{1/2}}{p^{2m} - k^2\left(\frac{D_M}{\bar{\sigma}_M}\right)^2} \tag{1.19}$$

あるいは

$$S = 1 + k\frac{\sqrt{D_M^2 + D_L^2}}{p^m \bar{\sigma}_L} \tag{1.20}$$

上式において，たとえば $p = 1 \times 10^{-3} \sim 15 \times 10^{-3}$ に対しては，$k = 1.29$，$m = 0.128$ である[4]．

1.4.5 温度の影響

材料の機械的性質は一般に，温度に影響され，高温になると引張強さや降伏強さ，疲れ強さなどの強度は低下し，伸びは増大する．その影響の程度は材料

によってさまざまである．付表など本書に示した強度や弾性係数値はほぼ室温 (約 293 K) におけるものを示し，金属材料の使用温度が室温よりはるかに離れた高温 (たとえば 400 K 以上など) の場合には別の資料[8]を参考にしなければならない．

一方，機械や構造物を構成する部材は，加熱されると膨張し，冷却されると収縮する．部材に拘束がなく，自由に伸縮できる場合には，温度に応じて微小量とはいえ，寸法が変化することになる．たとえば，長さ 500 mm の鉄棒が一様に 20°C 昇温したとすれば，長さの伸びは 0.17 mm となる．伸縮を完全に拘束する場合には，伸び 0.17 mm を逆方向に押し戻すことに相当し，この圧縮ひずみにヤング率 206 GPa を乗じて得られる 70 MPa の圧縮応力が棒に作用することになる．そこで，精密なはめあいや工作機械など寸法精度が要求される部材には熱変形対策が求められる．また，必ずしも単純ではないが，部材の変形が拘束されている場合には，昇温部分には圧縮の，冷却部分には引張りの応力が発生する．このように熱が原因で発生する応力を熱応力 (thermal stress) といい，熱応力が部材の破損の原因や形状寸法に許容量以上の誤差を生じる原因になることがあるので，温度の影響がどの程度許容されるのか，設計条件を設定しておくことも大切である．

1.5 寸法公差とはめあい

加工品の寸法は使用機械の精度や作業者の技術レベルなどによってばらつき，指定された基準値と完全には一致しない．そこで加工品の用途や役割によって仕上りの寸法が基準寸法に対してどの程度の範囲ならば許容されるのかを決めておく必要がある．この基準寸法を呼び寸法ともいい，呼び寸法に対して最大限許される寸法を最大許容寸法，許される最小限の寸法を最小許容寸法という．このような最大許容寸法から最小許容寸法を差し引いたものを寸法公差 (tolerance of size) といい，この範囲が基準寸法の範囲ごとに公差等級 IT として JIS B 0401 に定められている．表 1.4 はその一部である．なお，基準寸法に対する許容差として，最大許容寸法から基準寸法を差し引いたものを上の寸法許容差，最小許容寸法から基準寸法を差し引いたものを下の寸法許容差といい，製作図面には基準寸法とともにこれらの寸法許容差か最大最小許容寸法

1.5 寸法公差とはめあい　17

表1.4 基準寸法に対する公差等級ITの数値（JIS B 0401より）

基準寸法 [mm]		公差等級																	
		IT1	IT2	IT3	IT4	IT5	IT6	IT7	IT8	IT9	IT10	IT11	IT12	IT13	IT14[1)]	IT15[1)]	IT16[1)]	IT17[1)]	IT18[1)]
을 超 え	以下	μm											mm						
-	3	0.8	1.2	2	3	4	6	10	14	25	40	60	0.1	0.14	0.25	0.4	0.6	1	1.4
3	6	1	1.5	2.5	4	5	8	12	18	30	48	75	0.12	0.18	0.3	0.48	0.75	1.2	1.8
6	10	1	1.5	2.5	4	6	9	15	22	36	58	90	0.15	0.22	0.36	0.58	0.9	1.5	2.2
10	18	1.2	2	3	5	8	11	18	27	43	70	110	0.18	0.27	0.43	0.7	1.1	1.8	2.7
18	30	1.5	2.5	4	6	9	13	21	33	52	84	130	0.21	0.33	0.52	0.84	1.3	2.1	3.3
30	50	1.5	2.5	4	7	11	16	25	39	62	100	160	0.25	0.39	0.62	1	1.6	2.5	3.9
50	80	2	3	5	8	13	19	30	46	74	120	190	0.3	0.46	0.74	1.2	1.9	3	4.6
80	120	2.5	4	6	10	15	22	35	54	87	140	220	0.35	0.54	0.87	1.4	2.2	3.5	5.4
120	180	3.5	5	8	12	18	25	40	63	100	160	250	0.4	0.63	1	1.6	2.5	4	6.3
180	250	4.5	7	10	14	20	29	46	72	115	185	290	0.46	0.72	1.15	1.85	2.9	4.6	7.2
250	315	6	8	12	16	23	32	52	81	130	210	320	0.52	0.81	1.3	2.1	3.2	5.2	8.1
315	400	7	9	13	18	25	36	57	89	140	230	360	0.57	0.89	1.4	2.3	3.6	5.7	8.9

1) 公差級数IT14～IT18は，1mm以下の基準寸法に対しては使用しない．

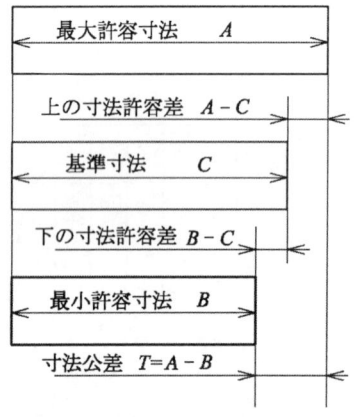

図1.11 寸法の取り方

がわかるようにしておかねばならない．このような許容寸法を図解したのが図1.11である．

　穴と軸を組み合わせる場合の寸法については，それぞれ基準寸法に対する寸法公差の位置が図1.12のように同JISに定められている．穴の場合，基準寸法との許容差すなわち下の寸法許容差が正の側で大きいものから順にA，B，C，CD，D，…，ZCとアルファベットの大文字で，軸の場合は，上の寸法許容差が負の側で大きいものから順にa，b，c，cd，d，…，zcとアルファベットの小文字で区分されている．このようなアルファベットと表1.4の公差等級を組み合わせて上下の寸法許容差を表示することとしている．たとえば，基準寸法30 mmのE8級穴の寸法は下の寸法許容差がJIS B 0401より+40 μm，公差等級IT8の寸法公差は表1.4より33 μmであるから，30.040 mm～30.073 mmにある．

　なお，基準寸法にかかわらず，穴のH級では下の寸法許容差が，軸のh級では上の寸法許容差が0である．

　軸とそれを支える軸受，ピストンとシリンダのように軸と穴を組み合わせる場合の軸と穴の関係をはめあい(fit)という．軸と穴が果たす機能によってははめあわされる部分の寸法はさまざまであるが，図1.13のように，すきまばめ，しまりばめ，これらの間の中間ばめ(とまりばめともいう)に大別される．

1.5 寸法公差とはめあい　19

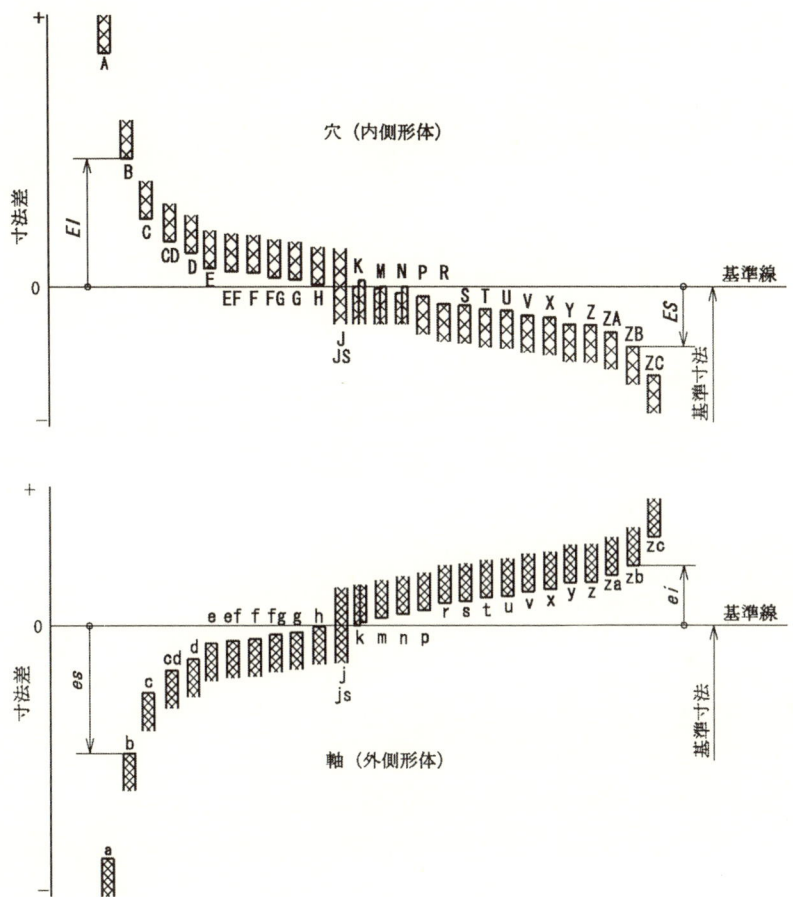

図 1.12　穴と軸の寸法許容差

　穴の寸法が軸の寸法より大きいときの寸法差をすきま (clearance) といい，常にすきまができるはめあいをすきまばめという．この場合，穴の最大許容寸法と軸の最小許容寸法の差を最大すきまといい，穴の最小許容寸法と軸の最大許容寸法の差を最小すきまという．たとえば，軸とすべり軸受のようなはめあいに適用される．
　穴の寸法が軸の寸法より小さいときの寸法差をしめしろ (interference) といい，常にしめしろができるはめあいをしまりばめという．この場合，はめあわ

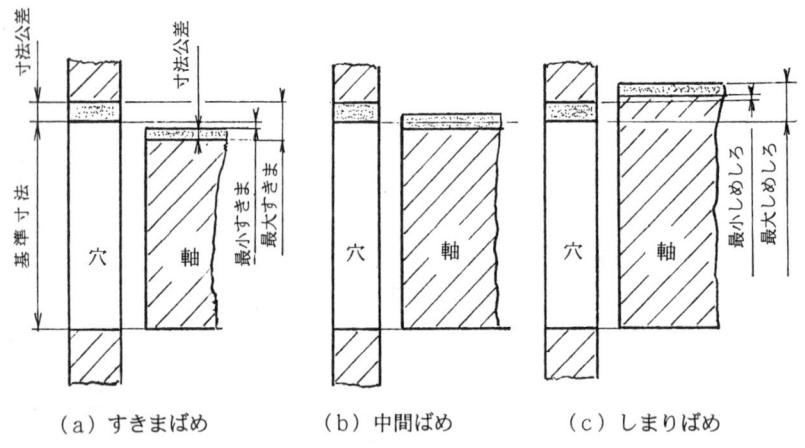

図 1.13 はめあいの種類

せる前の軸の最大許容寸法と穴の最小許容寸法の差を最大しめしろといい，はめあわせる前の軸の最小許容寸法と穴の最大許容寸法の差を最小しめしろという．たとえば，焼きばめによって軸に回転体を固定する場合に用いられるはめあいに適用される．

　許容寸法内に仕上げられた穴と軸をはめあわせるとき，すきまができる場合としめしろができる場合が混在する場合を中間ばめという．

　はめあい方式には，穴を基準とするか軸を基準とするかによって二方式がある．一つは穴基準はめあいで，穴の最小許容寸法が基準寸法に一致するH穴を基準として各種の軸をはめあわせ，必要なすきまやしめしろを与える場合である．もう一つは軸基準はめあいで，軸の最大許容寸法が基準寸法に一致するh軸を基準に各種の穴をはめあわせる場合である．一般には軸のほうが加工しやすいので，軸の寸法を穴に合わせる穴基準はめあい方式が多く採用されているようである．図1.14は基準寸法 30 mm の場合の穴基準はめあいによる軸の各種等級を示す．

　設計上，以上に述べた部品の寸法公差はその機能にかかわる重要な大きさに関する因子であるが，このほか真直度や真円度などの形状，姿勢と位置に関する精度を表す幾何公差にも留意する必要がある．その種類と図示法が JIS B 0021 に規定されている．

1.5 寸法公差とはめあい

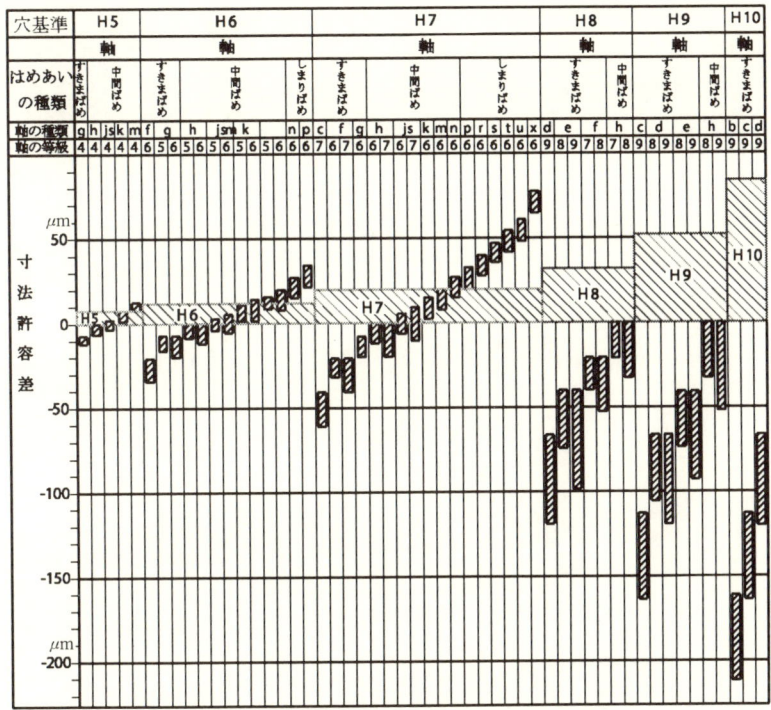

図1.14 穴基準はめあいにおける公差域（基準寸法が30 mmの場合）

例題1.2

いずれも肉厚が1.5 mmの鋼製外円筒と軟質7/3黄銅製内円筒がある．外円筒の内径は30 mmのH6級，内円筒の外径は30 mmのn6級に仕上げて内円筒を外円筒にはめあわせた．両円筒の境界面に作用する圧力 p の範囲を求めよ．ただし，内円筒の外径の最小寸法は30.015 mmであり，寸法公差および材料定数についてはそれぞれ表1.4および付表1を参照せよ．

解

これは薄肉円筒のはめあわせの問題であり，まず，しめしろの範囲を求めておく必要がある．しめしろを δ とすれば，基準寸法30 mmのIT6の公差が13 μm であるから，

$$\delta = (30.015 - 30.013) \sim (30.015 + 0.013 - 30.000)$$
$$= 0.002 \sim 0.028 \text{ mm}$$

図 1.15 のように，はめあい圧力 p によって，外円筒の内径が伸び，内円筒の外径が縮む．この伸び δ_1 と縮み δ_2 の和がしめしろ δ に等しい．

次に，内圧または外圧 p を受ける薄肉円筒の理論から

$$p = \frac{2t}{d^2} \frac{E_1 E_2}{E_1 + E_2} \delta \tag{1.21}$$

と表され，ここで t：肉厚，d：両円筒の境界面の直径（$d \gg t$ と考える），E_1 と E_2 はそれぞれ外円筒と内円筒のヤング率である．上式に問題の数値を代入すれば次のような結果が得られる．

$$p = \frac{2 \times 15}{30^2} \times \frac{103 \times 206}{103 + 206} \times (0.002 \sim 0.028) = 0.45 \sim 6 \text{ MPa}$$

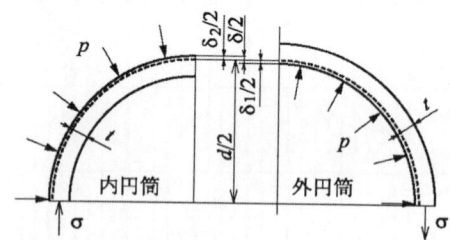

図 1.15　薄肉円筒のはめあわせ

1.6　加工法と表面あらさ

機械やその部品の形状寸法と使用材質が定まれば，これを原材料からどのように加工し，図面通りに仕上げるのかを知っておく必要がある．形状寸法や材質によっては加工が困難となる場合があるので，加工法を知ることは重要である．主として金属材料を対象に加工工程を大まかに分類すれば次のようになる．

- 鋳造：金属を融解し，これを鋳型に注入して製品を作ること．
- 鍛造：加熱によって軟らかくした金属をハンマーなどの工具で打撃し，塑性変形させて成形すること．
- プレス加工：板材の曲げや切断加工をいい，高荷重のプレス機械が用いられる．
- 溶接：後述のように金属の冶金的結合で二つの部品を接合すること．
- 機械加工：機械による切削加工の総称．丸削りに旋盤，平面または溝削

りにフライス盤，穴あけにボール盤，平面または円筒面の精密仕上げに研削盤，切断には鋸盤などが用いられる．

そのほか，ロボットあるいは手作業による部品の組立工程があるが，どの工程でどのような機械を採用するかは加工部品によってさまざまである．

表1.5 加工法と仕上げ得るあらさの範囲

加工法 \ アラサの範囲 [μm]	0.1以下	0.2以下	0.4以下	0.8以下	1.5以下	3以下	6以下	12以下	18以下	25以下	35以下	50以下	70以下	100以下	140以下〜560以下
						無記号または 〜									
鍛造								←精密→		←					→
鋳造								←精密→		←					→
ダイキャスト							←	→							
熱間圧延							←					→			
冷間圧延			←			→									
引抜キ				←			→								
押出シ				←			→								
タンブリング		←		→											
砂吹キ					←			→							
鍛造				←		→									
三角記号		▽▽▽▽			▽▽▽			▽▽				▽			
平削リ						←					→				
形削リ（含立削リ）						←					→				
フライス削リ					精密	←		→							
正面フライス削リ					精密	←		→							
ヤスリ仕上					精密	←		→							
丸削リ			←精密			上		中			荒→				
中グリ					精密	←		→							
精密中グリ			←		→										
キリモミ															
リーマ通シ					精密	←	→								
ブローチ削リ					精密	←	→								
シェービング															
研削			←精密		上		中		荒→						
ホーン仕上		←				→									
超仕上	精密 ←		→												
バフ仕上		←精密		→											
ペーパー仕上		←精密		→											
ラップ仕上	精密 ←		→												
液体ホーニング		←	精密	→											
バニッシ仕上															
ローラ仕上															
化学研磨					精密 ←		→								
電解研磨		←精密	→												

また部品の機能上，加工工程と使用機械による仕上げ面の精度（表面あらさ）の程度も知っておく必要がある．一般に高精度になれば高級な機械設備を要し，加工費が上昇するので，不必要な高精度の加工法は避けるべきである．表 1.5 は各種加工法と仕上げ面あらさの大体の範囲を示したものである．

1.7 機械製図法

設計の結果，加工部品の形状，寸法，材料，加工法などを決定すると，これらを設計者以外の製作者など第三者が正確に理解できるように図面という手段によって表現する．そのためには誤解がないように一定の約束事が必要になる．三次元空間の立体（加工部品）を二次元の平面（図面）上に表す方法はいくつかあるが，図面化のための基本として投影法について知っておくことは重要である．機械の場合は JIS B 0001 機械製図に規定され，投影法は第三角法によることとしている．ただし必要に応じて一部にほかの投影法を混用できるが，その部分の投影方向を明記しなければならない．図 1.16 は比較のために同じ正投影法である第一角法と第三角法による各投影図を示したものである．いずれも正面図 A を中心にして，左側面図 C は第一角法では右側に，第三角法では同じ左側に描かれているので，第三角法による場合の方が各投影図間の比較対照に便利である．

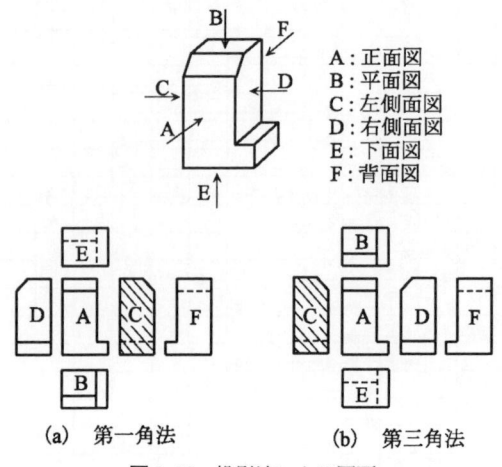

図 1.16　投影法による図面

JIS B 0001には投影法のほか，断面図や寸法の表し方など一般の機械製作図作成上の必要事項が規定されている．また，主要な機械要素であるねじ，歯車，ばね，転がり軸受については，その略画法がそれぞれJIS B 0002ねじ製図，JIS B 0003歯車製図，JIS B 0004ばね製図，JIS B 0005転がり軸受製図に規定されている．

　効率向上を図るために機械によってはその部品の設計計算から図面作成までをCADシステムによって行えるように各種のソフトウェアが開発・市販されている．このようなシステムを構築するためにも，機械設計の基本事項に基づく各種機械要素や部品の仕組みと使用法を知り，設計法を習得する必要がある．

演習問題

【1.1】同種の製品の寸法に標準数を採用するとどのような利点があると考えられるか．

【1.2】直径30 mmの丸棒に半径5 mmの半円形状の円周切欠きがある．この丸棒にねじりモーメント120 Nmが作用するとき，切欠き底（最小断面部）に生じる最大せん断応力を求めよ．

【1.3】両振り引張圧縮疲れ限度170 MPa，引張強さ450 MPaの材料の片振り引張疲れ限度を推定せよ．

【1.4】応力集中係数2.0，切欠き感度係数0.6の材料の切欠き係数はいくらか．

【1.5】図1.9のように板幅50 mmの帯板中央に長さ8 mmのき裂がある．長手方向の平均引張応力が10 MPaのとき，応力拡大係数はいくらになるか．

【1.6】前問の帯板で，破壊じん性 $K_c = 20 \text{ MPa}\sqrt{m}$ であれば応力拡大係数はこれより低いからき裂は8 mm以上には拡大しない．しかし作用する平均引張応力が40 MPaとなると，き裂の拡大に至らない許容最大き裂長さ $2a$ はいくらになるか．

【1.7】破損率が0.3 %のとき，式(1.19)に基づく安全率はいくらになるか．ただし，作用応力のばらつき $D_L/\bar{\sigma}_L$ が20 %，基準強さのばらつき $D_M/\bar{\sigma}_M$ は25 %とする．

【1.8】式(1.21)を導いてみよ．

【1.9】直径60 mmのH7級基準穴にh6級軸をすきまばめする場合の穴と軸の仕上げ寸法を求めよ．

第2章
締結用機械要素

2.1 ね じ
2.1.1 ねじの基本事項と規格

丸棒と丸穴の表面にらせん状の溝を作り両者をはめ合わせて締め付ける機構がねじ (screw) であり，丸棒の方をおねじ (male screw) あるいはボルト，穴の方をめねじ (female screw) あるいはナット (nut) と呼ぶ．ねじの大きさはおねじの外径すなわちねじ山の山径 d，一方めねじでは谷径 D で表し，これをねじの呼び寸法と呼ぶ．そのほか，ねじを表す寸法は図 2.1 に示す．ねじ山の間隔 p をピッチ，ねじを一回転させたとき軸方向に進む距離 L をリードと呼び，次式の関係がある．

$$L = pn \tag{2.1}$$

ここで，n はねじの条数であり，ねじ山を作るときに同時につけるらせんの本数である．通常は $n=1$ なので $L=p$ である．また，らせんを展開したときの角度 α をリード角と呼び，次式で表せる．

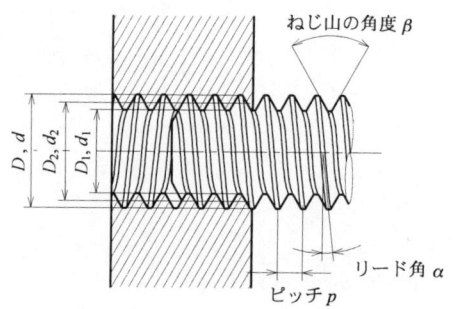

おねじ：外 径 d，谷の径 d_1，有効径 d_2
めねじ：谷の径 D，内 径 D_1，有効径 D_2

図 2.1 ねじ各部の名称

$$\tan\alpha = \frac{L}{\pi d_2} \tag{2.2}$$

通常のねじは右に回すと前進するようになっており，これを右ねじという．これに対し左に回すと前進する左ねじもある．ねじ山の形には主に締付け用に用いられる三角形のほかに四角形，台形，のこ歯状などがあり，それぞれ三角ねじ，角ねじ，台形ねじ，のこ歯ねじという．ピッチについては，標準のものを並目ねじ，これに比べて特にピッチを小さくしたものを細目ねじという．ねじに関する主な JIS 規格を表 2.1 に示す[32]．

表 2.1 メートルねじに関する主な JIS

規格番号	項目	規格番号	項目
B0205	メートル並目ねじ	B0222	管用平行ねじ
B0207	メートル細目ねじ	B0202	管用テーパねじ
B0206	ユニファイ並目ねじ	B0203	油井管用ねじ
B0208	ユニファイ細目ねじ	G3439	電線管用ねじ
B0216	30°台形ねじ	B0204	電線管ねじ

三角ねじの規格にはメートルねじ，ユニファイねじ，ISO ねじがある．メートルねじは，メートル法が使用されているわが国やヨーロッパ諸国等で使用されているもので呼び寸法はおねじの外径とピッチを mm で表し，ねじ山の角度は 60°である．おねじおよびめねじの各部の寸法は図 2.2 のようである．JIS では，通常用いられるメートル並目ねじと，ピッチが細かく航空機，自動車，工作機械等の振動によるゆるみに気をつける必要がある所などに使用されるメートル細目ねじが規格化されている．メートルねじの基準寸法を表 2.2 に示す．

ユニファイねじはアメリカ合衆国，英国，カナダ等，インチ法を使用している国で主に用いられているもので，U ねじともいう．呼び寸法はおねじの外径をインチで，ピッチを 1 インチ間のねじ山の数で表す．ねじ山の角度はメートルねじと同じで 60°である．JIS ではメートルねじと同様にユニファイ並目ねじとユニファイ細目ねじが規格化されており，後者は航空機用ボルト，ナット，小ねじなどに使用されている．各部の寸法はねじ山の数を基準に図 2.2 のように決められている．

ISO ねじは，国際標準化機構 ISO により制定されたねじ ISO メートルねじ

28　第2章　締結用機械要素

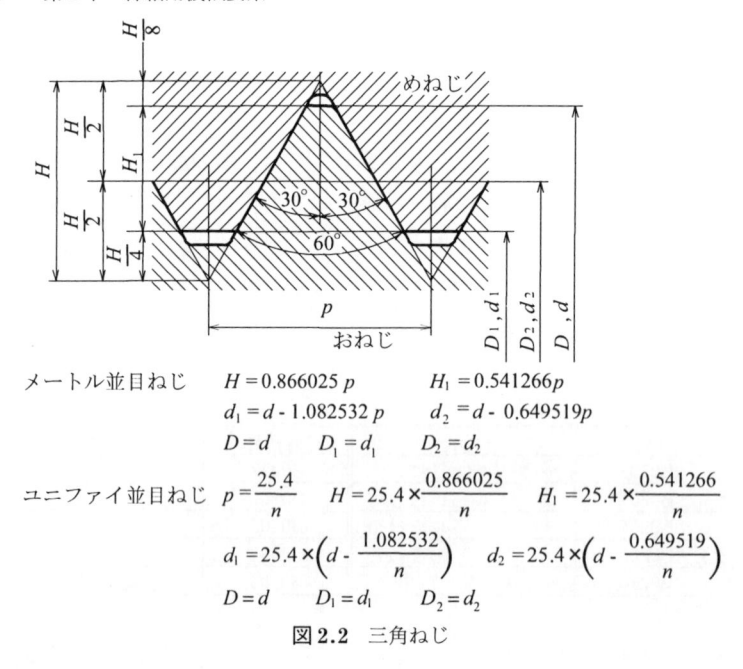

メートル並目ねじ
$H = 0.866025\,p$　　$H_1 = 0.541266p$
$d_1 = d - 1.082532\,p$　　$d_2 = d - 0.649519p$
$D = d$　　$D_1 = d_1$　　$D_2 = d_2$

ユニファイ並目ねじ　$p = \dfrac{25.4}{n}$　　$H = 25.4 \times \dfrac{0.866025}{n}$　　$H_1 = 25.4 \times \dfrac{0.541266}{n}$
$d_1 = 25.4 \times \left(d - \dfrac{1.082532}{n}\right)$　　$d_2 = 25.4 \times \left(d - \dfrac{0.649519}{n}\right)$
$D = d$　　$D_1 = d_1$　　$D_2 = d_2$

図2.2　三角ねじ

とISOインチねじがある．JISメートルねじおよびJISユニファイねじはそれぞれ前者および後者に含まれる．

　角ねじおよび台形ねじはねじ山の断面が台形状のもので工作機械の親ねじなどの移動用や，図2.3のようにジャッキやねじプレスなど大きな軸力を伝達するために用いられる．JIS規格には，ねじ山の角度が30°の30°台形ねじがある．

　管用ねじは薄肉管に切るためのねじであり，平行ねじと特に気密・水密性を要する箇所に用いられる図2.4のようなテーパねじがある．JISでは普通の配管(ガス管)用の管用平行ねじ，管用テーパねじのほかに油井管用，電線管用がそれぞれ規格化されている．

2.1.2　ねじに作用する力と締付け力

　ねじを締め付けるとき，ねじ山の接触面には図2.5のような力が働く[10]．PとFは接触面の合力を軸方向成分と円周方向成分に分解したものであり，おねじにはPの引張力(あるいは圧縮力)が加わる．NおよびQは同じ合力を

表 2.2 メートルねじの基準寸法 (JIS B 0205, B 0207 より)

ねじの呼び	ピッチ p		おねじ d / めねじ D	d_2 / D_2	d_1 / D_1	ひっかかりの高さ H
	並目ねじ	細目ねじ				
M1	0.25		1.000	0.838	0.729	0.217
		0.2	1.000	0.870	0.783	0.173
M2	0.4		2.000	1.740	1.567	0.346
		0.25	2.000	1.838	1.729	0.217
M3	0.5		3.000	2.675	2.459	0.433
		0.35	3.000	2.773	2.621	0.303
M4	0.7		4.000	3.545	3.242	0.606
		0.5	4.000	3.675	3.459	0.433
M5	0.8		5.000	4.480	4.134	0.693
		0.5	5.000	4.675	4.459	0.433
M6	1		6.000	5.350	4.917	0.866
		0.75	6.000	5.513	5.188	0.650
M7	1		7.000	6.350	5.917	0.866
		0.75	7.000	6.513	6.188	0.650
M8	1.25		8.000	7.188	6.647	1.083
		1	8.000	7.350	6.917	0.866
		0.75	8.000	7.513	7.188	0.650
M9	1.25		9.000	8.188	7.647	1.083
		1	9.000	8.350	7.917	0.866
		0.75	9.000	8.513	8.188	0.650
M10	1.5		10.000	9.026	8.376	1.299
		1.25	10.000	9.188	8.647	1.083
		1	10.000	9.350	8.917	0.866
		0.75	10.000	9.513	9.188	0.650
M11	1.5		11.000	10.026	9.376	1.299
		1	11.000	10.350	9.917	0.866
		0.75	11.000	10.513	10.188	0.650
M12	1.75		12.000	10.863	10.106	1.516
		1.5	12.000	11.026	10.376	1.299
		1.25	12.000	11.188	10.647	1.083
		1	12.000	11.350	10.917	0.866
M14	2		14.000	12.701	11.835	1.732
		1.5	14.000	13.026	12.376	1.299
		1.25	14.000	13.188	12.647	1.083
		1	14.000	13.350	12.917	0.866
M16	2		16.000	14.701	13.835	1.732
		1.5	16.000	15.026	14.376	1.299
		1	16.000	15.350	14.917	0.866
M18	2.5		18.000	16.376	15.294	2.165
		2	18.000	16.701	15.835	1.732
		1.5	18.000	17.026	16.376	1.299
		1	18.000	17.350	16.917	0.866
M20	2.5		20.000	18.376	17.294	2.165
		2	20.000	18.701	17.835	1.732
		1.5	20.000	19.026	18.376	1.299
		1	20.000	19.350	18.917	0.866
M22	2.5		22.000	20.376	19.294	2.165
		2	22.000	20.701	19.835	1.732
		1.5	22.000	21.026	20.376	1.299
		1	22.000	21.350	20.917	0.866
M24	3		24.000	22.051	20.752	2.598
		2	24.000	22.701	21.835	1.73
		1.5	24.000	23.026	22.376	1.299
		1	24.000	23.350	22.917	0.866
M27	3		27.000	25.051	23.752	2.598
		2	27.000	25.701	24.835	1.732
		1.5	27.000	26.026	25.376	1.299
		1	27.000	26.350	25.917	0.866
M30	3.5		30.000	27.727	26.211	3.031
		2	30.000	28.701	27.835	1.732
		1.5	30.000	29.026	28.376	1.299
		1	30.000	29.350	28.917	0.866

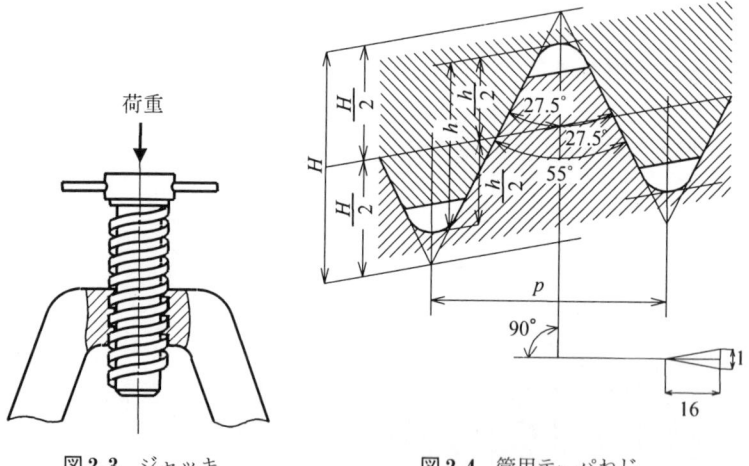

図2.3　ジャッキ

図2.4　管用テーパねじ

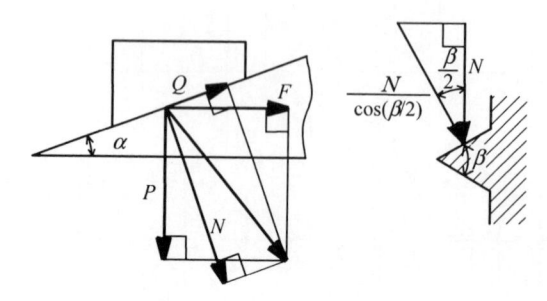

図2.5　ねじに作用する力

斜面に垂直な成分と平行な成分に分解したものであり，摩擦係数を $\mu=\tan\rho$ として摩擦角 ρ を用いれば

$$Q=\pm\mu N=\pm N\tan\rho \tag{2.3}$$

ここで，＋はねじを締めるとき，－はゆるめるときである．P, F を N, Q で表せば

$$F=N\sin\alpha+Q\cos\alpha=\pm N\cos\alpha(\pm\tan\alpha+\mu)$$

$$P=N\cos\alpha-Q\sin\alpha=N\cos\alpha(1\mp\mu\tan\alpha)$$

N を消去すれば，

$$F=\pm P\tan(\rho\pm\alpha), \quad 逆に \quad P=\frac{\pm F}{\tan(\rho\pm\alpha)} \tag{2.4}$$

となる．

ねじを締め付けるときは＋を採用すればよいから$F \geq P\tan(\rho+\alpha)$の力が必要になる．逆にねじをゆるめるときには－を採用して$|F| \geq P\tan(\rho-\alpha)$の力を図と反対方向に加える必要がある．ただし，$\rho-\alpha<0$ならば$\tan(\rho-\alpha)<0$となって$F$を加えなくてもねじは自然にゆるむことになる．したがって，ねじが締め付け可能であるためにはリード角を摩擦角よりも小さくする必要がある．

以上では，ねじ山の角度の影響を無視したが，これを考慮すれば式(2.3)は

$$Q = \frac{\pm \mu N}{\cos(\beta/2)} = \pm N\tan\rho' \tag{2.5}$$

ただし，$\tan\rho' = \dfrac{\mu}{\cos(\beta/2)}$

となるから，摩擦係数が$1/\cos(\beta/2)$倍になるのと等しい．

Fはねじの有効径d_2に沿って作用すると考えられるので，ねじを回すときに必要なトルク（おねじに加わるトルク）は次式となる

$$T = F\frac{d_2}{2} = P\frac{d_2}{2}\tan(\rho \pm \alpha) \tag{2.6}$$

実際にはナットの座面にも摩擦力が働くのでこれを考慮する必要がある．そこで座面の摩擦係数をμ_nとすれば座面に作用する摩擦力は$\mu_n P$であり，これがナット座面の平均径d_nに沿って作用すると考えれば，締付け力Pでねじを締め付けるため，あるいは締付け力Pのねじをゆるめるために必要なトルクの大きさは

$$T = \frac{P}{2}\{d_2\tan(\rho \pm \alpha) + \mu_n d_n\} \tag{2.7}$$

ここで，＋：締め付ける場合　－：ゆるめる場合

となる．ここで，d_nはボルトとナットの二面幅Bとねじ穴の径D_hの平均 $d_n=(B+D_h)/2$とすればよい．

図2.3のようにねじを運動用に用いるとき，ねじを一回転させるために必要な仕事は$2\pi T$，このとき，荷重Pがねじに与える仕事はLPである．そこで，両者の比

$$\eta = \frac{LP}{2\pi T} = \frac{P\pi d_2 \tan\alpha}{\pi P\{d_2\tan(\rho+\alpha) + \mu_n d'\}} = \frac{\tan\alpha}{\tan(\rho+\alpha) + \mu_n\dfrac{d'}{d_2}} \tag{2.8}$$

d'：スラストカラー座面等ねじ部以外の摩擦面の平均半径

をねじの効率と呼ぶ．

例題 2.1

M14 のメートル並目ねじのボルトを用いて 2 枚の鋼板を 10 kN の締付け力で締め付ける．ボルトに加える締付けトルクおよびこのボルトをゆるめるときに必要なトルクを見積もれ．

解

M 14 のメートル並目ねじの有効径 d_2，ピッチ p は

$$d_2 = 12.701 \text{ mm} \qquad p = 2 \text{ mm}$$

であるから，リード角は

$$\tan \alpha = \frac{p}{\pi d_2} = 0.05012 \quad \therefore \quad \alpha = 2.87°$$

ねじ山の摩擦係数を $\mu = 0.2$ とすれば摩擦角は

$$\tan \rho = \mu = 0.2 \quad \therefore \quad \rho = 11.31°$$

ねじ山面の摩擦により必要な締付けトルクは

$$T' = \frac{Pd_2}{2} \tan(\rho + \alpha) = 1.60 \times 10^4 \text{ Nmm} = 16.0 \text{ Nm}$$

これをゆるめるときのトルクは

$$T' = \frac{Pd_2}{2} \tan(\rho - \alpha) = 9.42 \times 10^3 \text{ Nmm} = 9.42 \text{ Nm}$$

一方，M 14 のナットの二面幅は $B = 22$ mm，ボルト穴直径は $d_h = 14$ mm とすれば，ナット座面の摩擦によるトルクは締め付けるとき，ゆるめるとき共に

$$T'' = \mu P \frac{B + d_h}{4} = 1.80 \times 10^4 \text{ Nmm} = 18.0 \text{ Nm}$$

したがって，全体のトルクは

$$T = T' + T'' = 16.0 + 18.0 = 34.0 \text{ Nm} \quad （締め付けるとき）$$
$$T = T' + T'' = 9.42 + 18.0 = 27.4 \text{ Nm} \quad （ゆるめるとき）$$

となる．

以上では，ねじ山の角度を無視したが，これを考慮するとねじ山の角度は $\beta = 60°$ ねじ山の角度を考慮した摩擦角は

$$\tan \rho' = \frac{\mu}{\cos(\beta/2)} = 0.231 \rightarrow \rho' = 13°$$

となるから，ねじ山面の摩擦によるトルクは

$$T' = \frac{Pd_2}{2}\tan(\rho'+\alpha) = 1.81 \times 10^4 \text{ Nmm} = 18.1 \text{ Nm} \quad (\text{締め付けるとき})$$

$$T' = \frac{Pd_2}{2}\tan(\rho'-\alpha) = 1.14 \times 10^4 \text{ Nmm} = 11.4 \text{ Nm} \quad (\text{ゆるめるとき})$$

したがって，全体のトルクは

$$T = T' + T'' = 36.1 \text{ Nm} \quad (\text{締め付けるとき})$$

$$T = T' + T'' = 29.4 \text{ Nm} \quad (\text{ゆるめるとき})$$

となり，ねじ山の角度を無視した場合に比べ6～7％増しとなる．

2.1.3 ボルトに作用する力

図2.6のようにボルトとナットで厚さ h_1, h_2 ($h_1+h_2=h$) の2枚の板を締め付ける場合を考える．ナットの座面が板に接触してからさらに ϕ 回転させたときの締付け力はボルトの引張力に等しく

$$P_0 = \frac{K_b K_p}{K_b + K_p} \frac{p\phi}{2\pi} \tag{2.9}$$

ただし，p はピッチ（多条ねじの場合はリード L を用いる），E_b をボルトのヤング率，A_b をボルトの横断面積として，$K_b = E_b A_b/h$ はボルトのばね定数であり K_p は2枚の板を一体と考えた場合のばね定数である．このとき，ボルトの伸びは，$\lambda_0 = P_0/K_b$，2枚の板全体の縮みは，$\delta_0 = P_0/K_p$ であり，伸びと荷重の状態は図2.6(b)のA点にある．この状態で2枚の板を引き離そうとする力 Q が加わればボルトの伸びは同図のOAに沿ってC点まで λ だけ増加

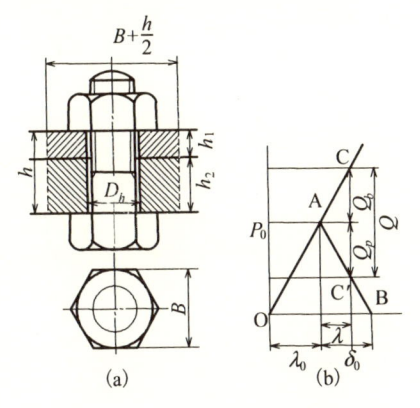

図2.6 ねじ締結時の荷重曲線

し，板の縮みは AB に沿って C′ 点まで同じく λ だけ減少し，CC′ 間の荷重が Q に等しいから，ボルトに付加される引張力 Q_b，締付け力の減少量 Q_p は次のようになり

$$Q_b = \frac{K_b}{K_b + K_p} Q, \quad Q_p = \frac{K_p}{K_b + K_p} Q \tag{2.10}$$

ボルトの引張力 P と締付け力 P_p は次式で与えられる．

$$P = P_0 + Q_b, \quad P_p = P_0 - Q_p \tag{2.11}$$

また，C′ 点が B 点に一致するとき，すなわち

$$Q = \frac{K_b + K_p}{K_p} P_0 = K_b \frac{p\phi}{2\pi} \tag{2.12}$$

となるとき 2 枚の板を締め付ける力は 0 となる．

なお，K_p を厳密に求めるには，有限要素法等の数値計算によらねばならないが，近似的には 2 枚の板を図中破線で示した円筒と等価とみなした次式等が用いられる．

$$K_p = \frac{E_p A_p}{h} \quad \text{ただし，} A_p = \frac{\pi}{4} \left\{ \left(B + \frac{h}{2} \right)^2 - D_h^2 \right\} \tag{2.13}$$

E_p：板のヤング率，B：ボルトとナットの二面幅，D_h：ねじ穴の径

2.1.4 ねじの強度設計

ここでは，ねじ底における応力集中を考えないでボルト断面に生ずる平均応力とねじ山の平均応力に注目した強度設計の考え方を示す．

（1） ボルトの引張力と外径

ボルトを締め付けたとき，ボルトに作用する引張力を P とすれば谷径横断面の引張応力は，

$$\sigma = \frac{4P}{\pi d_1^2} \tag{2.14}$$

d_1：ボルトの谷径

となる．また，ボルトの軸力とトルクの関係は式 (2.4)，(2.6) で与えられるからこれによる谷径横断面外表のせん断応力 τ は

$$\tau = \frac{16T}{\pi d_1^3} = \sigma \frac{2d_2}{d_1} \tan(\alpha + \rho) \tag{2.15}$$

となる．谷径横断面の外表はこれらの組合せ応力状態になっているので，最大

主応力 σ_{max} および最大せん断応力 τ_{max} は次のようになる．

$$\sigma_{max} = \frac{\sigma}{2} + \sqrt{\left(\frac{\sigma}{2}\right)^2 + \tau^2}, \quad \tau_{max} = \sqrt{\left(\frac{\sigma}{2}\right)^2 + \tau^2} \tag{2.16}$$

ボルトの直径を決める場合には，これらがボルト材料の許容応力を越えないようにする必要がある．通常のねじでは，$d_2/d_1 = 1.05 \sim 1.2$，$\tan(\alpha+\rho) \approx 0.25$ であるから，

$$\sigma_{max} \approx 1.3\sigma, \quad \tau_{max} \approx 0.8\sigma \tag{2.17}$$

となる．簡便のために式 (2.14) で σ のみ求め，式 (2.17) を用いてもよい．

（2）ねじ山に加わる力とねじ山の数

おねじに加わる引張力 P は，かみ合うねじ山に均等には分担されず，図 2.7 に示すようにナットの座面側に大きな荷重が加わる．したがって，かみ合う山数をあまり多くしても無意味であり，普通は 7～9 山程度がかみ合うようにする．また，かみ合う山数がこの程度以下で強い締付け力で使用する場合は各ねじ山が均等に荷重を分担すると考えてもよい．さらに，ねじ山の断面にはせん断力と同時に曲げモーメントも作用するが，普通使用されるねじでは曲げによる応力はかなり小さく，これを無視しても差し支えない．

以上のことから，ここではねじ山に加わるせん断力と接触面圧について検討する．

図 2.8 に示すように，かみ合うねじ部の幅を H，ピッチを p とすれば，かみ合う山の数は $z = H/p$ である．また，ねじ山の谷底の丸みなどを考慮して，ピッチ p の $k (k<1)$ 倍の部分が荷重を支えると考えれば，おねじおよびめねじのねじ山底断面のせん断応力 τ_m，τ_f は次式となる．

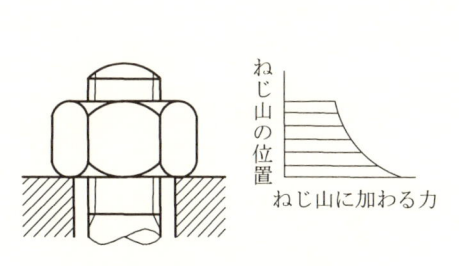

図 2.7 ねじ山の荷重分布

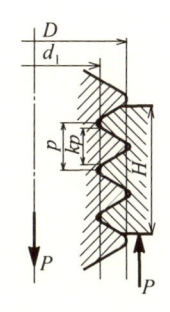

図 2.8 ねじ山のせん断

$$\tau_m = \frac{P}{z\pi d_1 kp} = \frac{P}{\pi d_1 kH}, \quad \tau_f = \frac{P}{z\pi Dkp} = \frac{P}{\pi DkH} \tag{2.18}$$

ここで，d_1 はおねじの谷径，D はめねじの谷径であり，三角ねじでは $k=0.75 \sim 0.88$，角ねじでは $k=0.5$，台形ねじでは $k=0.65$ とする．

次にかみ合っているねじ山の側面が均等に引張荷重 P を受けるものとすれば平均面圧 p_m は次式となる．

$$p_m = \frac{P}{z\frac{\pi}{4}(d^2 - D_1^2)} \approx \frac{P}{z\pi d_2 t} \tag{2.19}$$

ただし，$t = \dfrac{d - D_1}{2}$，d：おねじの外径

D_1：めねじの内径，d_2：ねじの有効径

t：ねじ山のひっかかりの高さ

式 (2.18) の τ_m，τ_f がそれぞれおねじ材料およびめねじ材料の許容せん断応力を越えないように，また，式 (2.19) の p_m が許容接触圧力を越えないように，ねじ山の数 z，すなわちかみ合うねじ部の幅 H を決めねばならない．一般に使用される締付け用のねじでは，ボルト，ナットの材料が同じならば $H \geq 0.8d$ とすれば十分である．また，植込みボルトの場合は $H \geq d \sim 1.5d$ とすれば十分である．

例題 2.2

最大荷重 $P = 20\,\mathrm{kN}$ 用の図 2.9 のフックのねじ部寸法を決定せよ．ただし，ねじ部はメートル並目とし材料の引張許容応力およびせん断許容応力はそれぞれ $\sigma_{al} = 60\,\mathrm{MPa}$，$\tau_{al} = 30\,\mathrm{MPa}$ とする．

解 おねじの谷径を d_1 とすれば，引張応力は

$$\sigma = \frac{4P}{\pi d_1^2} \times 1.3$$

$\sigma \leq \sigma_{al}$ より，

$$d_1 \geq \sqrt{\frac{4P}{\pi \sigma_{al}} \times 1.3} = 2 \times \sqrt{\frac{20 \times 1000 \times 1.3}{\pi \times 60}} = 23.5\,\mathrm{mm}$$

表 2.2 より，ねじ部は M27 とする．

したがって，$d = 27\,\mathrm{mm}$，$d_1 = 23.752\,\mathrm{mm}$，$p = 3\,\mathrm{mm}$，$D = 27\,\mathrm{mm}$ となる．

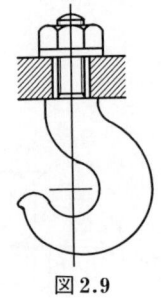

図 2.9

ナットは JIS 規格のものを使うとすれば，表 2.4 よりナット高さは，$H=22$ mm（三種）かみ合うねじ山の数は $z=H/p=7.33$ である．$k=0.75$ とするとおねじおよびめねじのねじ山のせん断応力は

$$\tau_m = \frac{P}{H\pi d_1 k} = \frac{20\times 1000}{22\times \pi \times 23.752 \times 0.75} = 16.3 \text{ MPa}$$

$$\tau_f = \frac{P}{H\pi D k} = \frac{20\times 1000}{22\times \pi \times 27 \times 0.75} = 14.3 \text{ MPa}$$

となり，$\tau_m \leq \tau_{al}$，$\tau_f \leq \tau_{al}$ を満たす．

ねじ部直径は $d=27$ mm で M27 を採用，ナットの高さは $H=22$ mm とする．

2.1.5 各種ねじ部品

ねじ部品に関する主な JIS 規格を表 2.3 に示す．

表 2.3 ねじ部品に関する主な JIS

規格番号	項　目	規格番号	項　目
B1180	六角ボルト	B1168	アイボルト
B1181	六角ナット	B1169	アイナット
B1101	すりわり付き小ねじ	B1184	ちょうボルト
B1111	十字穴付き小ねじ	B1185	ちょうナット
B1135	すりわり付き木ねじ	B1183	六角袋ナット
B1112	十字穴付き木ねじ	B1170	溝付き六角ナット
B1117	すわり付き止めねじ	B1256	平座金
B1118	四角止めねじ	B1252	皿ばね座金
B1177	六角穴付き止めねじ	B1255	歯付き座金
B1178	基礎ボルト		

一般に使用される六角ボルトおよびナットはそれぞれ JIS B 1180 および B 1181 に規格化されており，仕上げ程度と寸法により種別されている．その主要寸法は表 2.4 のようである．ボルトの使用法には図 2.10 のような三種類がありそれぞれ，通しボルト，押さえボルト，植込みボルトという．

表 2.5 のようなねじ回しを用いて締め付ける直径 1～8 mm 程度の頭付きのねじ部品を小ねじと呼び，頭部の形状，用途等によってさまざまなものがある．

また，木材にねじ込むことを目的とした木ねじも別途規格化されている．

そのほかのボルトナット部品としては，図 2.11 に示すように据付用の基礎ボルト，つり具用のアイボルト，アイナット，取り付けや取り外しが容易な蝶ボルト，蝶ナットなどがある．

表2.4 六角ボルトおよびナットの寸法（JIS B 1180, B 1181 より）

ねじの呼び	B	B 小型	C	C 小型	l 最小	l 最大	s 推奨値*	H	m_1	m
M6	10		11.5		7	70	18	4	5	3.6
M7	11		12.7		11	100	20	5	5.5	4.2
M8	13	12	15	13.9	11	100	22	5.5	6.5	5
M10	16	14	19.6	16.2	14	100	26	7	8	6
M12	19	17	21.9	19.6	18	125	30, 36	8	10	7
M14	22	19	25.4	21.9	20	125	34, 40	9	11	8
M16	24	22	27.7	25.4	22	125	38, 44	10	13	10
M18	27	24	31.2	27.7	25	125	42, 48	12	15	11
M20	30	27	34.6	31.2	28	125	46, 52	13	16	12
M22	32	30	37	34.6	28	125	50, 56	14	18	13
M24	36	32	41.6	37	30	125	54, 60	15	19	14
M27	41	36	47.3	41.6	35	125	60, 66	17	22	16
M30	46	41	53.1	47.3	40	125	66, 72, 85	19	24	18
M33	50	46	57.7	53.1	45	125	72, 78, 91	21	26	20
M36	55	50	63.5	57.7	50	125	78, 84, 97	23	29	21
M39	60	55	69.3	63.5	50	125	84, 90, 103	25	31	23
M42	65		75		55	125	90, 96, 109	26	34	25
M45	70		80.8		55	125	96, 102, 115	28	36	27
M48	75		86.5		60	125	102, 108, 121	30	38	29

*$s>l$ の場合は全ねじとする

通しボルト　　押さえボルト　　植込みボルト

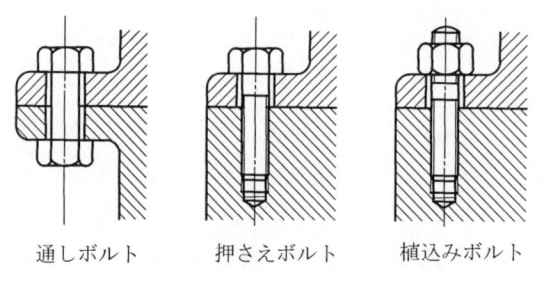

図2.10　ボルトの使用法

2.1 ねじ

表 2.5 小ねじの寸法 (JIS B 1101, B 1111 より)

ねじの呼び d	ピッチ p	すわり幅 a	十字穴番号	なべ D	なべ H	丸さら D	丸さら H	丸さら k	さら D	さら H	さら k	トラス D	トラス H	バインド D	バインド H	バインド k	丸 D	丸 H	平 D	平 H	s	l min1	l min2	l max
M1	0.25	0.32	—	2	0.65	2	0.6	0.2	2	0.6	0.2	—	—	—	—	—	2	0.8	2	0.65	6	3	4	10
M1.2	0.25	0.32	—	2.3	0.8	2.4	0.7	0.3	2.4	0.7	0.3	—	—	—	—	—	2.3	0.9	2.3	0.8	6	3	4	12
(M1.4)	0.3	0.32	—	2.6	0.9	2.8	0.85	0.35	2.8	0.85	0.35	—	—	—	—	—	2.6	1	2.6	0.9	8	3	5	16
M1.6	0.35	0.4	—	3	1	3.2	0.95	0.4	3.2	0.95	0.4	—	—	—	—	—	3	1.1	3	1	8	3	5	20
M2	0.4	0.6	1	3.5	1.3	4	1.2	0.5	4	1.2	0.5	4.5	1.2	4.3	0.85	0.35	3.5	1.3	3.5	1.3	10	4	6	20
(M2.2)	0.45	0.6	1	4	1.5	4.4	1.3	0.55	4.4	1.3	0.55	5	1.3	4.7	0.9	0.4	4	1.5	4	1.5	12	5	6	30
M2.5	0.45	0.8	1	4.5	1.7	5	1.45	0.7	5	1.45	0.7	5.7	1.5	5.3	1	0.5	4.5	1.7	4.5	1.7	12	5	6	40
M3×0.5	0.5	0.8	2	5.5	2	6	1.75	0.8	6	1.75	0.8	6.9	1.9	6.3	1.3	0.6	5.5	2	5.5	2	14	5	8	40
(M3.5)	0.6	1	2	6	2.3	7	2	0.9	7	2	0.9	8.1	2.2	7.3	1.5	0.7	6	2.3	6	2.3	16	5	8	50
M4×0.7	0.7	1	2	7	2.6	8	2.3	1	8	2.3	1	9.4	2.5	8.3	1.7	0.8	7	2.6	7	2.6	20	6	10	50
(M4.5)	0.75	1	2	8	2.9	9	2.55	1.2	9	2.55	1.2	10.6	2.8	9.3	1.9	0.9	8	3	8	2.9	20	6	10	50
M5×0.8	0.8	1.2	2	9	3.3	10	2.8	1.3	10	2.8	1.3	11.8	3.1	10.3	2.1	1	9	3.4	9	3.3	25	8	12	50
M6	1	1.2	3	10.5	3.9	12	3.4	1.4	12	3.4	1.4	14	3.7	12.4	2.4	1.3	10.5	4	10.5	3.9	30	8	12	50
M8	1.25	1.6	3	14	5.2	16	4.4	1.8	16	4.4	1.8	17.8	4.8	16.4	3.1	1.7	14	5.4	14	5.2	—	10	14	60

*すわり付き小ねじのみ　min1:さら、丸さら以外の最小値　min2:さら、丸さらの最小値　max:最大値

2.1.6 ボルト,ナットのゆるみ止めと座金

ボルト,ナットで中間物を締め付けても,時間が経つうちにボルトが塑性変形して伸びたり,逆に中間物が塑性変形して縮み,締付け力が低下する場合がある.また,振動や衝撃力のためにナットがゆるむ方向に回転することもある.このようなボルト,ナットのゆるみ止めのためや座面の傷つきを防止するために,表2.6のような平座金やばね座金などが用いられる.また,図2.12に示すダブルナット,溝付きナットを使用したり,機械の回転方向との兼ね合いで左ねじを使用することもゆるみ防止のためには有効である.

表2.6 座金の寸法(JIS B 1256より)

呼び	小型-部品等級 A			並-部品等級 A		
	D_1	D_2	H	D_1	D_2	H
1.6	1.7	3.5	0.3	1.7	4	0.3
2	2.2	4.5	0.3	2.2	5	0.3
2.5	2.7	5	0.5	2.7	6	0.5
3	3.2	6	0.5	3.2	7	0.5
3.5	3.7	7	0.5	3.7	8	0.5
4	4.3	8	0.5	4.3	9	0.8
5	5.3	9	1	5.3	10	1
6	6.4	11	1.6	6.4	12	1.6
8	8.4	15	1.6	8.4	16	1.6
10	10.5	18	1.6	10.5	20	2
12	13	20	2	13	24	2.5
14	15	24	2.5	15	28	2.5
16	17	28	2.5	17	30	3
20	21	34	3	21	37	3
24	25	39	4	25	44	4
30	31	50	4	31	56	4
36	37	60	5	37	66	5

D_1:基準寸法(最小) D_2:基準寸法(最大)

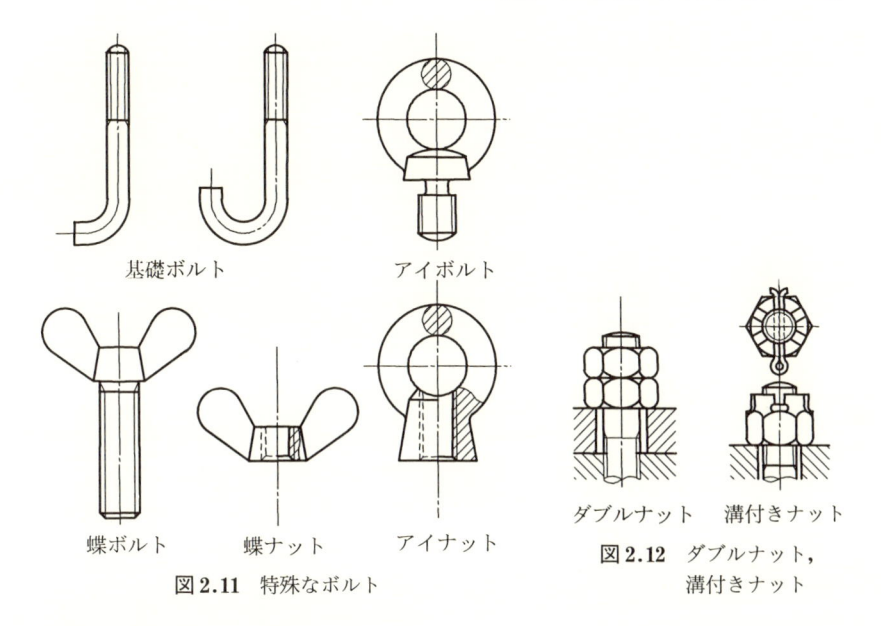

基礎ボルト　　アイボルト

蝶ボルト　蝶ナット　アイナット

ダブルナット　溝付きナット

図 2.11　特殊なボルト

図 2.12　ダブルナット，溝付きナット

2.2　キー，スプライン，ピン
2.2.1　キー

キー (key) は軸に歯車，ベルト車などを取付け回転力を伝えるために用いられる．一般にはキー上面に勾配をつけて打ち込み，そのくさび効果によって固定を確実にする．材料は軸材料よりも硬いものが用いられる．キーには伝達力の大きさ，構造，キー溝の加工性などに応じて図 2.13 に示すさまざまなものがあり，JIS では B 1301 に規格化されている．

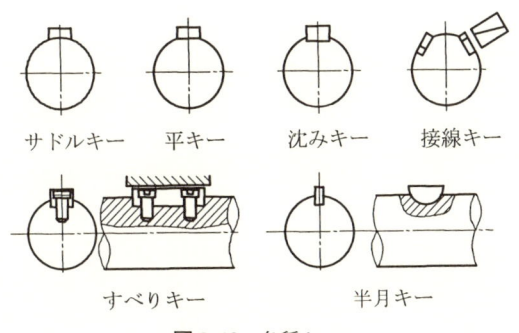

サドルキー　平キー　沈みキー　接線キー

すべりキー　半月キー

図 2.13　各種キー

表 2.7 沈みキーの寸法（JIS B 1301 より）

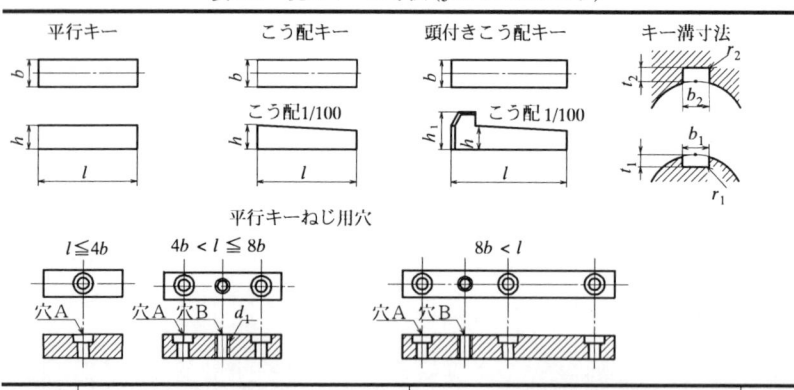

呼び寸法 $b \times h$	キー本体					キー溝					適用する軸径
	b	h	c	l	ねじ穴	b_1, b_2	t_1	平行キー t_2	こう配キー t_2	r_1, r_2	
3×3	3.0	3.0	0.16~0.25	6~36	—	3.0	1.8	1.4	0.9	0.08~0.16	8~10
4×4	4.0	4.0	0.25~0.40	8~45	—	4.0	2.5	1.8	1.2		10~12
5×5	5.0	5.0		10~56	—	5.0	3.0	2.3	1.7	0.16~0.25	12~17
6×6	6.0	6.0		14~70	—	6.0	3.5	2.8	2.2		17~22
(7×7)	7.0	7.0		16~80	—	7.0	4.0	3.3	3.0		20~25
8×7	8.0	7.0	0.40~0.60	18~90	M3	8.0	4.0	3.3	2.4		22~30
10×8	10.0	8.0		22~110	M3	10.0	5.0	3.3	2.4	0.25~0.40	30~38
12×8	12.0	8.0		28~140	M4	12.0	5.0	3.3	2.4		38~44
14×9	14.0	9.0		36~160	M5	14.0	5.5	3.8	2.9		44~50
(15×10)	15.0	10.0		40~180	M5	15.0	5.0	5.3	5.0		50~55
16×10	16.0	10.0		45~180	M5	16.0	6.0	4.3	3.4		55~58
18×11	18.0	11.0	0.60~0.80	50~200	M6	18.0	7.0	4.4	3.4		58~65
20×12	20.0	12.0		56~220	M6	20.0	7.5	4.9	3.9	0.40~0.60	65~75
22×14	22.0	14.0		63~250	M6	22.0	9.0	5.4	4.4		75~85
(24×16)	24.0	16.0		70~280	M8	24.0	8.0	8.4	8.0		80~90
25×14	25.0	14.0		70~280	M8	25.0	9.0	5.4	4.4		85~95
28×16	28.0	16.0		80~320	M10	28.0	10.0	6.4	5.4		95~110
32×18	32.0	18.0		90~360	M10	32.0	11.0	7.4	6.4		110~130

沈みキーは，最もよく用いられるもので，その形状によって平行キー，勾配キー，頭付き勾配キーがあり表2.7にその寸法を示す．キー溝は軸とボスの両方に作られ，軸にボスをはめてからキーを打ち込むものを打ち込みキー，軸にあらかじめキーを植込んでからボスをはめ込むものを植込みキーという．

すべりキーはフェザーキーとも呼ばれ，キーを平行にして軸方向の動きを可能にしたものであり，固定用のねじでキー溝に固定する．半月キーはウッドラフキーとも呼ばれ，半月状のキーであり自動的に軸とボスの間に落ちつく長所がある．接線キーは軸の接線方向に取り付けられるキーであり，1/100の勾配をもった2本のキーを一組として，中心角が120°となる位置に二組取り付け両方向の回転を伝達する．接線キーには構造上せん断力が働かないのできわめて大きな回転力を伝達できる．なお，回転方向が一方向の場合はどちらか一組でもよい．サドルキーは摩擦力だけにたよっているので伝達力は小さいが，軸にキー溝を加工する必要がなく軸強度を低下させないし，キーの位置を自由に設定できる利点がある．平キーも伝達力は小さいが軸の加工が容易であり，強度低下が小さい利点がある．

2.2.2 キーの強度

キーには図2.14に示すように次式のせん断力 F が作用する．

$$F = \frac{2T}{d} \tag{2.20}$$

ここで，T は軸が伝達するトルク，d は軸直径である．したがって，キーの幅を b，長さを l とすればキーには次式のせん断応力が生ずる．

$$\tau = \frac{F}{bl} = \frac{2T}{dbl} \tag{2.21}$$

一方，F はキー側面には圧縮力として作用するから，キーの高さを h として，

$$\sigma = \frac{F}{hl/2} = \frac{4T}{dhl} \tag{2.22}$$

の圧縮応力が働く．これらの応力が，それぞれキー材料の許容せん断応力および許容圧縮応力以下となるようにキーの寸法を決めればよい．

一方，トルク T が加わる軸外表のせん断応力は $\tau_d = 16T/\pi d^3$ であるから，軸とキーの材質が同じならば $\tau = \tau_d$ とするのが合理的であるので

$$bl = \frac{\pi d^2}{8} \approx 0.4 d^2$$

また，せん断許容応力と圧縮許容応力の関係を $\tau_{al}=0.5\sigma_{al}$ と仮定すれば，$b=h$．キー溝のはまり具合の安定度を考えて $l \geqq 1.5d$ とすれば，結局，次のようになる．

$$b \approx \frac{d}{4}, \quad h \approx b, \quad l \geqq 1.5d \tag{2.23}$$

キー寸法の決定は概ね上式に従えばよいが，JIS には軸径に対するキーの呼び寸法 $b \times h$ が決められているので，これによって b, h を決定し τ, σ がそれぞれせん断許容応力および圧縮許容応力以下となるように長さ l を決めればよい．

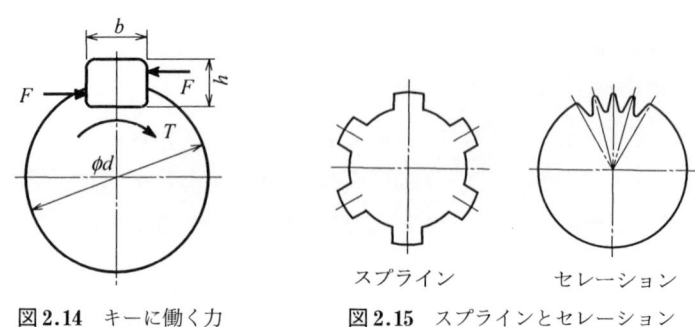

図 2.14　キーに働く力

図 2.15　スプラインとセレーション

2.2.3　スプライン，セレーション

大きな回転力を伝えるために，図 2.15 のように，軸およびボスの円周上に多くの歯を作りかみ合わせたのがスプライン (spline) とセレーションであり，自動車や工作機械などに多く用いられている．JIS 規格には表 2.8 のものがある．

スプラインには歯形が平行キーのような角形の角形スプラインと，歯車と同様なインボリュート曲線にしたインボリュートスプラインがあり，いずれも軸方向の移動が可能である．ボスの方をスプラインと呼び，ブローチ盤によって加工される．軸の方をスプラインシャフトと呼び，フライス盤やホブ盤を用い

表 2.8　スプライン，セレーションに関する主な JIS

規格番号	項目
B1193	ラジアル形ボールスプライン
B1601	角形スプライン
B1603	インボリュートセレーション
D2001	自動車用インボリュートスプライン

て加工する．角形スプラインの寸法を表2.9に示す．インボリュートスプラインの歯数を多くしたものがセレーションであり，比較的小径のものに用いられ，JIS では軸と穴を固定して使用する場合について規格化している．

表 2.9 角形スプラインの寸法（JIS B 1601 より）

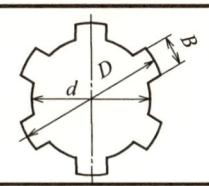

d [mm]	軽荷重用				中荷重用			
	呼び方	N	D [mm]	B [mm]	呼び方	N	D [mm]	B [mm]
11	—	—	—	—	6×11×14	6	14	3
13	—	—	—	—	6×13×16	6	16	3.5
16	—	—	—	—	6×16×20	6	20	4
18	—	—	—	—	6×18×22	6	22	5
21	—	—	—	—	6×21×25	6	25	5
23	6×23×26	6	26	6	6×23×28	6	28	6
26	6×26×30	6	30	6	6×26×32	6	32	6
28	6×28×32	6	32	7	6×28×34	6	34	7
32	8×32×36	8	36	6	8×32×38	8	38	6
36	8×36×40	8	40	7	8×36×42	8	42	7
42	8×42×46	8	46	8	8×42×48	8	48	8
46	8×46×50	8	50	9	8×46×54	8	54	9
52	8×52×58	8	58	10	8×52×60	8	60	10
56	8×56×62	8	62	10	8×56×65	8	65	10
62	8×62×68	8	68	12	8×62×72	8	72	12
72	10×72×78	10	78	12	10×72×82	10	82	12
82	10×82×88	10	88	12	10×82×92	10	92	12
92	10×92×98	10	98	14	10×92×102	10	102	14
102	10×102×108	10	108	16	10×102×112	10	112	16
112	10×112×120	10	120	18	10×112×125	10	125	18

N：溝の数　呼び方：$N×d×D$

2.2.4 ピン，コッタ

ピン（pin）には図 2.16 のように平行ピン，テーパピン，先割りテーパピン，割ピンなどがあり，回り止め，抜け止め，位置決めなどさまざまな用途に使われる．JIS 規格には B 1351～1354 があり，寸法形状の一例を表 2.10 に示す．図 2.17 のように二部品を軸方向に締結するもので，その断面が長方形状であり，1/20～1/5 の勾配をつけたものをコッタという．

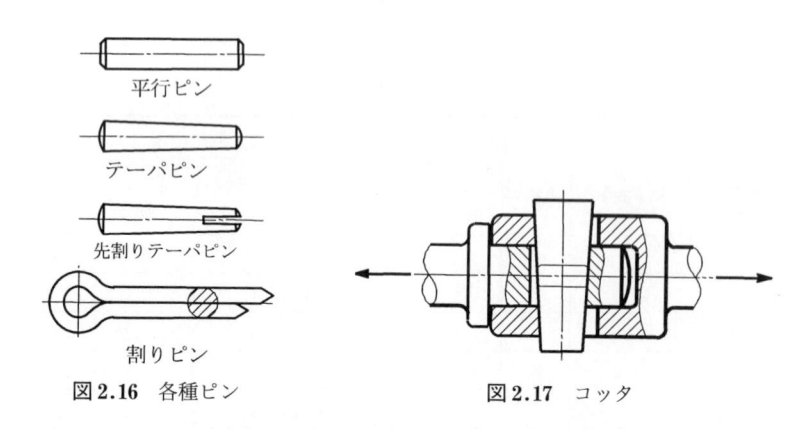

図 2.16　各種ピン

図 2.17　コッタ

表 2.10　ピンの寸法（JIS B 1352, B 1354 より）

			A種						B種						テーパピン こう配 1/50			
呼び径		0.6	0.8	1	1.2	1.5	1.6	2	2.5	3	4	5	6	8	10	12	13	16	20	25	30	40	50
基準値		0.6	0.8	1	1.2	1.5	1.6	2	2.5	3	4	5	6	8	10	12	13	16	20	25	30	40	50
d 許容値	A種	+0.008 +0.002								+0.012 +0.004				+0.015 +0.006		+0.018 +0.007			+0.021 +0.008			+0.0025 +0.009	
	B種	0 −0.014								0 −0.018				0 −0.022		0 −0.027			0 −0.033			0 −0.039	
	テーパ	+0.018 0	+0.025 0			+0.025 0				+0.030 0				+0.036 0		+0.043 0			+0.052 0			+0.062 0	
a		0.08	0.1	0.12	0.16	0.2	0.2	0.25	0.3	0.4	0.5	0.63	0.8	1	1.2	1.6	1.6	2	2.5	3	4	5	6.3
c		0.12	0.16	0.2	0.25	0.3	0.3	0.35	0.4	0.5	0.63	0.8	1	1.6	2	2.5	2.5	3	3.5	4	5	6.3	8
l	平行ピン	2 l 6	2 l 8	4 l 10	4 l 12	4 l 16	4 l 16	6 l 24	6 l 30	8 l 40	10 l 50	12 l 60	14 l 80	18 l 95	22 l 140	22 l 140	26 l 180	35 l 200	50 l 200	60 l 200	80 l 200	95 l 200
	テーパ	4 l 10	5 l 14	6 l 16	8 l 18	—	10 l 25	12 l 28	14 l 36	16 l 50	18 l 63	25 l 70	28 l 80	36 l 125	45 l 140	—	56 l 160	70 l 200	80 l 225	100 l 250	100 l 280	100 l 280	100 l 280

2.3 リベット継手
2.3.1 リベット,リベット継手の種類

リベット継手は図 2.18 のようにリベット (rivet) を用いて鋼板などを永久的に固定する継手であり古くから鉄骨構造物などに多く用いられている．近年，溶接技術の発達に伴って，ボイラ，船体など溶接継手に取って代わられた分野も多いが，溶接継手に比べ熱による残留応力の発生が少ない．き裂が発生しても継手部分で伝ぱを阻止できるのでぜい性破壊に強いなどの利点があり，航空機の機体などにも用いられている．

リベットの材質は原則として接合される母材と同種のものを用いる．リベットには図 2.19 のように頭の形状により丸リベット，さらリベットなどがあり，呼び寸法はその直径 d で表す．長さは首下の長さ l で表し，締結する板の厚みにより次のように決められる．

$$l = (締結する板の全厚さ) + (1.3 \sim 1.6)d \qquad (2.24)$$

なお，穴の直径は d よりも 1.0〜1.5 mm 程度大きめにあける．

リベットには比較的小径の冷間成形のものと熱間成形のものがあり，それぞれ JIS B 1213, B 1214 に規定されている．リベット継手の使用条件は

1) 構造物など主に強度のみが重要な場合
2) 低圧容器のように主に気密性が重要な場合
3) 高圧容器のように強度と気密性の両方が必要な場合
4) 航空機のように薄板の接着に用いられる場合

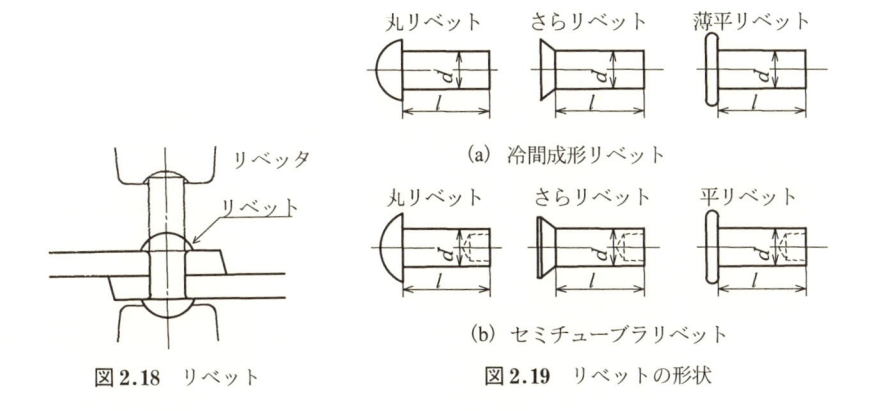

図 2.18 リベット

図 2.19 リベットの形状

に分けられる．構造上は図 2.20 のように重ね継手や突合せ継手がそれぞれ用途に応じて用いられる．気密性が特に求められる場合には，リベット頭の周囲や板の縁をたがね等でかしめる図 2.21 のようなコーキング，フリーランの処理が行われる．

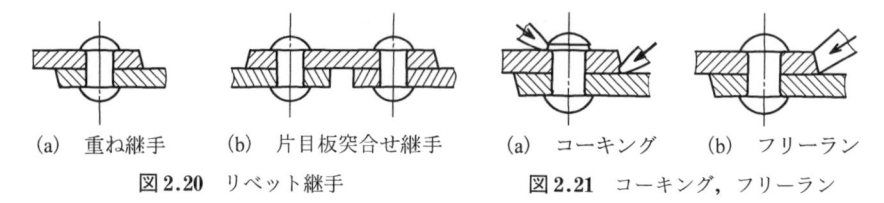

(a) 重ね継手　　(b) 片目板突合せ継手　　　(a) コーキング　　(b) フリーラン

図 2.20　リベット継手　　　　　　　　図 2.21　コーキング，フリーラン

2.3.2　リベット継手の強度と効率

リベット継手の破壊様式には図 2.22 に示す五種類があり，それぞれの場合の許容荷重 P_i はリベットの直径を d，板の厚さを t，リベットのピッチを p とすれば次のようになる[10]．

1) リベットの切断

$$P_1 = \frac{\pi}{4} d^2 \tau \tag{2.25}$$

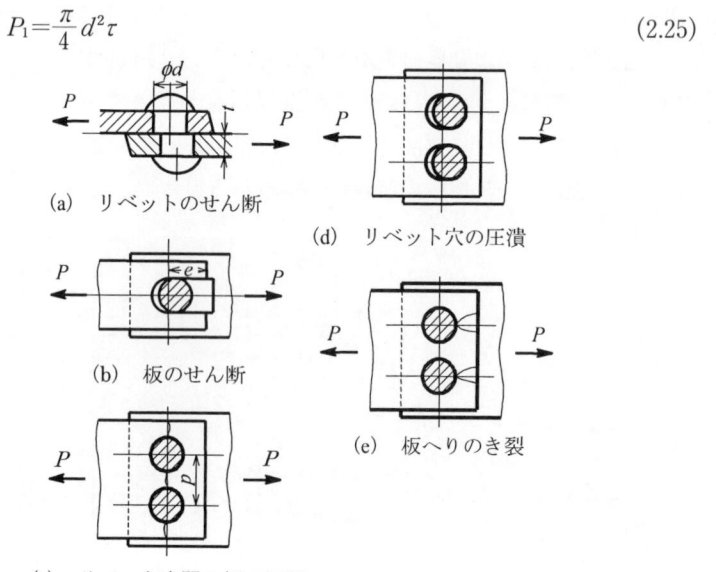

(a) リベットのせん断

(b) 板のせん断

(c) リベット穴間の板の切断

(d) リベット穴の圧潰

(e) 板へりのき裂

図 2.22　リベットの破壊形式

τ：リベットの許容せん断応力

2) 板のせん断
$$P_2 = 2et\tau_p \tag{2.26}$$
τ_p：板の許容せん断応力

3) リベット穴間の板の破断
$$P_3 = (p-d)t\sigma_{pt} \tag{2.27}$$
σ_{pt}：板の許容引張応力

4) リベットあるいは穴の圧潰
$$P_4 = dt\sigma_c$$
σ_c：リベットの許容圧縮応力 $\tag{2.28}$
$$P_4 = dt\sigma_{pc}$$
σ_{pc}：板の許容圧縮応力

5) 板へりの裂断
$$P_5 = \frac{\sigma_{pb}t(2e-d)^2}{3d} \tag{2.29}$$
σ_{pb}：板の許容曲げ応力

リベット継手を使用する場合，これら $P_1, \cdots, P_5$ が等しくなるように設計するのが合理的である．式(2.25)と式(2.28)で，$P_1 = P_4$ とおいて
$$d = \frac{4}{\pi}\frac{t\sigma_c}{\tau} \tag{2.30}$$

式(2.25)と式(2.29)で，$P_1 = P_5$ とおいて
$$e = \frac{d}{2}\left(1 + \sqrt{\frac{3\pi d\tau}{4t\sigma_{pb}}}\right) \tag{2.31}$$

式(2.25)と式(2.26)で，$P_1 = P_2$ とおいて
$$e = \frac{\pi d^2\tau}{8t\tau_p} \tag{2.32}$$

$\sigma_c = 1.25\tau$ とすれば，式(2.30)より
$$d \approx 1.6t \tag{2.33}$$

$\sigma_{pb} = \sigma_{pt} = 1.25\tau$ とすれば，式(2.31)より
$$e \approx 1.5d \tag{2.34}$$

一方，$\tau = \tau_p$，$d \approx 1.6t$ とすれば式(2.32)より $e \approx d$ であるから $e \approx 1.5d$ と

すれば，板のせん断について安全側である．さらに，式(2.25)と式(2.27)より，$P_1=P_3$とおいて

$$p = \frac{\pi d^2 \tau}{4t\sigma_{pt}} + d \tag{2.35}$$

板厚が与えられたとき，式(2.33)，(2.34)はd，eを，式(2.35)はピッチpを決める目安となる．ピッチについては，このほか漏洩が生じないように，また工作しやすいように決定する必要がある．なお，リベットはボイラ用継手として古くから用いられ，図2.23のような継手に対して表2.11の諸式が決められており，ボイラ以外の用途においても参考となる[11]．

リベット穴のあいた板の強さと穴無しの板の強さの比をリベット継手の板の効率と呼び次式で与えられる．

$$\eta_1 = \frac{(p-d)t\sigma_{pt}}{pt\sigma_{pt}} = 1 - \frac{d}{p} \tag{2.36}$$

一方，リベットのせん断強さと穴無しの板の強さの比をリベットの効率と呼び次式で与えられる．

$$\eta_2 = \frac{\pi d^2 n \tau}{4pt\sigma_{pt}} \tag{2.37}$$

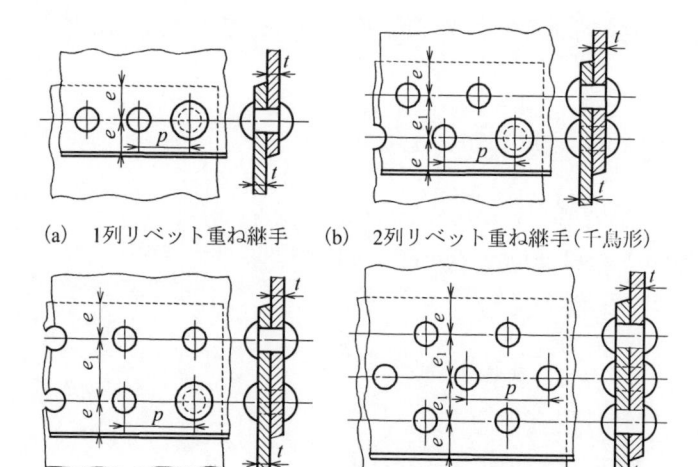

(a) 1列リベット重ね継手　　(b) 2列リベット重ね継手(千鳥形)

(c) 2列リベット重ね継手(平行形)　　(d) 3列リベット重ね継手

図2.23　ボイラ用継手(機械実用便覧より)

表2.11 ボイラ用リベット継手に関する諸式（機械実用便覧より）

	(a)	(b)	(c)	(d)
d [cm]	$\sqrt{5t}-0.4$	$\sqrt{5t}-0.4$	$\sqrt{5t}-0.4$	$\sqrt{5t}-0.4$
d [cm]	$2d+0.8$	$2.6d+1.5$	$2.6d+1$	$3d+2.2$
e	$1.5d$	$1.5d$	$1.5d$	$1.5d$
e_1		$0.6p$	$0.8p$	$0.5p$

ただし，n は1ピッチ内におけるリベットのせん断面の数であり，図2.22（b）の例では，片目継手の場合は $n=1$，両目継手の場合は両面均等には力が加わらない場合を考慮して $n=1.8$ である．以上のうちで小さい方をリベット継手の効率と呼ぶ．

演習問題

【2.1】 M20のメートル並目ねじのボルトを用いて2枚の鋼板を締付けトルク100 Nmで締め付けた．締付け力およびボルトに生ずる引張応力およびせん断応力を求めよ．また，このボルトをゆるめるときに必要なトルクを求めよ．

【2.2】 厚さ $h=30$ mm の銅板を，M10のメートル並目ねじのボルトで初期締結力 $P_0=2000$ N で締め付けた．その後全体の温度が $\triangle T=50\,°C$ 上昇した．このときのボルトの締付け力を求めよ．ただし，ボルトと銅板のヤング率および線膨張係数はそれぞれ，$E_s=206$ GPa，$a_s=12\times10^{-6}\,°C^{-1}$，$E_c=123$ GPa，$a_c=19\times10^{-6}\,°C^{-1}$ とする．また，ばね座金を使用するときはどうなるか検討せよ．

【2.3】 図2.24のような，内圧 p を受ける内径 D 肉厚 t の圧力容器のふたをガスケットを介して n 本のボルトで止める．内圧が p_{max} になるまで管内流体が漏れないようにするために必要な締付け力を求めよ．その後これを圧力 p（$p<$

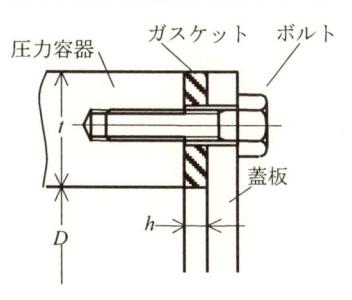

図2.24 ボルトによるガスケットの締付け

p_{max}) で使用するときボルトの応力を求めよ．ただし，ガスケットのヤング率を E_g ボルトのヤング率を E_b とする．

【2.4】 総重量 10 kN の構造物を天井に，許容せん断応力が $\tau_{al}=50$ MPa である6本のボルトを用いて固定する．固定時の締付け力も 10 kN とするとき，締付けトルクの影響も考慮して，必要なボルトの直径を求めよ．

【2.5】 直径 $d=30$ mm の軸に沈みキーを利用して $T=200$ Nm のトルクを伝達したい．キーの寸法を決めよ．ただし，キー材料の許容圧縮応力および許容せん断応力をそれぞれ $\sigma_{al}=50$ MPa, $\tau_{al}=30$ MPa とする．

【2.6】 板厚 10 mm のボイラ胴に適用する平行形2列リベット重ね継手を設計し，リベット継手の効率を求めよ．

【2.7】 図2.25のような荷重 P を受ける板を4本のリベット1～4で壁に固定した．各リベットは均等に荷重を分担するものとして，各々のリベットに作用するせん断力を調べよ．

【2.8】 図2.26のような引張荷重 P を受けるピン継手がある．板材の許容引張応力および圧縮応力を σ_{Tal}, 許容せん断応力を $\tau_{Tal}=\sigma_{Tal}/2$, ピン材の許容せん断応力を τ_{Pal}, 板厚を t とするとき必要な板の寸法（板幅 B, 縁幅 h), ピンの直径を求め，ピンと板の材料が同じならば $t \geq 0.4d$ でよいことを示せ．

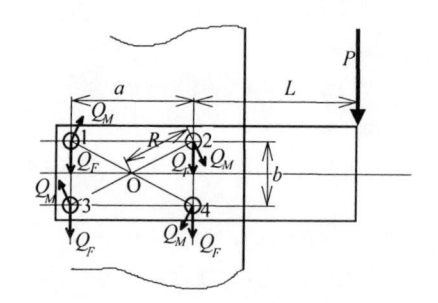

図2.25 リベットに加わるせん断力

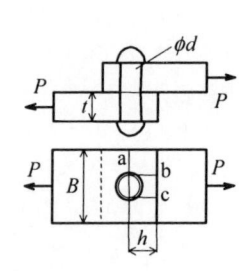

図2.26 ピン結合の板厚

第3章
溶接および接着

　部品と部品の接合には前章で述べたボルトとナット，リベットなどによるもののほか，溶接(welding)と接着(adhesive bonding)がある．おおまかにいえば，溶接とは部品を構成する二つの材料(ここでは主に構造用金属材料)を対象に加熱あるいは加圧に基づく原子間結合を実現させた接合であり，接着とはさまざまな固形材料を対象とした接着剤による接合である．しかし対象材料によっては両者を明瞭に区別し難い場合もある．また一般に後者の方は機械構造用として用いられることが少ないが，用途は広く，最近では構造用継手としての使用例が増加してきた．そこでまず，部品の接合によく用いられる溶接の概要について述べ，後に接着について述べる．

3.1 溶接の特徴
　はじめに板材などの永久結合の手段として用いられるリベット構造に比較すれば，一般に溶接構造には次のような利点がある．
1) 使用板厚に制限がほとんどない．
2) 強度効率が良い(リベットの場合，母材に穴部相当分だけ荷重支持部がないなど)．
3) 軽量化が図れる(当て板不要，強度効率大などのため)．
4) 大形構造物に適用できる．
5) 接合部分の高気密性が保持できる．
6) 工程日数減のためコスト低減が図れる(リベットの場合，穴あけ，かしめなどが必要)．

　また，鋳造・鍛造に比較して大形機械設備や木型，鋳型，金型が不要のため設備費が少ない．特に鋳鉄構造に比較して溶接に使用する圧延鋼材の方が高強

度であるなどの利点もある．

一方，利点ばかりではなく，溶接構造には欠点もある．すなわち

1) 溶接部が冷却凝固時に収縮するため構造物が変形し，同時に内部に残留応力を発生する．薄板構造の場合には変形が，厚板構造では残留応力が問題となり，特に溶接部では降伏応力に近い引張り残留応力が発生する．変形防止のためには治具や溶接順序の工夫が必要であり，残留応力低減には溶接後，応力除去焼鈍などが必要である．

2) 溶接ルート部や止端部あるいは気孔などの溶接欠陥部での応力集中が原因で割れを生じやすく，溶接で一体構造になっているため，割れが全体に進展しかねない．

3) 母材溶接部の強度が材質に大きく影響され，材質によっては溶接熱によって硬化，軟化，脆化する場合がある．このような溶接熱影響部

表3.1 溶接法の分類

分類	方法	種類
融接 fusion welding	アーク溶接	被覆アーク溶接 サブマージアーク溶接 ガスシールドアーク溶接 （MIG溶接，TIG溶接など）
	ガス溶接	酸素アセチレン溶接など
	テルミット溶接	
	エレクトロスラグ溶接	
	電子ビーム溶接	
	プラズマアーク溶接	
	レーザ溶接	
	光ビーム溶接	
圧接 pressure welding	抵抗溶接	スポット溶接 シーム溶接 プロジェクション溶接 フラッシュ溶接など
	鍛接	
	ガス圧接	
	冷間溶接	
	超音波溶接	
	爆発圧接	
	摩擦圧接	
	拡散溶接	
ろう付 brazing	硬ろう付	
	軟ろう付（ハンダ付）	

(HAZ：heat-affected zone)の性質を知り，材質の選定や溶接条件などによって強度低下を避ける必要がある．

4) 溶接部の性質は作業者の技術によるところがきわめて大きい．作業者に対して一定以上の技術の持ち主であるという信頼が要求される．

3.2 溶接方法の概要

溶接とは冶金的結合であり，これを実現するために種々の方法が用いられている．これを溶接形態によって大別すれば表3.1のようになる．

これらの溶接法のうち，溶融溶接（融接）の代表的なアーク溶接法とガス溶接法，加圧溶接（圧接）の抵抗溶接法の概略をまとめたのが表3.2である．

表 3.2　代表的溶接法の概要

	溶接法の概要	特徴
アーク溶接法 arc welding	アーク熱を利用した溶接：溶接中，溶融金属の酸化や大気混入防止のため溶接棒をフラックスで被覆または不活性ガスで大気を遮断	手動溶接から自動溶接まで使用板厚はほぼ任意
ガス溶接法 gas welding	ガス炎の熱を利用した溶接：酸素・アセチレンガスなどの反応炎で溶加材を用いて接合	手動溶接 使用板厚は中位（10 mm程度以下）
抵抗溶接法 resistance welding	母材の接合部にごく短時間の大電流を流し，抵抗発熱で接合部を半溶融にすると同時に加圧接合するもの	設備費大 重ね接合は薄板もの 溶接棒不要 鋳物には適用不可

3.3 溶接継手の設計

溶接継手（welded joint）形式で分類すれば，図3.1のように突合せ継手，重ね継手，当て金継手，かど継手，T継手，へり継手などがある．また溶接部の接合形状で溶接を分類すれば，図3.2のようになるが，基本的には突合せ溶接（butt welding）とすみ肉溶接（fillet welding）に大別される．種々の継手形式に対して強度上なるべく突合せ溶接を採用し，すみ肉溶接を避けた方がよい．特に突合せ継手では接合面を十分に溶融するために，突き合わせる端面（開先：groove）の形状が種々工夫されている．この加工された端面形状を開先形状といい，図3.3のようになる．どれを選べばよいかは溶接法，板厚，溶

図 3.1　溶接継手の種類

図 3.2　溶接部の接合形状

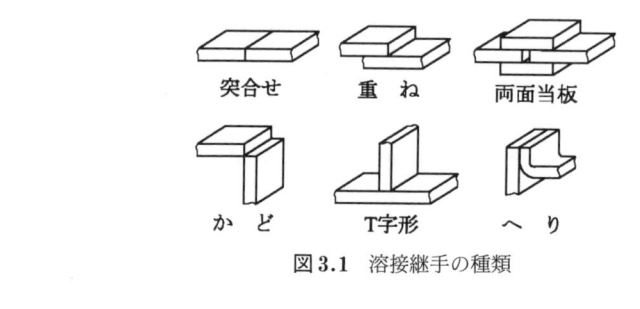

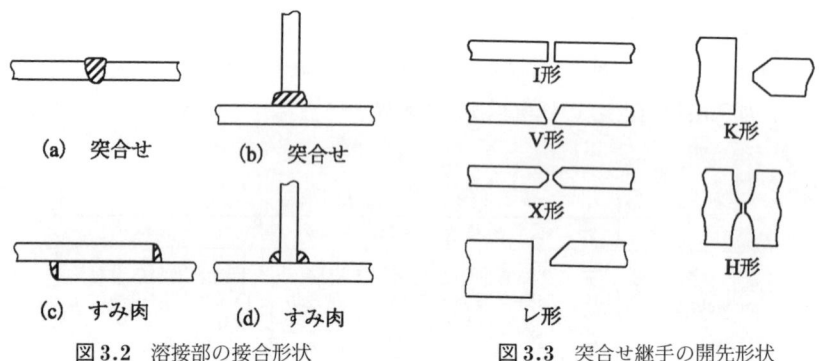

図 3.3　突合せ継手の開先形状

接条件などによる．

　溶接構造用としてよく用いられる鋼材は，一般構造用圧延鋼材（JIS G 3101），溶接構造用圧延鋼材（JIS G 3106），機械構造用炭素鋼（JIS G 4051），ボイラおよび圧力容器用圧延鋼材（JIS G 3103, 3115），低合金高張力鋼，低温用鋼である．

　一般に溶接金属部分の強度は母材と同程度かそれ以上であるので，接合部分と母材が一体となっているものとして強度を評価する．外力に対して溶接部に発生する応力は応力集中や残留応力に影響されるので，必ずしも単純ではないが，一応これらの影響を無視して応力を算定する[16),17)]．

　図 3.4 は引張荷重 P を受ける突合せ継手を模式的に示したもので，溶接金属部の厚さ h をのど厚（throat）といい，母材の板厚 t に等しく置いてのど厚断面の応力を考える．板面から盛り上がっている高さ a, a' の部分を余盛りというが，強度上の安全をみてこの余盛り分を考えない．溶接長さを l とすれば，断面積 hl の部分で荷重 P を受けるものとする．すなわち引張応力 σ_t は

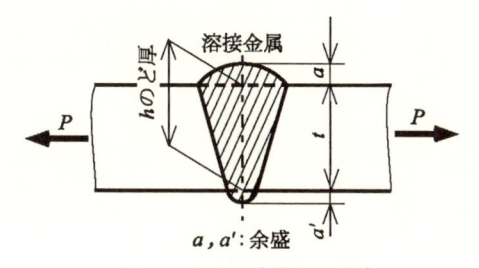

図 3.4 突合せ溶接ののど厚

$$\sigma_t = \frac{P}{hl} \tag{3.1}$$

で表され，この応力が許容値を越えないようにする．紙面に垂直方向に作用するようなせん断荷重の場合も同様であり，断面積 hl でせん断荷重を受けもつとする．さらに，すみ肉溶接の場合も同様で，図 3.5 のような場合は

$$h_t = h\cos 45° \fallingdotseq 0.707h \tag{3.2}$$

を理論のど厚といい，断面積 $h_t l$ についての平均応力を考えることとなる．

なお，溶接ビード表面(溶接金属の盛り上がり部分)と母材板表面の境界を止端(toe)といい，この部分に応力集中を生ずる．そこで，たとえば突合せ溶接の余盛りをできるだけ少なくして止端部を平坦化し，応力集中を小さくすることが肝要である．

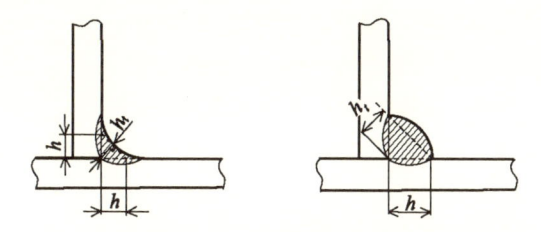

図 3.5 すみ肉溶接ののど厚

例題 3.1

図 3.6 のように両面溶接による板厚 t，板幅 b の突合せ継手に曲げモーメント M が作用するとき，継手設計上の最大曲げ応力 σ_b を求めよ．また，$t=10$ mm，$h=3$ mm，$b=50$ mm，$M=8.0$ Nm のとき，σ_b はいくらになるか．

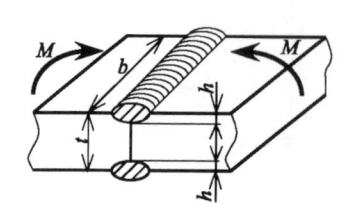

図 3.6 曲げモーメントを受ける突合せ継手　　**図 3.7** 曲げ応力の分布

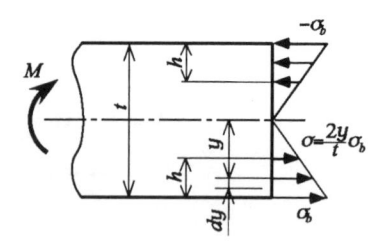

【解】

接合面の応力状態を，はりの曲げ応力問題に置き換えると，図 3.7 のような応力分布になる．いま中立軸から y の位置の垂直応力 σ は

$$\sigma = \frac{2y}{t}\sigma_b$$

であるから，外力のモーメント M は σ の分布によるモーメントに等しいとき，次のようになる．

$$M = 2\int_{t/2-h}^{t/2} \sigma y b\, dy = \frac{4b}{3t}\sigma_b [y^3]_{t/2-h}^{t/2}$$

$$\therefore\ \sigma_b = \frac{3tM}{6h(3t^2-6th+4h^2)} = \frac{3 \times 10 \times 8 \times 10^3}{6 \times 3(3 \times 10^2 - 6 \times 10 \times 3 + 4 \times 3^2)}$$

$$= 85\ \mathrm{MPa}$$

構造物を構成する溶接部分には，一般に引張荷重のみならず，せん断荷重も作用するので，設計上，組合応力下における破壊条件を知っておく必要がある．多くの場合ミーゼスの条件に基づき，のど厚断面上の垂直応力 σ と合せん断応力 τ（面内で直交するせん断応力の合成成分）を用い，許容引張応力 σ_{al} として次式が用いられている．

$$\sigma_{al} = \beta\sqrt{\sigma^2 + 3\tau^2} \tag{3.3}$$

ここで，　$\beta = 1.0$　（突合せ）
　　　　　　$= 0.6 \sim 0.9$　（すみ肉）

例題 3.2

図 3.8 のような片持ちばり形式の T 継手突合せ溶接部について，許容引張応力を求めよ．

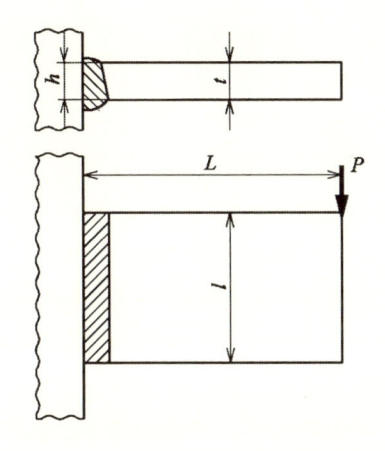

図 3.8 曲げとせん断を同時に受ける突合せ継手

解

溶接上部の曲げ応力 σ_b は，横幅が板厚 t に等しいのど厚 h，高さが溶接長さ l の長方形断面（のど厚断面）に作用する最外表面の垂直応力であるから，

$$\sigma_b = \sigma = \frac{PL}{(hl^2/6)} = \frac{6PL}{hl^2}$$

合せん断応力は荷重方向の平均せん断応力 τ のみであるから，

$$\tau = \frac{P}{hl}$$

したがって，式 (3.3) において $\beta = 1.0$ とすれば，次のような結果になる．

$$\sigma_{al} = \sqrt{\sigma^2 + 3\tau^2} = \sqrt{\left(\frac{6PL}{hl^2}\right)^2 + 3\left(\frac{P}{hl}\right)^2}$$

$$= \frac{P}{lh}\sqrt{36\left(\frac{L}{l}\right)^2 + 3}$$

3.4 接着剤による接合

接着剤による接合は，身の回りの日用品から宇宙機器に至るまできわめて広く用いられ，接着剤の種類もきわめて多い．主として金属あるいはプラスチックの接合を目的とした構造用接着剤に限っても，エポキシ系，フェノール系，アクリル系など多種にわたる[18]．そこで，このような接着剤を使う際にどれが適当なのか選択の基準を大別すれば，

1) 接着しようとする材料は何か（被着材の種類）．
2) 接着部分の形状・寸法．

3）接着部分に作用する応力あるいは荷重の大きさと方向，温度や雰囲気などの使用環境（使用条件下で要求される接合強さ）．

4）その他塗布方法など．

である．

接着部の破壊には接着界面で生じる界面破壊と接着層内の凝集破壊があるが，通常は低強度の界面破壊が優先する．そこで接着界面の強度を上げるために多くの場合，接着面にサンドペーパーなどによる機械的処理あるいは薬品による洗浄の化学的処理を施している．このような表面処理は被着材と接着剤によってさまざまである．標準的な強度試験法とともに JIS K 6848, 6849 を参照されたい．しかし市販接着剤についても強度向上のための最適条件は必ずしも明らかではないので，接着剤の専門店あるいはメーカに確認し，なるべく接着の予備実験をしてから本使用に移るのが望ましい．

3.5 接着継手

さまざまな接着形式があるが，基本的な接着継手形式は図 3.9 のような，突合せ継手，きりそぎ（スカーフ）継手，重合せ継手である．これらのうち，後二者が比較的多用されている．

きりそぎ継手は突合せ継手の接着面を斜面として広げたもので，θ はきりそぎ角である．このようなきりそぎ継手が引張応力 σ_0 を受ける場合に，図 3.10 のように，接着面に作用する垂直応力 σ とせん断応力 τ は

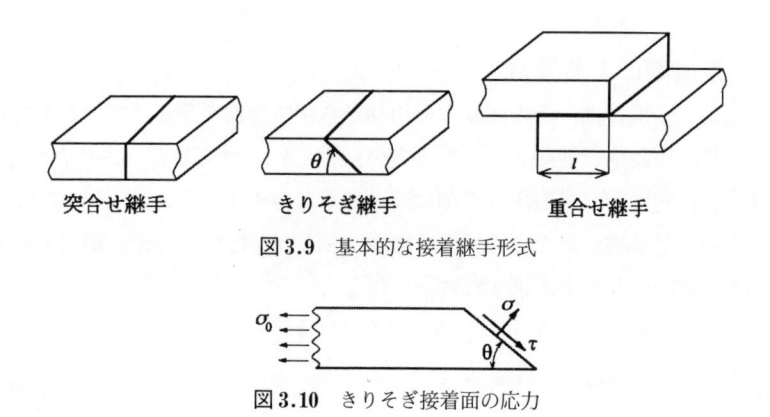

図 3.9 基本的な接着継手形式

図 3.10 きりそぎ接着面の応力

$$\sigma = \sigma_0 \sin^2\theta, \quad \tau = \frac{1}{2}\sigma_0 \sin 2\theta \tag{3.4}$$

であり，θ が小さければ両応力ともに小さい．そのために，きりそぎ角をできるだけ小さくすることが強度上安全である．このように，一般の接着面は組合せ応力状態にあることが多い．そこで組合せ応力状態にある接着面の破損条件が種々研究されている[19]が，結果は接着剤，接着厚さ，被着材，界面性状などに影響されるために単純ではない．

引張荷重を受ける重合せ継手の場合[20]，接着面に生ずるせん断応力 τ の分布は一般的に図 3.11 のようになる．接着端部で τ は最大 τ_{max} となり，応力が集中する．しかも τ_{max} は重ね長（ラップ長）l とともに大きくなる．接着端部にはこのようなせん断応力に加えて引張応力も作用するので，接着端部からはく離損傷がはじまる．一方，τ_m は平均せん断応力で，荷重 P を接着面積で除したものであるから，ラップ長 l を大きくすれば小さくなる．強度上，平均せん断応力は小さい方が望ましいが，接着端部での応力集中を考慮して適当なラップ長を決定する必要がある．なお，応力集中を低減するために，図 3.12 のように被着材の端部にテーパをつけることが行われている．

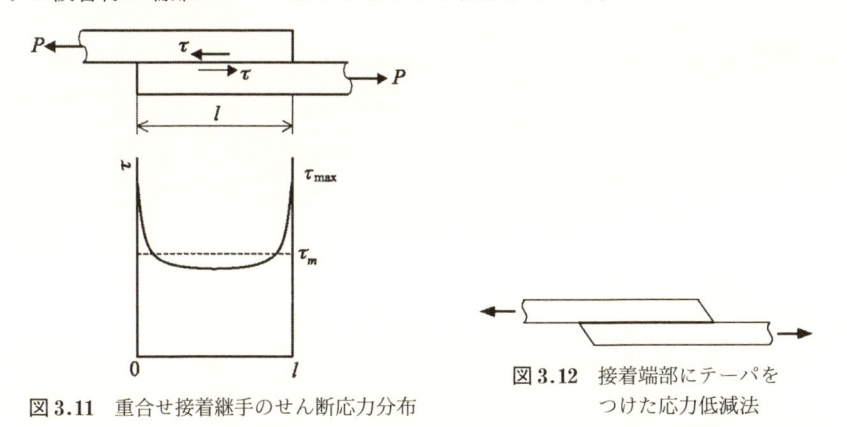

図 3.11　重合せ接着継手のせん断応力分布

図 3.12　接着端部にテーパをつけた応力低減法

演習問題

【3.1】溶接部になぜ残留応力が発生すると考えられるか．

【3.2】引張荷重 100 kN が作用する図 3.4 のような突合せ溶接継手がある．板厚 16

mm，許容応力 50 MPa であるとき，いくらの溶接長さが必要か．

【3.3】 被覆アーク溶接に必要な機器類をあげよ．

【3.4】 図 3.13 のように，先端に荷重 P を受ける T 形すみ肉溶接継手がある．溶接部に作用する曲げ応力 σ_b とせん断応力 τ を求めよ．

【3.5】 図 3.14 のような片持ちはり形式のすみ肉溶接部について曲げ応力 σ_b と荷重方向のせん断応力 τ を求め，のど厚断面に作用する応力成分から溶接部の許容引張応力 σ_{al} を求めよ．

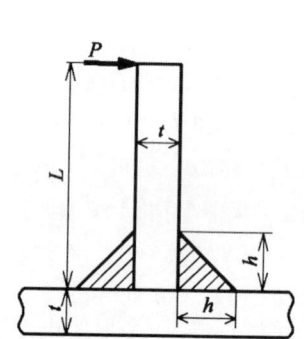

図 3.13 荷重を受ける T 形継手 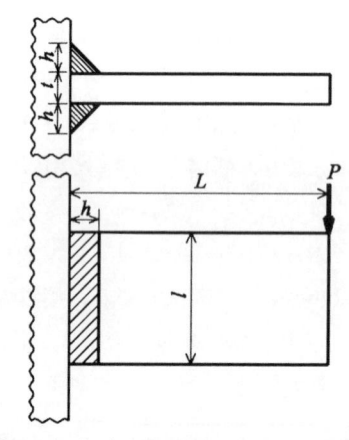 図 3.14 曲げとせん断を受けるすみ肉継手

【3.6】 図 3.9 のようなきりそぎ接着継手に引張荷重 30 kN を作用させても安全な場合のきりそぎ角 θ を求めよ．ただし，被着材の板厚 12 mm，板幅 100 mm，接着部の引張破壊強度 40 MPa，安全率 3 とし，この場合には破壊にせん断応力が寄与しないものとする．

第4章 軸および軸継手

4.1 軸の種類

　主として回転運動を伝えたり回転体を支える丸棒状の部材が軸(shaft)であり，使用状態によって伝動軸(power transmission shaft)，機械軸あるいは主軸(spindle)，車軸(axle)に分類される．伝動軸は回転によって動力を伝えるもので主にねじりモーメントを受け，機械装置の原動軸や船のプロペラシャフトなどがある．同様に主にねじりモーメントを受けて動力を伝えるが，工作機械やタービンの主軸を別に機械軸あるいは単に主軸という．車両の車軸のように主に荷重を支え曲げモーメントを受ける軸を車軸という[9],[10]．

　軸は加工の容易さと回転時のつり合いのため円形断面とするが，中までつまった中実軸と中をくり貫いた中空軸がある．中実の回転軸については，表4.1に示す直径が JIS B 0901 に規定されているので通常はこの値を使用する．中空軸は断面積に比べて断面二次モーメントが大きいので中実軸よりも軽くて曲げやねじりに強いものができる．軸の設計に際しては，まず曲げ，ねじり，せん断に対する強度を考慮する必要がある．長い軸に対してはねじれ，たわみなどの変形や回転による共振に注意する必要がある．

4.2 軸の強度

4.2.1 ねじりモーメント

　図4.1のように，外径 D，内径 D_i の軸にねじりモーメント(トルクともいう) T が加われば外表のせん断応力 τ は，

$$\tau = \frac{T}{Z_p} \tag{4.1}$$

表4.1 回転軸の径(JIS B 0901 より)

軸径	R5	R10	R20	円筒軸端	ころがり軸受	軸径	R5	R10	R20	円筒軸端	ころがり軸受	軸径	R5	R10	R20	円筒軸端	ころがり軸受	軸径	R5	R10	R20	円筒軸端	ころがり軸受	軸径	R5	R10	R20	円筒軸端	ころがり軸受
4	○	○	○		○	10	○	○	○			40	○	○	○			100	○	○	○	○	○	400	○	○	○		
																		105					○						
						11			○			42			○			110			○	○	○	420			○		○
						11.2		○										112		○				440					○
4.5		○										45		○	○									450		○			
						12			○									120			○	○	○	460			○		
						12.5		○	○			48			○			125		○	○			480			○		
5		○	○		○							50	○	○	○									500	○	○	○		○
																		130			○		○	530			○		
												55			○														
5.6		○				14			○	○		56			○			140			○	○	○	560		○			
						15				○								150				○							
6			○	○	16	○	○	○			60			○			160	○	○	○	○	○	600	○	○			
						17				○								170					○						
6.3	○	○				18			○	○		63	○	○	○			180			○	○	○	630	○	○	○		
						19				○								190					○						
						20			○	○								200			○		○						
						22			○	○		65			○			220			○		○						
7			○	○		22.4		○				70			○			224		○									
7.1		○										71		○															
						24				○		75			○			240			○		○						
8	○	○	○	○		25	○	○	○			80	○	○	○			250	○	○	○		○						
												85						260			○		○						
9		○	○	○		28			○	○		90		○	○			280			○		○						
						30				○		95			○			300			○								
						31.5		○	○									315		○	○								
						32				○								320			○								
																		340					○						
						35				○																			
						35.5		○										355		○									
																		360					○						
						38				○								380					○						

○印は, 軸径のよりどころを示す. たとえば軸径4.5は標準数 R20 による.

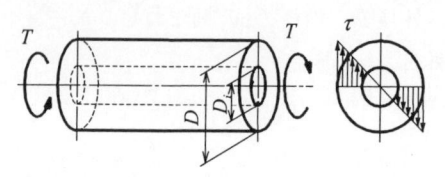

図4.1 ねじりモーメントとせん断応力の分布

ただし，$Z_p = \dfrac{\pi D^3 (1-m^4)}{16}$，$m = \dfrac{D_i}{D}$

逆に，τ_{al} を許容せん断応力とすれば必要な軸外径は

$$D \geq \sqrt[3]{\dfrac{16T}{\pi (1-m^4) \tau_{al}}} \tag{4.2}$$

となる．なお，中実軸では $D_i = 0$ であるから $m = 0$ である．単位を D [mm]，T [Nm]，τ [MPa]，τ_{al} [MPa] とすれば

$$\left. \begin{aligned} \tau &= 5090 \times \dfrac{T}{D^3 (1-m^4)} \ [\text{MPa}] \\ D &\geq 17.2 \times \sqrt[3]{\dfrac{T}{(1-m^4) \tau_{al}}} \ [\text{mm}] \end{aligned} \right\} \tag{4.3}$$

伝達動力 H と回転軸の角速度 ω とトルクの関係は $H = T\omega$ であるから，伝達動力とせん断応力の関係は

$$\tau = \dfrac{H}{Z_p \omega} = \dfrac{16H}{\pi D^3 (1-m^4) \omega} \tag{4.4}$$

逆に，τ_{al} を許容応力とすれば必要な軸外径は

$$D \geq \sqrt[3]{\dfrac{16H}{\pi (1-m^4) \omega \tau_{al}}} \tag{4.5}$$

ここで単位を式 (4.3) と同様とし，H [kW]，ω を毎分の回転数 N [rpm] で表せば

$$\omega = \dfrac{2\pi N}{60}, \ 1 \ \text{kW} = 1 \ \text{kNm/s}$$

であるから

$$\left. \begin{aligned} \tau &= 4.86 \times 10^7 \dfrac{H}{D^3 (1-m^4) N} \ [\text{MPa}] \\ D &\geq 365 \sqrt[3]{\dfrac{H}{(1-m^4) N \tau_{al}}} \ [\text{mm}] \end{aligned} \right\} \tag{4.6}$$

となる．中実軸の場合はこれらの式で $m = 0$ とおけばよい．

例題 4.1

回転数 300 rpm で，60 kW の動力を伝達する軸を設計せよ．ただし，軸材料の許容せん断応力を $\tau_{al} = 50$ MPa とし，継手と軸の締結には沈みキーを使用する．

解

キー溝による強度の低下率を $\gamma=0.8$ と仮定すると必要な軸径は式 (4.6) より

$$D \geq 365\sqrt[3]{\frac{H}{N\tau_{a1}\gamma}} = 365\sqrt[3]{\frac{60}{300\times 50\times 0.8}} = 62.4 \text{ mm}$$

表 2.7 (p.42) より $D=63$ mm とすれば，使用するキーは $18 \text{ mm}\times 11 \text{ mm}$，$b=18$ mm，$t=7$ mm，このときのキー溝による強度の低下率は，後述の式 (4.14) より

$$\gamma = 1.0 - 0.2\frac{18}{63} - 1.1\frac{7}{63} = 0.821 \geq 0.8$$

これははじめに仮定した低下率 0.8 より大きく安全側であり，

$$D = 63 \text{ mm}$$

となる．

4.2.2 曲げモーメント

図 4.2 のように外径 D，内径 D_i の軸に曲げモーメント M が加われば外表の曲げ応力 σ は，

$$\sigma = \frac{M}{Z} \quad \text{ただし，} Z = \frac{\pi D^3(1-m^4)}{32} \tag{4.7}$$

逆に，σ_{a1} を許容応力とすれば必要な軸外径は

$$D \geq \sqrt[3]{\frac{32M}{\pi(1-m^4)\sigma_{a1}}} \tag{4.8}$$

となる．中実軸では $m=0$ であることはねじりの場合と同様である．単位を D [mm]，M [Nm]，σ [MPa]，σ_{a1} [MPa] とすれば

$$\left.\begin{array}{l}\sigma = 1.02\times 10^4 \dfrac{M}{D^3(1-m^4)} \text{ [MPa]} \\ D \geq 21.7\sqrt[3]{\dfrac{M}{(1-m^4)\sigma_{a1}}} \text{ [mm]}\end{array}\right\} \tag{4.9}$$

となる．

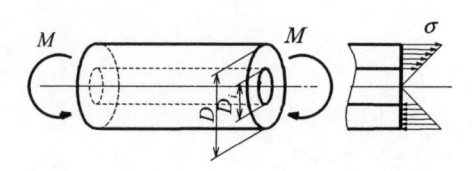

図 4.2 曲げモーメントと曲げ応力の分布

4.2.3 ねじりと曲げが同時に加わる場合

図4.3のようにねじりモーメント T と曲げモーメント M が同時に加わる場合は軸外表に式(4.1)のせん断応力と式(4.7)の曲げ応力が同時に生じ主応力および最大せん断応力はそれぞれ次式となる．

$$\left. \begin{array}{l} \tau = \dfrac{16}{\pi D^3(1-m^4)}\sqrt{M^2+T^2} \\[6pt] \sigma = \dfrac{16}{\pi D^3(1-m^4)}(M+\sqrt{M^2+T^2}) \end{array} \right\} \qquad (4.10)$$

一般に延性材料では τ が軸材料の許容せん断応力を越えないように，脆性材料では σ が許容曲げ応力を越えないように設計すればよい．そこで，

$$T_{eq}=\sqrt{M^2+T^2}, \qquad M_{eq}=\frac{1}{2}(M+\sqrt{M^2+T^2}) \qquad (4.11)$$

とすれば，延性材料ではねじりモーメント T_{eq} のみが加わる軸，脆性材料では曲げモーメント M_{eq} のみが加わる軸と考えればよい． T_{eq}, M_{eq} をそれぞれ相当ねじりモーメント，相当曲げモーメントという．

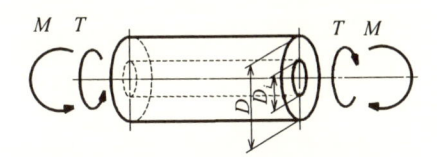

図4.3 ねじりモーメントと曲げモーメントを同時に受ける軸

4.2.4 軸のねじりこわさ

長い軸ではせん断応力が許容応力以下であっても軸両端のねじれ角が大きくなりすぎて不都合になる場合があり，このような場合は軸のねじれ角についても検討しておかなければならない．図4.4のように，一定横断面で長さ L の軸にねじりモーメント T が加われば両端のねじれ角 ϕ は

$$\phi = \frac{32\,TL}{\pi D^4(1-m^4)G}\ [\text{rad}] = \frac{180}{\pi}\frac{32\,TL}{\pi D^4(1-m^4)G}\ [°]$$

G：横弾性係数

となる．軸の許容せん断応力を τ_{al} として設計すれば式(4.1)より

$$T=\pi D^3(1-m^4)\tau_{al}/16 \text{ であるから}$$

$$\phi = \frac{180}{\pi}\frac{2\tau_{al}L}{DG} \approx 115\frac{\tau_{al}L}{DG}\ [°] \qquad (4.12)$$

68　第4章　軸および軸継手

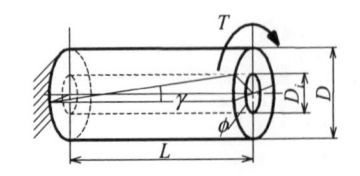

図4.4　軸のねじれ角

普通ねじれ角の制限としては

$$\left.\begin{array}{l}\text{一般機械伝導軸}\quad L=20d\quad \text{に対して}\quad \phi\leqq 1°\\ \text{工作機械駆動軸}\quad L=1\,\mathrm{m}\quad \text{に対して}\quad \phi\leqq 0.25°\end{array}\right\} \quad (4.13)$$

とされている．

4.2.5　キー溝，応力集中の影響

　一般に軸には歯車などを取り付けるためにキー溝が加工されており，そこでは強度が低下する．図4.5のようなキー溝については，キー溝がある軸の強度とキー溝がない軸の強度比は

$$\gamma = 1.0 - 0.2\frac{b}{d} - 1.1\frac{t}{d} \quad (4.14)$$

となる．したがって，キー溝がある場合は許容応力を

$$\sigma'_{\mathrm{al}} = \gamma\sigma_{\mathrm{al}} \quad \text{あるいは} \quad \tau'_{\mathrm{al}} = \gamma\tau_{\mathrm{al}} \quad (4.15)$$

とすればよい．あるいはJIS規格のキーでは簡便法として軸径を $d-t$ として強度計算してもよい．

　軸にはキー溝のほかにも，段付部，環状溝，油穴など断面が急変する部分があり，このような箇所では応力集中を考慮する必要がある．すなわち，これら断面急変部では応力分布も急激に変化し，最大応力値が平均応力値よりも大きくなる．したがって，このような箇所では許容応力を応力集中係数 α を用いて

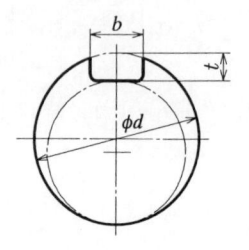

図4.5　キー溝

$$\sigma'_{a1}=\frac{\sigma_{a1}}{\alpha} \quad \text{あるいは} \quad \tau'_{a1}=\frac{\tau_{a1}}{\alpha} \tag{4.16}$$

として強度計算する必要がある．

例題 4.2

図 4.6 のような二段歯車機構の中間軸の軸径を決定せよ．ただし，各段の減速率は $i=1/2$，伝達効率は $\eta=0.95$，出力軸に加わるトルクは $T_3=400\,\text{Nm}$，歯車 1，2 のピッチ円半径および重量はそれぞれ $R_1=100\,\text{mm}$，$R_2=50\,\text{mm}$，$W_1=160\,\text{N}$，$W_2=40\,\text{N}$ であり，軸のスパンおよび歯車の位置は図のようである．また，軸材料の許容せん断応力は $\tau_{a1}=50\,\text{MPa}$ とし，キー溝の影響も考えよ．また歯車の圧力角は 20° とする．

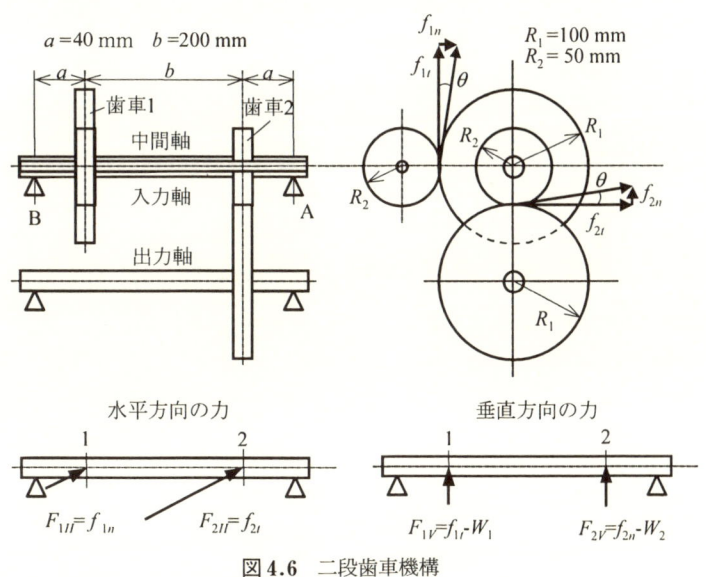

図 4.6 二段歯車機構

解

中間軸に加わるトルクは

$$T_2=\frac{i_2 T_3}{\eta}=\frac{400\times 0.5}{0.95}=211\,\text{Nm}$$

したがって，歯車 2 の接線力は

$$f_{2t} = \frac{T_2}{R_2} = \frac{211}{50 \times 10^{-3}} = 4.21 \times 10^3 \text{ N}$$

法線力は θ が歯車の圧力角 $20°$ であることから

$$f_{2n} = f_{2t} \tan\theta = 4.21 \times 10^3 \times 0.364 = 1.53 \times 10^3 \text{ N}$$

また，歯車 1 の接線力は

$$f_{1t} = \frac{T_2}{R_1} \frac{1}{\eta} = \frac{211}{100 \times 10^{-3}} \frac{1}{0.95} = 2.22 \times 10^3 \text{ N}$$

法線力は

$$f_{1n} = f_{1t} \tan\theta = 2.22 \times 10^3 \times 0.364 = 0.81 \times 10^3 \text{ N}$$

中間軸に作用する水平方向の力は，

歯車 1 の位置に　　$F_{1H} = f_{1n} = 0.81 \times 10^3$ N
歯車 2 の位置に　　$F_{2H} = f_{2t} = 4.21 \times 10^3$ N

これらの荷重による曲げモーメントは歯車 1 の位置に

$$M_{1H} = \frac{\{F_{1H}(a+b) + F_{2H}a\}}{2a+b} a$$

$$= \frac{0.81 \times 10^3 \times (40+200) + 4.21 \times 10^3 \times 40}{2 \times 40 + 200} \times 40 \times 10^{-3}$$

$$= 1.293 \times 10^3 \times 40 \times 10^{-3} = 51.7 \text{ Nm}$$

歯車 2 の位置で

$$M_{2H} = \frac{\{F_{1H}a + F_{2H}(a+b)\}}{2a+b} a$$

$$= \frac{0.81 \times 10^3 \times 40 + 4.21 \times 10^3 \times 240}{280} \times 40 \times 10^{-3} = 149 \text{ Nm}$$

中間軸に作用する垂直方向の力は

歯車 1 の位置に　　$F_{1V} = f_{1t} - W_1 = 2.22 \times 10^3 - 160 = 2.06 \times 10^3$ N
歯車 2 の位置に　　$F_{2V} = f_{2n} - W_2 = 1.53 \times 10^3 - 40 = 1.49 \times 10^3$ N

$$M_{1V} = \frac{\{F_{1V}(a+b) + F_{2V}a\}}{2a+b} a$$

$$= \frac{2.06 \times 10^3 \times (40+200) + 1.49 \times 10^3 \times 40}{2 \times 40 + 200} \times 40 \times 10^{-3}$$

$$= 1.98 \times 10^3 \times 40 \times 10^{-3} = 79.0 \text{ Nm}$$

$$M_{2V} = \frac{\{F_{1V}a + F_{2V}(a+b)\}}{2a+b} a$$

$$= \frac{2.06 \times 10^3 \times 40 + 1.49 \times 10^3 \times 240}{280} = 62.9 \text{ Nm}$$

となる．合成曲げモーメントは

$$M_1 = \sqrt{M_{1H}^2 + M_{1V}^2} = \sqrt{51.7^2 + 79.0^2} = 94.4 \text{ Nm}$$

$$M_2 = \sqrt{M_{2H}^2 + M_{2V}^2} = \sqrt{149^2 + 62.9^2} = 162 \text{ Nm}$$

となり，中間軸の最大曲げモーメントは $M_{max}=162$ Nm である．
したがって，最大相当ねじりモーメントは
$$T_{max}=\sqrt{M_{max}^2+T_2^2}=\sqrt{162^2+211^2}=266 \text{ Nm}$$
キー溝を考慮しないときに必要な軸径は式(4.3)より
$$D_0 \geq 17.2 \times \sqrt[3]{\frac{T_{max}}{\tau_{al}}}=17.2 \times \sqrt[3]{\frac{266}{50}}=30.03 \text{ mm}$$
表2.7のように直径が約30 mmの軸に適用するキーの呼び寸法は $b \times h = 10$ mm $\times$ 8 mm であり，キー溝の深さは $t=5$ mm であるから，式(4.14)は
$$\gamma=1.0-0.2 \times \frac{b}{D_0}-1.1 \times \frac{t}{D_0}=1.0-0.2 \times \frac{10}{30}-1.1 \times \frac{5}{30}=0.75$$
これを用いて，キー溝を考慮して
$$D \geq 17.2 \times \sqrt[3]{\frac{T_{max}}{\tau_{al}\gamma}}=17.2 \times \sqrt[3]{\frac{266}{50 \times 0.75}}=33.0 \text{ mm}$$
表4.1より
$$D=35 \text{ mm}$$
とする．

4.2.6 危険回転速度

図4.7のように両端A，Bを支持され，C点に重量 W の回転体を取り付けた軸が角速度 ω で回転する場合を考える．軸の回転に伴い，C点には周期 $T=2\pi/\omega$ の外力が作用することになる．一方この軸と回転体をばね質量系と考えれば，その固有周期は $T_c=2\pi/\sqrt{Kg/W}$（K：ばね定数，g：重力加速度）となるから，$T=T_c$ のとき共振現象が生じ，きわめて危険である．このときの角速度 ω_c を危険角速度(critical speed)と呼び，軸をこの角速度で使用することは避けねばならない．

ω_c は，軸のたわみが $\delta=W/K$ であることに注目すれば，次式で求まる．

$$\omega_c=\sqrt{\frac{Kg}{W}}=\sqrt{\frac{g}{\delta}} \tag{4.17}$$

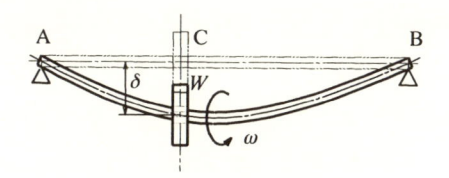

図4.7 軸の危険角速度

上式は軸の質量を無視し回転体も1個の場合であるが，複数の回転体がある場合は，次のダンカレー(Dunkerley)の近似式がある．

$$\frac{1}{\omega_c^2} = \frac{1}{\omega_s^2} + \sum \frac{1}{\omega_k^2} \tag{4.18}$$

ω_s：軸のみの危険角速度，ω_k：k番目の回転体単独の場合の危険角速度

軸のみの危険角速度は，軸のたわみ振動による周期と回転周期が一致した場合に起きるから，棒のたわみ振動に関する方程式より，次式で与えられる．

$$\omega_s = \frac{\lambda^2}{l^2}\sqrt{\frac{EI}{\rho A}} \tag{4.19}$$

ここで，E，ρは棒のヤング率と密度であり，l，A，Iは棒の長さ，断面積，断面二次モーメントである．λは棒の支持条件によって決まる定数であり，表4.2のような値が求められている[11]．

なお，ωのかわりに単位時間あたりの回転数Nを用いるときは，$\omega=2\pi N$とすればよい．

表4.2 軸の自重による危険回転数

支持条件		λ		
		一次	二次	三次
両端自由		4.730	7.853	10.996
一端支持他端自由		3.927	7.069	10.210
一端固定他端自由		1.875	4.694	7.855
両端支持		π	2π	3π
一端固定他端支持		3.927	7.069	10.210
両端固定		4.730	7.853	10.996

4.3 軸継手

工作，運搬，分解修理などのために軸を長くできない場合，あるいは機構上2本の軸の中心線が一直線上にないときなど，軸を連結して動力を伝達するための機械要素が軸継手(shaft coupling)である．軸継手を大別すれば機械の運転中は連結したままの永久継手(permanent coupling)と運転中にも自由に連結，切放しが可能なクラッチ(clutch)がある．

4.3 軸継手　73

　永久継手には，二軸の軸線を正確に一致させしっかりと固定する必要がある場合に用いる固定継手と，二軸の軸線が多少ずれていてもよい場合や，多少のトルク変動を緩和する必要がある場合に用いられるたわみ継手，二軸の方向を自由に変え得る自在継手などがある．

　一方，クラッチには，つめの着脱によってすべりがまったくなく確実に回転を伝えるかみ合いクラッチと，摩擦によって動力を伝える摩擦クラッチがある．なお，このときのつめや摩擦板の着脱に電磁石を利用するものを一般に電磁クラッチと呼ぶ．

4.3.1　固定継手

　固定継手には図 4.8，図 4.9 の円筒継手，フランジ継手がある．円筒継手は円筒の中に 2 本の軸を差し込みそれぞれキーで固定するもので，軸線を容易に一致させ得るので比較的小径の場合に用いられる．各部の寸法は次式とすればよい．

$$\left. \begin{array}{l} 円筒肉厚 \quad \dfrac{D-d}{2}=0.4d-10 \text{ mm} \\ 継手長さ \quad L=3d+35 \text{ mm} \end{array} \right\} \quad (4.20)$$

　フランジ継手は一般に広く用いられるもので，両軸にフランジをキーで取り付けこれをボルトで締め付ける．用途に応じて並級，上級があり JIS B 1451～1456 に上級継手が規格化されている．並級ではボルト穴がボルト径より少し大きくなっているので，回転力は主にフランジ面の摩擦力によって伝達され

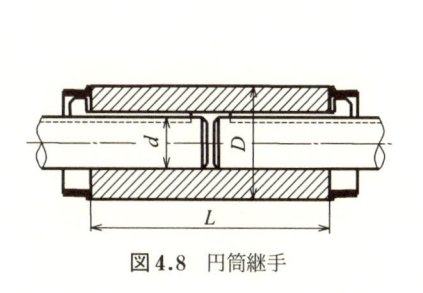

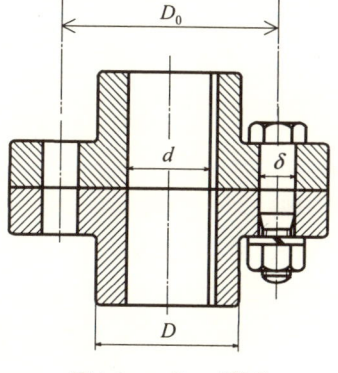

図 4.8　円筒継手　　　　　　　図 4.9　フランジ継手

ると考えられ，並級の場合，伝達トルク T Nm は次式で計算される．

$$T = Z\mu Q \frac{D_0 \times 10^{-3}}{2} \text{ Nm} \tag{4.21}$$

　D_0 [mm]：ボルト穴ピッチ円直径，Z：ボルトの本数
　Q [N]：ボルト 1 本の締付け力，μ：フランジ面摩擦係数

一方，上級はリーマボルトを使用し，伝達トルクはボルトのせん断力によって伝えられるとし，次式で計算する．

$$T = Z\tau_{al} A \frac{D_0 \times 10^{-3}}{2} \text{ Nm} \tag{4.22}$$

　τ_{al} [MPa]：ボルトの許容せん断応力，A [mm^2]：ボルト断面積

例題 4.3

図 4.9 の上級フランジ継手において，回転数 $N=200$ rpm で $H=50$ kW の動力を伝達する．$D_0=160$ mm，ボルトの本数 $Z=4$ とするとき，使用するボルトの直径 δ を決めよ．ただし，ボルトの許容せん断応力は $\tau_{al}=40$ MPa とする．

解

伝達トルクは，

$$T = \frac{H}{2\pi N/60} = \frac{60 \times 50 \times 10^3}{2\pi \times 200} = 2390 \text{ Nm}$$

そして，ボルトに生ずるせん断応力は $\tau = \dfrac{8T}{D_0 \pi \delta^2 Z}$

これが τ_{al} 以下であればよいから，

$$\delta \geq \sqrt{\frac{8T}{D_0 \pi Z \tau_{al}}} = \sqrt{\frac{8 \times 2390}{0.16 \times \pi \times 4 \times 40 \times 10^6}} = 0.015 \text{ m}$$

ボルト直径は $\delta=15$ mm 以上あればよい．

4.3.2　たわみ継手

結合部にゴム，革，ばねなどを使用してたわみ性をもたせたものがたわみ継手であり，図 4.10 に示すようにさまざまなものがある．同図 (a) はフランジ継手のボルトにゴムや革などの輪を入れたもので，軸心の多少の不一致を吸収でき，比較的大きなトルク変動も吸収できるが，ボルトには曲げ荷重が作用することを考慮する必要がある．同図 (b) はタイヤのような形のゴム輪を介し

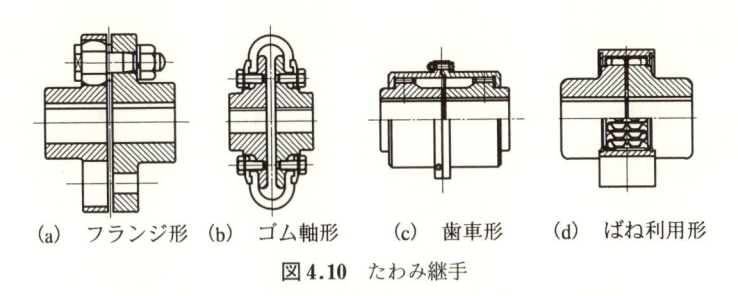

(a) フランジ形　(b) ゴム軸形　(c) 歯車形　(d) ばね利用形

図 **4.10**　たわみ継手

て動力を伝えるもので，大きなたわみ性をもち，広範囲な軸心の不一致およびトルク変動を吸収できる．このほかにも，歯車を利用するもの（図(c)），ばねを用いるもの（図(d)）など用途によって種々のものがある．

4.3.3　自在継手

図 4.11 は二軸が角度を有して交差する箇所に用いられる自在継手（フック継手ともいう）と呼ばれるもので，自動車や工作機械などに広く用いられている．両軸の交差角を α，原動軸および従動軸の角速度をそれぞれ ω_A，ω_B とすれば，同図(a)の場合

$$\omega_B = \omega_A \frac{\cos \alpha}{1 - \sin^2 \theta \sin^2 \alpha} \tag{4.23}$$

　　θ：駆動軸の回転角

となり，駆動軸の角速度が一定であっても，従動軸の角速度は変動する．これを防ぐためには同図(b)のように交差角の等しい自在継手を二組使用すればよい．

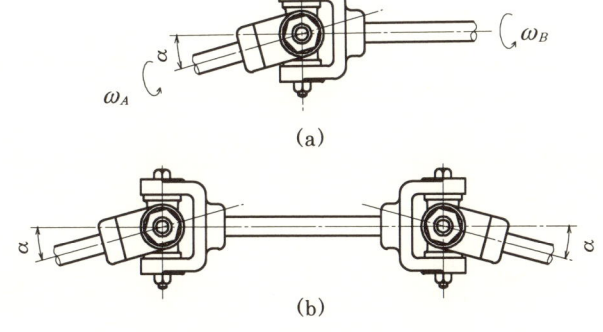

図 **4.11**　自在継手

4.3.4 かみ合いクラッチ

図 4.12 のように一組のつめを着脱させて回転を伝えるのがかみ合いクラッチであり，連結時にはすべりがなく確実に回転を伝え得るが，連結時に衝撃が伴う欠点があるので，大きい回転数には不向きであり，概ね 150 rpm 以下の場合に限られる．原動軸側のつめは回転軸に固定されており，従動軸側のつめはすべりキーによって軸方向に移動でき，これを軸方向にすべらせて着脱を行う．つめの形には表 4.3 のようなものがある．

かみ合いクラッチの強度は，図 4.13 のように作用する接線力 F によるつめ底面のせん断応力 τ，面圧 σ_c，つめ底面の曲げ応力 σ_b を検討する．

$$F = \frac{4T}{Z(D_1 + D_2)}$$

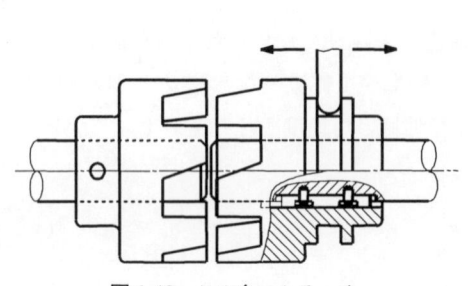

図 4.12 かみ合いクラッチ

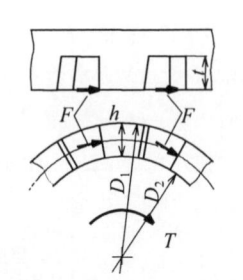

図 4.13 かみ合いクラッチに作用する力

表 4.3 かみ合いクラッチつめの種類

種別	形状	備考	種別	形状	備考
三角形（小荷重）		運転中着脱可 回転方向可変	角形（中荷重）		運転中連結不可 運転中遮断可 回転方向可変
		運転中着脱可 回転方向一定	台形（大荷重）		運転中着脱可 回転方向可変
					運転中着脱可 回転方向一定

T：伝達トルク，D_1：つめ外周の直径，D_2：つめ内周の直径
Z：つめの数

角形のつめを考えると，一個のつめの底面の面積は

$$A = \frac{1}{2} \frac{\pi(D_1^2 - D_2^2)}{4Z}$$

$$\therefore \quad \tau = \frac{F}{A} = \frac{32T}{\pi(D_1+D_2)^2(D_1-D_2)} = \frac{16T}{\pi(D_1+D_2)^2 b} \tag{4.24}$$

$$b = \frac{D_1 - D_2}{2}：つめの半径方向の厚さ$$

つめの面圧は，つめの高さを t として

$$\sigma_c = \frac{F}{bt} = \frac{8T}{Zt(D_1^2 - D_2^2)} \tag{4.25}$$

F がつめの先端に加わるとするとつめ底面の曲げモーメントは

$$M = Ft = \frac{4Tt}{Z(D_1 + D_2)} \tag{4.26}$$

つめ底面を長方形と近似すれば曲げ応力は

$$\sigma_b = \frac{M}{bh^2/6} = \frac{768 TtZ}{\pi^2(D_1+D_2)^3(D_1-D_2)} \tag{4.27}$$

ただし，$h = \frac{\pi(D_1 + D_2)}{4Z}$ は一個のつめの円周方向長さ

これらがクラッチ材料の許容せん断応力，許容曲げ応力を越えないように設計すればよい．

4.3.5 摩擦クラッチ

摩擦力を利用して回転を伝えるものを摩擦クラッチと呼ぶ．摩擦を利用しているので，駆動軸の回転を止めずに着脱が可能，すべりがあるので着脱時に大きな衝撃が加わらない，従動軸に過大な負荷がかかってもその影響を駆動軸に及ぼさないなどの利点がある．図 4.14 の円板クラッチで伝達できるトルクは

$$T = \mu R_m P, \quad R_m \approx \frac{R_1 + R_2}{2} \tag{4.28}$$

μ：摩擦係数，R_m：摩擦面の平均半径

である．T を大きくするためには μ，R_m，P を大きくする必要があるが，寸法上の制約等で無制限に大きくすることはできない．そこで，摩擦面の数を増

やしたものが，多板クラッチ図 4.15 であり，その伝達トルクは

$$T = Z\mu R_m P$$

Z：摩擦面の数 (4.29)

となる．

図 4.16 の円錐クラッチはくさび効果を利用したもので，N を摩擦面押付力とすれば

$$N\sin\alpha + N\mu\cos\alpha = P \quad \therefore \quad N = \frac{P}{\sin\alpha + \mu\cos\alpha}$$

となり，伝達トルクは

$$T = \mu R_m N = \frac{\mu}{\sin\alpha + \mu\cos\alpha} R_m P \tag{4.30}$$

となって，摩擦係数が見かけ上 $1/(\sin\alpha + \mu\cos\alpha)$ 倍になる．α は小さい方がみかけの摩擦係数の増加は大きくなるがあまり小さくすると，切放しが困難になるので，$\alpha \approx 12°\sim 15°$ あるいはそれ以上とする．

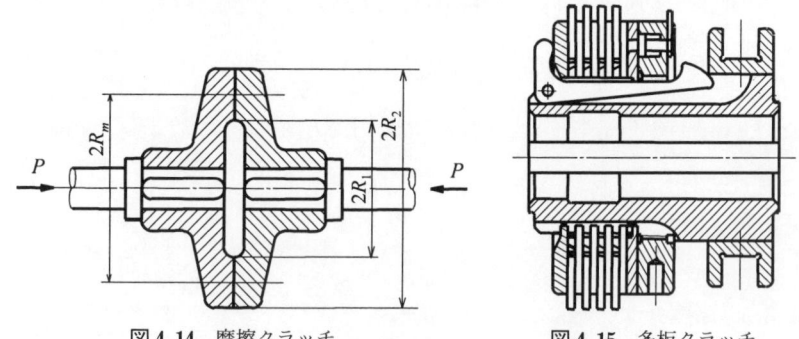

図 4.14 摩擦クラッチ

図 4.15 多板クラッチ

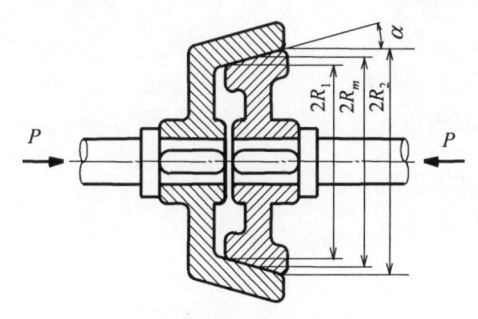

図 4.16 円すいクラッチ

演習問題

- 【4.1】 回転数 $N=2000$ rpm で $H=100$ kW の動力を伝達する中実の動力軸の直径を決定せよ．ただし，許容せん断応力，許容比ねじれ角および横弾性係数はそれぞれ $\tau_{al}=20$ MPa, $\phi_{al}=0.2\,°/\text{m}$, $G=80$ GPa とする．

- 【4.2】 上の問題において，軸を中空として重量を半分にするとき，軸の外径および内径を求めよ．

- 【4.3】 中心線が軸受部から $L=100$ mm の位置に固定されたピッチ円直径 $D_p=500$ mm の歯車を介して，回転数 $N=300$ rpm で $H=10$ kW の動力が伝達される軸の直径を求めよ．ただし，軸の許容引張応力は $\sigma_{al}=50$ MPa であり，歯車の自重，キー溝の影響等は無視してよいものとする．

- 【4.4】 直径 $D=500$ mm，回転数 $N=250$ rpm, 引張り側のベルト張力は $T_1=1$ kN で，伝達動力 $H=5$ kW のベルト駆動を設計する．ベルト車を $L=50$ mm の片持ち支持とするとき必要な軸径を決めよ．ただし，$\sigma_{al}=40$ MPa とする．

- 【4.5】 図 4.17 のような半円状の環状切欠きを有する丸棒部材に引張荷重 $P=10$ kN が作用する．必要な材料の許容応力 σ_{al} を求めよ．ただし，切欠き底の半径は $r=2$ mm とする．

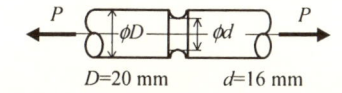

$D=20$ mm　　$d=16$ mm　　図 4.17 引張りを受ける切欠丸棒

- 【4.6】 次のような曲げ荷重をうける段付き軸の強度を検討せよ．
軸の支点間距離は $l=2$ m，両端の段付き部の長さはそれぞれ $l_2=0.5$ m，中央部および段付き部の軸径はそれぞれ，$D_1=150$ mm, $D_2=120$ mm，段付き部の応力集中係数 α は 2.15 であり，荷重は中央に集中荷重 $P_1=10$ kN と段付き部に $P_2=5$ kN（2カ所）が加わっている．軸の許容曲げ応力は $\sigma_{bal}=50$ MPa とする．

- 【4.7】 $H=12$ kW, $N=1500$ rpm の動力を図 4.16 の円すいクラッチを用いて伝達する．摩擦面の所用寸法を決め，必要な軸方向押付力を求めよ．ただし，摩擦面の摩擦係数は $\mu=0.1$，許容圧力は $\sigma_{al}=0.5$ MPa とし，外形上の制約から，$R_2=130$ mm とする．

第5章 軸受

5.1 軸受の種類

回転または往復運動をする軸類を支える機械要素を軸受(bearing)という．軸受は作用する荷重の方向によって

- ラジアル軸受(radial bearing)：軸に直角方向の荷重(ラジアル荷重)を受ける軸受．
- スラスト軸受(thrust bearing)：軸方向の荷重(スラスト荷重)を受ける軸受．

に大別されるが，構造によってはラジアルとスラストの両方を兼ねるものがある．また，軸の接触状態によって

- すべり軸受(plain bearing, sliding bearing)：軸と軸受の接触部が互いにすべる構造になっているもので，平軸受ともいい，接触部には潤滑剤として一般に潤滑油が用いられる．
- 転がり軸受(rolling bearing)：軸と軸受の間に球やころを挿入して荷重を支える構造のもの．

に大別される．

5.2 すべり軸受

すべり軸受にはラジアル荷重を受けるジャーナル軸受とスラスト荷重を受けるスラスト軸受がある．図5.1(a)〜(c)はジャーナル軸受の構造例を示したもので，軸受内の軸をジャーナル(journal)という．図(a),(b)はジャーナルと軸受の間のすきまにジャーナルの回転によって油がくさび状に入り込んで荷重を支える動圧形である．図(c)は外部から加圧油を押し込んでジャーナルを浮き上がらせる静圧形であり，油の代わりに空気を用いれば気体(空

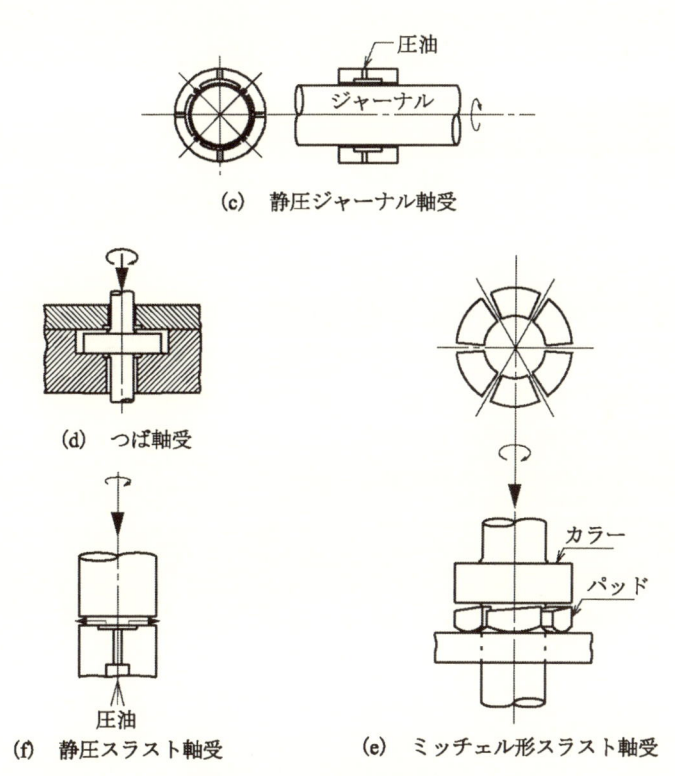

図5.1 すべり軸受の構造例

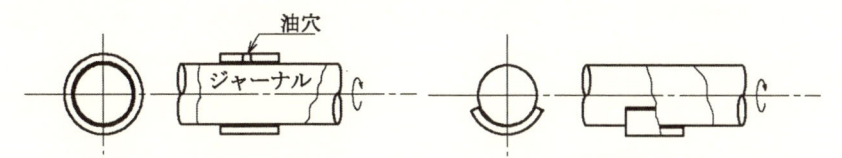

(a) 動圧ジャーナル軸受(真円形, 多円弧形)　(b) 部分円弧形動圧ジャーナル軸受
(c) 静圧ジャーナル軸受
(d) つば軸受
(e) ミッチェル形スラスト軸受
(f) 静圧スラスト軸受

気)軸受の構造になる．図(d)〜(f)はスラスト軸受の例を示し，図(e)はミッチェル形スラスト軸受で，カラーとわずかに傾斜するパッド(圧力片)のすきまに油が入り込んで荷重を支える動圧形である．図(f)は静圧スラスト軸受で，荷重を支える原理は図(c)と同様である．いずれも軸と軸受との接

触面であるすべり面を介して荷重を支える構造になっていて，両すべり面のすきまに潤滑剤として油膜を介在させ，回転軸と軸受の直接接触を避けて損傷させることなく軸受としての摩擦抵抗を小さくしようとするものである．このような油膜の役割と特性を知っておくことは設計上重要である．そこで基本的なジャーナル軸受を対象に主な潤滑特性の考え方についてまとめておく．

5.2.1 油膜の力学的特性

油膜はニュートンの粘性流体と仮定すれば，油膜のすべり方向（x軸）の粘性抵抗τ（せん断応力）はすべり方向速度uの膜厚方向（y軸）における勾配du/dyに比例し

$$\tau = \eta \frac{du}{dy} \tag{5.1}$$

である．ここで，比例定数η（単位：Pa·s，ポアズ，ただしこの1/100のセンチポアズ cP＝10^{-3} Pa·s が実用）は油に固有な温度に依存する定数で粘性係数，絶対粘度などと呼ばれ，ηが大きいほど粘性抵抗が大きいことがわかる．このほか，粘度を表すために絶対粘度を密度で除した動粘度（単位：m²/s，ストークス，ただしこの1/100のセンチストークス cSt＝10^{-6} m²/s が実用）がよく用いられ，工業用粘度としてセイボルト秒やレッドウッド秒なども用いられ，いずれも動粘度への換算表が JIS K 2283 に示されている．

また，図5.2のようなジャーナル軸受で，半径rのジャーナルが全周で一定のすきまcを保ち，ジャーナル長l，回転数Nで回転しているとする．すきま内の油膜の厚さ方向の速度勾配を一定とし，この軸受としての摩擦係数μを求める．まず，油膜の速度勾配は一定値$(2\pi rN)/c$であるから，油膜の粘性抵抗τは式(5.1)より

$$\tau = \eta \frac{2\pi rN}{c}$$

トルク（摩擦モーメント）Tは軸外周の表面積を$A(=2\pi rl)$として

$$T = (\tau A)r = \frac{4\pi^2 r^3 l}{c}\eta N$$

一方，軸受荷重をPとすれば，平均軸受圧力p_mは$P/(2rl)$であるから，摩擦係数μは

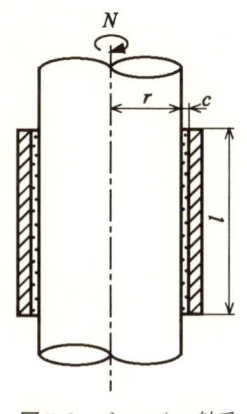

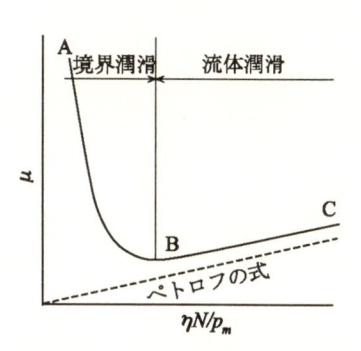

図 5.2 ジャーナル軸受　　**図 5.3** ジャーナル軸受の摩擦係数

$$\mu = \frac{(T/r)}{P}$$
$$= \left(\frac{2\pi^2 r}{c}\right)\left(\frac{\eta N}{p_m}\right) \tag{5.2}$$

となる．上式をペトロフの式(Petroff's equation)という．同式によれば，ジャーナル軸受の摩擦係数は $\eta N/p_m$ に比例することになる．

　実際の軸受で測定される摩擦係数 μ を模式的に示したのが図 5.3 である．ペトロフの式に従えば μ は $\eta N/p_m$ に比例して増大するはずであるが，特に図中左側の領域 AB では傾向がまったく異なっている．この領域では，高荷重あるいは低速のために荷重を支える油膜の厚さがきわめて薄くなり，軸と軸受が直接接触する固体接触を含む境界潤滑となる．その結果，$\eta N/p_m$ が小さくなるにつれて摩擦抵抗が増加する．右側の領域 BC では，油膜の厚さが十分あるために流体潤滑の状態にあり，流体力学的な取り扱いが可能な領域である．B 点で μ が最小となるので，この点における使用条件が理想的であるが，すべり面の凹凸や油膜流れの不完全さなどを考慮し，$\eta N/p_m$ の最小許容値としては余裕をみてこの点の値の 2〜3 倍をとる．また，式 (5.2) の仮定では簡単のために軸心が移動しないで半径すきまを一定としたが，実際の回転軸では図 5.4 のように回転数の増大につれて軸心が移動する．すなわち軸心は図中 O_1 から半円弧状に O_2 に移動し，回転数 N が無限大になると軸受の中心 O に一致するようになる．これは軸の回転によって油がくさび状に入り込んで軸を浮

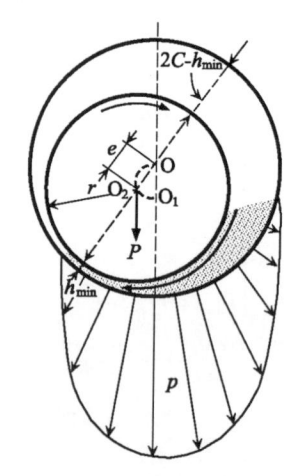

図 5.4 ジャーナル軸受の偏心と圧力分布　　　図 5.5 油膜内の応力

き上がらせるからで，このために軸受圧力の分布は図示のように山形になり，通常のジャーナル軸受では回転数や軸受圧力によって軸の偏心を生ずる．このような偏心を小さくするために図 5.1 (a) に示した真円形の軸受金の代わりに多円弧形にしたものも用いられている．

　流体潤滑時における摩擦係数や偏心量，最小油膜厚さなどの軸受特性は，軸受の形状寸法と軸径が決まれば理論的には次式で定義されるゾンマーフェルト数 S (Sommerfeld number)

$$S=\left(\frac{r}{c}\right)^2\frac{\eta N}{p_m} \tag{5.3}$$

によって決まるが，上式は実験的にも有用な無次元の指標である．このような軸受特性を理論的に調べるための基礎式としてはレイノルズの式 (Reynold's equation) が用いられるので，図 5.5 のように膜厚が h で相対すべり速度が U である平面すべり二次元流れの場合を紹介しよう．式 (5.1) のほか，非圧縮性，膜厚方向に圧力一定などの仮定の下に，図の微小要素に作用するすべり方向 (x 軸) の力のつり合いから，圧力 p と粘性抵抗 τ が満たすべき条件は次のようになる．すなわち

$$pdy+\left(\tau+\frac{\partial\tau}{\partial y}dy\right)dx=\tau dy+\left(p+\frac{dp}{dx}dx\right)dy$$

$$\therefore \quad \frac{dp}{dx} = \frac{\partial \tau}{\partial y}$$

これと式 (5.1) から次式が得られる．

$$\frac{dp}{dx} = \eta \frac{\partial^2 u}{\partial y^2} \tag{5.4}$$

上式を境界条件 $y=0$ で $u=U$，$y=h$ で $u=0$ のもとに y で積分すれば，油膜の速度 u は

$$u = U \frac{h-y}{h} - \frac{y(h-y)}{2\eta} \frac{dp}{dx} \tag{5.5}$$

で表される．次に紙面に直角方向の流れはなく，x 方向の流量 $Q = \int u\,dy$ は一定であるから，$dQ/dx=0$ の条件より二次元の流体潤滑に関するレイノルズの式が得られる．すなわち

$$\frac{d}{dx}\left(\frac{h^3}{\eta} \frac{dp}{dx}\right) = 6U \frac{dh}{dx} \tag{5.6}$$

である．なお，紙面に直角方向 (z 軸) 流れを考える三次元の場合は次式

$$\frac{\partial}{\partial x}\left(\frac{h^3}{\eta} \frac{\partial p}{\partial x}\right) + \frac{\partial}{\partial z}\left(\frac{h^3}{\eta} \frac{\partial p}{\partial z}\right) = 6U \frac{dh}{dx} \tag{5.7}$$

となる．同式で左辺第二項を無視したものが平面すべりの式 (5.6) であるが，平面すべり面がジャーナル軸受の円筒形すべり面の曲率を無視し，展開したものと考えれば同式を無限幅のジャーナル軸受にそのまま適用できる．

例題 5.1

図 5.6 のような平面すべり軸受で，傾斜板に作用する圧力 p の分布，この合力 P とその作用点の位置 e，摩擦係数 μ を求め，各特性の $m=h_1/h_2$ 依存性を

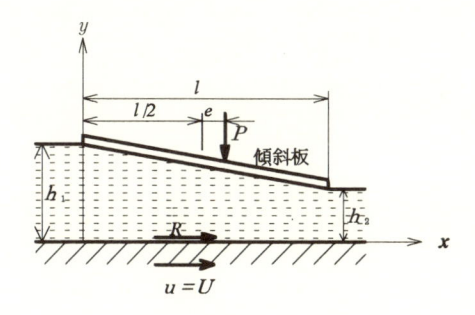

図 5.6 傾斜板による平面すべり

調べよ.

解

まず p を求めるためにレイノルズの式 (5.6) を積分すれば，定数を C_1 として次式が得られる．

$$\frac{h^3}{\eta}\frac{dp}{dx}=6Uh+C_1 \tag{5.8}$$

一方 x を h で表せば，$h=h_1-(h_1-h_2)x/l$ より $dx=-ldh/(h_1-h_2)$ であるから，上式は

$$dp=-\frac{6\eta lU}{h_1-h_2}\frac{dh}{h^2}-\frac{C_1\eta l}{h_1-h_2}\frac{dh}{h^3} \tag{5.9}$$

となる．これを積分して

$$\int dp=p=\frac{6\eta lU}{h_1-h_2}\frac{1}{h}+\frac{1}{2}\frac{C_1\eta l}{h_1-h_2}\frac{1}{h^2}+C_2 \tag{5.10}$$

上式の定数 C_1，C_2 は，油膜の入口 $h=h_1$ と出口 $h=h_2$ では $p=0$ であることから次のように求まる．

$$C_1=-\frac{12Uh_1h_2}{h_1+h_2},\quad C_2=\frac{-6\eta U}{(h_1-h_2)(h_1+h_2)} \tag{5.11}$$

式 (5.11) を式 (5.10) に代入すれば p は

$$p=\frac{6\eta lU}{h_1{}^2-h_2{}^2}\frac{(h-h_2)(h_1-h)}{h^2}=\frac{\eta lU}{h_2{}^2}f_p \tag{5.12}$$

となり，ここで

$$f_p=\frac{6(m-1)}{m+1}\frac{(1-z)z}{\{m-(m-1)z\}^2},\quad z=x/l \tag{5.13}$$

であり，圧力 p に対応する無次元量 f_p は m と z の関数になる．

次に合力（全圧力）P は圧力 p を積分して得られ，合力とその最大値 $P_{\max}$ は

$$P=\int_0^l pdx=\frac{\eta l^2 U}{h_2{}^2}f_P,\quad P_{\max}=0.16\frac{\eta l^2 U}{h_2{}^2} \tag{5.14}$$

ここで，

$$f_P=\frac{6}{(m-1)^2}\left(\ln m-2\frac{m-1}{m+1}\right) \tag{5.15}$$

合力 P の作用位置 e についてはモーメントのつり合いより次のようになる．

$$e=\frac{1}{P}\int_0^l pxdx-\frac{l}{2}=\frac{l}{2}f_e \tag{5.16}$$

ここで，

$$f_e=\frac{(m^2+4m+1)\ln m-3(m^2-1)}{(m^2-1)\ln m-2(m-1)^2} \tag{5.17}$$

摩擦係数 μ については，式 (5.1) と式 (5.5) から $y=0$ におけるせん断応力 $\tau_{y=0}$ を

求め，その合力 R と圧力 p の合力 P の比で与えられる．その結果は次式のようである．

$$\mu = \frac{R}{P} = \int_0^l \tau_{y=0} dx \bigg/ \int_0^l p dx = \frac{h_2}{l} f_\mu \tag{5.18}$$

ここで，$f_\mu = \left[(m-1) \left\{ \frac{m-1}{m+1} - \frac{2}{3} \ln m \right\} \right] \bigg/ \left\{ 2\frac{m-1}{m+1} - \ln m \right\}$ (5.19)

以上の結果，それぞれ圧力 p，合力 P，摩擦係数 μ，合力の作用位置 e に対応する f_p, f_P, f_μ, f_e をまとめて示したのが図 5.7 である．圧力 p の分布は図(a)のように，傾斜板と平面の間に油がくさび状に入り込んで傾斜板を押し上げようとして圧力を生じ，m の値によるがやや出口側で最大圧力となる．図(b)によれば，合力 P は $m=2.18$ で最大値を取り，ほぼ同じ条件で摩擦係数 μ が最小になることがわかる．また合力の作用位置 e が m の増加とともに増加することは，傾斜板をある一点で支えるとき，もしも何らかの外乱で傾斜が大きくなっても自動的に安定に傾斜が元に戻ることを意味している．この原理はたとえば，図5.1(e)のミッチェル形スラスト軸受に応用されている．

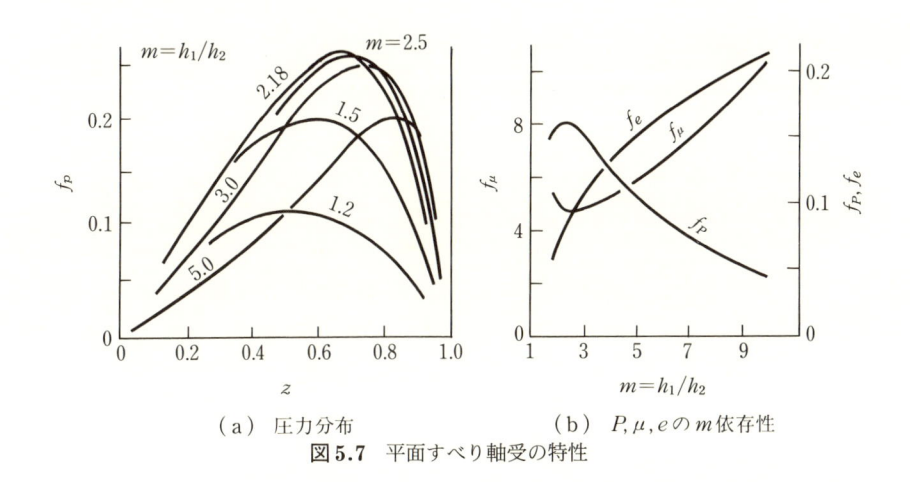

(a) 圧力分布   (b) P, μ, e の m 依存性

図 5.7 平面すべり軸受の特性

5.2.2 すべり軸受の設計

すべり軸受は，図 5.3 に示したような BC 域の流体潤滑状態で使用されねばならず，摩擦係数ができるだけ小さいことが要求される．そのためには，まず変形が生じて片当たりがないように軸と軸受金の剛性を十分大きくすること，軸と軸受金の表面あらさの和を最小すきま(最小油膜厚さ)以下にして十分な油膜流れとなるようにすべり面を仕上げることなどが必要である．しかし，必

ずしも理論通りに油膜流れが形成されなかったり，理論計算によって形状寸法を決めがたいことが多いために理論的な面からの設計と過去の経験に基づく設計が併用されている．

表 5.1[13),21)] は経験に基づく設計資料を例示したものである．

（1）軸受圧力 p_m：軸受荷重 P をジャーナル部の直径 d と軸受幅 l による投影面積 dl で除したもの

$$p_m = \frac{P}{dl} \tag{5.20}$$

である．おおよその一般値として表 5.1 の最大許容圧力 p_a を越えないようにするが，使用軸受金にもよる．

（2）幅径比 l/d：この値が大きいと軸の曲げたわみによって軸が軸受金に片当たりし，焼付きを起こす．また，この値が小さいと潤滑油の側方漏れが多くなり，必要な油膜が形成されなくなる．標準的な値としては 1.0 程度である．

（3）すきま比 ϕ：軸受の内径 D とジャーナルの直径 $d = 2r$ の差 $2c$ を直径すきまといい，これと d の比 ϕ

$$\phi = \frac{D-d}{d} = \frac{c}{r}$$

をすきま比という．ϕ の値は概ね 0.001 近辺とする．

（4）$p_m V$ 値：圧力速度係数ともいう．潤滑油の摩擦抵抗は摩擦仕事とな

表 5.1 すべり軸受の設計資料[13),21)]

軸受が使用される機械	最大許容圧力 p_a [MPa]	最大許容 $p_m V$ 値 [MPa・m/s]	適正粘度 η $cp = 10^{-3} \times Pa \cdot s$	最小許容 $\eta N/p_m$ 値 [無次元量]	標準すきま比 ϕ	標準幅径比 l/d
モーター・発電機・遠心ポンプのロータ	1～1.5	2～3	25	4.3×10^{-7}	0.0013	0.5～2
往復ポンプなどのクランク軸	2	3～4	30～80	6.7×10^{-8}	0.001	1～2
工作機械	0.5～2	5～10	40	2.5×10^{-9}	＞0.001	0.5～2
減速歯車の軸	0.5～2	5～10	30～50	8.5×10^{-8}	0.001	2～4

って発熱し，潤滑油の性能が低下して焼付きを起こすので，許容される発熱量には限界がある．摩擦係数を μ，ジャーナルの周速度を V とすれば，発熱量に相当する摩擦仕事 Q を用いて

$$Q = \mu PV$$

$$\therefore \quad p_m V = \frac{PV}{dl} = \frac{Q}{\mu dl}$$

となり，$p_m V$ 値は発熱量に対応することがわかる．表5.1の最大許容 $p_m V$ 値以下にしなければならない．

（5）適正粘度 η：経験的な目安として表5.1のような値をとる．

（6）$\eta N/p_m$ 値：流体潤滑状態を保持するためには図5.3に示すようにこの値が一定値以上にならねばならない．すなわち表5.1の最小許容 $\eta N/p_m$ 値以上にならねばならないが，大きいと摩擦損失が大きくなりまた回転軸の自励振動の原因になることがある．

（7）最小油膜厚さ h_{min}：軸は回転によって図5.4に示したように偏心する．偏心量 e と半径すきま c によっては最小油膜厚さ（最小すきま）$h_{min} = c - e$ が小さすぎ，境界潤滑となって焼付く．前述のように，最小油膜厚さにはすべり面の表面あらさや形状誤差，負荷や熱による変形などによって限界値が考えられるので，これを理論的にも検討しておく必要がある．そのための資料の一つが流体潤滑理論によるゾンマーフェルト数 S と偏心率 $\varepsilon = e/c$ の関係を示した図5.8[14]である．たとえば，軸受荷重 P，回転数 N，潤滑油の粘度 η，軸径 $d = 2r$ を与え，ゾンマーフェルト

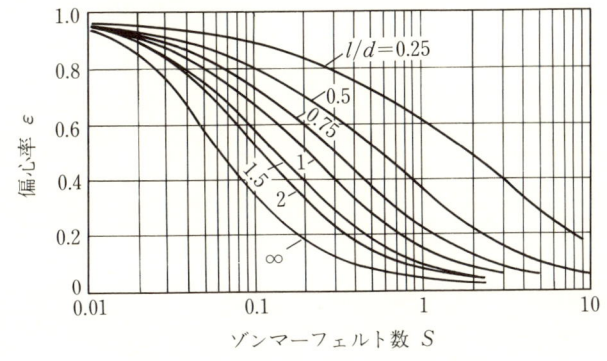

図5.8 偏心率とゾンマーフェルト数[14]

数 S を仮定して同図より偏心率 $\varepsilon = e/c$ を読みとり，最小油膜厚さ $h_{\min}$ が小さくなりすぎないように軸受の幅径比 l/d とすきま比 $\phi = c/r$ の妥当性を検討する．実機で許容される $h_{\min}$ の数値例を表 5.2[21] に示す．なお $S \to \infty$ ならば，$\varepsilon \to 0$ となるので，$\eta N/p_m$ と μ の関係はペトロフの結果に一致する．

表 5.2 油膜の許容最小厚さ[21]

軸　受	$h_{\min}$ [mm]	用途例
青銅，ケルメットなどの最上仕上げ面	0.002〜0.004	自動車機関
通常のホワイトメタル	0.01〜0.03	発動機，発電機
一般大型軸受	0.05〜0.1	タービン，送風機

例題 5.2

ある工作機械のジャーナル軸受を設計したい．荷重 $P = 2000$ N，軸径 $2r = 50$ mm，回転数 $N = 240$ rpm のもとで最小油膜厚さ $h_{\min}$ がどの程度になるのか検討せよ．ただし，潤滑油の使用温度における粘性係数 η は 40 mPa·s とする．

解

軸径 $d = 2r$ が決まっているので，すきま比 c/r と幅径比 l/d を仮定して式 (5.3) よりゾンマーフェルト数 S を計算し，図 5.8 によって偏心率 ε を求める．表 5.1 の資料を参考としてすきま比 $c/r = 0.5 \times 10^{-3}$ と 1.0×10^{-3} の場合に，幅径比 $l/d = 0.5 \sim 2.0$ の範囲の $h_{\min}$ を調べる．

$c/r = 0.5 \times 10^{-3}$ の場合

$$S = \frac{(r/c)^2 \eta N}{p_m} = \frac{(r/c)^2 \eta N}{P/(dl)} = (r/c)^2 \eta N \times d^2 \times \frac{l/d}{P}$$

$$= \left(\frac{10^3}{0.5}\right)^2 \times 40 \times 10^{-3} \times \frac{240}{60} \times 0.05^2 \times \frac{(0.5 \sim 2.0)}{2000} = 0.4 \sim 1.6$$

したがって，$S = 0.4$，$l/d = 0.5$ では図 5.8 より $\varepsilon = 0.57$ であるから半径すきま $c = 12.5$ μm のとき

$$h_{\min} = c(1 - \varepsilon) = 5.38 \ \mu\text{m}$$

同様に $S = 1.6$，$l/d = 2.0$ では $\varepsilon = 0.035$ であるから

$$h_{\min} = 12.1 \ \mu\text{m}$$

$c/r = 1.0 \times 10^{-3}$ の場合も同様にして $S = 0.1 \sim 0.4$ となるので，$c = 25$ μm のとき

$S=0.1$, $\dfrac{l}{d}=0.5$ では $\varepsilon=0.80$ であるから $h_{\min}=5.0\ \mu\mathrm{m}$

$S=0.4$, $\dfrac{l}{d}=2.0$ では $\varepsilon=0.18$ であるから $h_{\min}=20.5\ \mu\mathrm{m}$

である．これらの $h_{\min}=(5.38\sim12.1)\ \mu\mathrm{m}$, $h_{\min}=(5.0\sim20.5)\ \mu\mathrm{m}$ の値は表 5.2[21] の値を参考とすれば，理論的にも経験的にも取り得る範囲にあることがわかる．

5.2.3 軸受材料

軸受材料としては一般に，面圧疲労強度が高く，焼付きにくさ，なじみやすさ，耐食性，耐摩耗性が要求される．最近では，金属系のものとして自己潤滑材料のほか，ほとんどの場合，円筒形の裏金に合金をライニングした二層軸受材料が用いられている．ライニング層はすべり面としての役割を担い，裏金部分で強度をもたせる仕組みである．ライニング合金は主に銅合金（砲金，黄銅，青銅，ケルメット），アルミニウム合金，錫合金（ホワイトメタル）などである．これらのほかの金属材料では軽荷重低速用に鋳鉄が用いられることがある．非金属系のものでは水を潤滑剤としてゴムや各種の合成樹脂などが用いられている．これらの軸受設計資料の数値例は表 5.3 と表 5.4 のようであるが，近年特に材料開発が著しく，種々の高性能の軸受が製作されているので，各メーカ

表 5.3 軸受材料の p_a, p_mV 値

合　金	許容軸受圧力 p_a [MPa]	許容圧力速度係数 p_mV [MPa・m/s]
ケルメット	30	150
Sn 基ホワイトメタル	10	90
アルミニウム合金	30	200

表 5.4 非金属材料の軸受資料

軸受材料	最大許容圧力 p_a [MPa]	許容温度 [℃]	最大速度 [m/s]	許容 p_mV 値 [MPa・m/s]
ゴ　ム	0.4	70	5	4〜8
カーボングラファイト	4	350	14	〃
フェーノール樹脂	35	100	14	〃
ナイロン	7	100	3	1〜1.5
テフロン	3.5	250	1.5	2.5〜5
木　材（かえで,リグナムバイタ）	15	70	10	4〜8

ーユーザでの最新の経験値を参考とされたい．

5.2.4 給油法

潤滑油を軸受に供給する必要があるが，その程度によって次のような方法がある．まず油差しで適宜に給油する手差し方法，ニードルバルブなどによって給油量を加減できる滴下式給油器による方法，軸受部を油に浸して自然潤滑させる方法，そのほかオイルリング給油法やはねかけ給油法，特に高速高圧軸受の場合にはポンプによる強制循環式給油法がある．

5.2.5 含油軸受

あらかじめ軸受中に潤滑油を含ませておき，これを運転中にすべり面に浸出させて潤滑をする軸受を含油軸受またはオイルレスベアリングともいい，金属系や合成樹脂系など種々のものがある．これらのうち焼結金属系含油軸受はJIS B 1581に規定され，銅系は軽荷重中高速用に，鉄系は高荷重低速用に適し，自動車や家電製品の部品，事務用機器などに用いられている．

5.3 転がり軸受
5.3.1 構造と種類

転がり軸受はすべり軸受に比較して，起動時の摩擦抵抗が少ない．きわめて多種類の標準化・規格化が進んでいるために互換性があり容易に入手することができるなどの利点をもっているが，衝撃荷重に対しては弱い，超高速には不向き，騒音を発するなどの難点がある．しかし，回転軸の支えとして広く用いられ，その基本的な構造を図5.9に示す．図(a)はラジアル軸受の場合を示し，軌道輪（内輪と外輪）とその間の転動体，転動体を支える保持器から成り立ち，通常は軸に内輪を固定し外輪を軸受箱（ハウジング）に固定する．図(b)はスラスト軸受を示し，同様に軌道盤（内輪と外輪）とその間の転動体，保持器から成り立っている．また，両種類ともに転動体として球(ball)またはころ(roller)が用いられる．これらは転がり軸受総則としてJIS B 1511に規定されているが，その主なものを転動体と荷重の種類によって大別し，断面構造図を示せば図5.10のようになる．それぞれの主な特徴は次のようである．

図5.9 転がり軸受の基本構造例

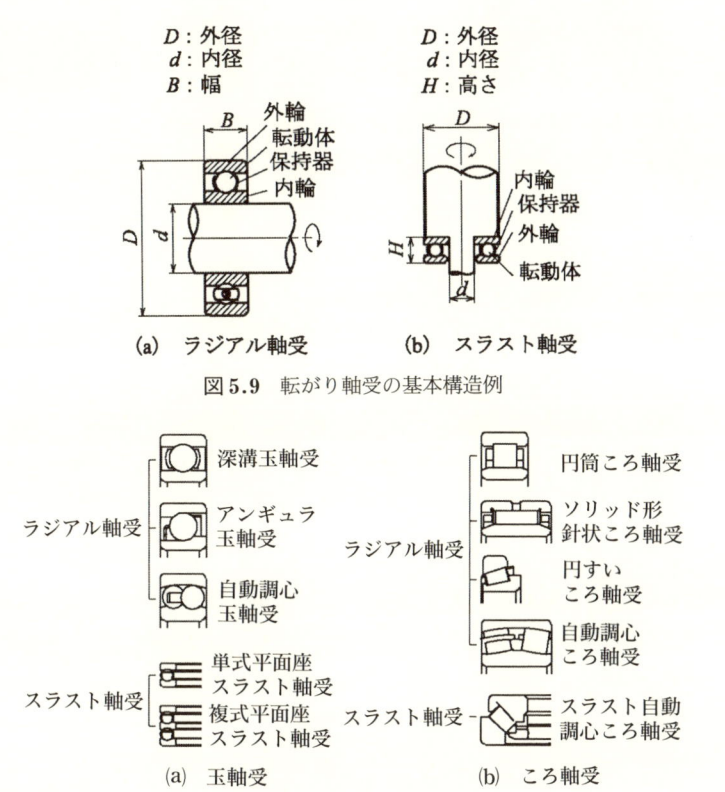

図5.10 転がり軸受の種類

なお，ここで軸受系列記号とは後述のように JIS によって軸受形式と寸法の大きさの系列を記号化表示したものである．

（1）深溝玉軸受（軸受系列記号　67, 68, 69, 60, 62, 63, 64）

最も一般的な転がり軸受である．軌道は深溝であるためラジアル荷重だけではなく多少のスラスト荷重も受けることができる．場合によっては内輪を固定し，外輪を回転させる使い方もある．

（2）アンギュラ玉軸受（軸受系列記号　79, 70, 72, 73, 74）

ラジアル荷重と一方向スラスト荷重の両方を受けるための軸受である．単列のものを2列対向させたり，さらに複列のものを用いたりすれば両方向のスラスト荷重を受けることができる．

（3） 自動調心玉軸受（軸受系列記号　12，13，22，23）

　2列の玉で球面の外輪軌道を支える構造となっているために軸がある程度は旋回できる．そのために軸心を正確に出し難い場合に用いられる．

（4） 単式，複式平面座スラスト玉軸受（軸受系列記号　511，512，513，514；522，523，524）

　いずれもスラスト荷重のみを受けるために用いられ，複式の場合は両方向のスラスト荷重を受けることができる．

（5） 円筒ころ軸受（軸受系列記号　NU10，NU2，NU22，NU3，NU23，N4；NJ2，NJ22，NJ3，NJ23，NJ4；NUP2，NUP22，NUP3，NUP23，NUP4；NH2，NH22，NH3，NH23，NH4；N10，N2，N22，N3，N23，N4；NF10，NF2，NF22，NF3，NF23，NF4；NNU49；NN30）

　ころでラジアル荷重を支える構造となっているので，玉軸受の場合よりは大きな荷重に耐えられるが，一般にはスラスト荷重を受けることができない．ただし，内外輪につばのあるものでは少しのスラスト荷重を受けることができる．内外輪のつばの有無の組み合わせなどのため種類が多い．

（6） ソリッド形針状ころ軸受（軸受系列記号　NA48，NA49，NA59，NA69；RNA48，RNA49，RNA59，RNA69）

　普通のころよりも長さに比べて直径が小さい針状ころを用いたもので，RNAの場合は内輪がないものである．軸受外径を小さくできる．

（7） 円すいころ軸受（軸受系列記号　329，320，330，331，302，322，332，303，313，323）

　玉軸受の場合よりも大きなラジアル荷重とスラスト荷重の合成負荷に耐えられる．形式は一種類であるが，寸法系列の種類が多い．

（8） 自動調心ころ軸受（軸受系列記号　239，230，240，241，231，222，232，213，223）

　球面の外輪軌道を二列の球面ころで支える構造は自動調心玉軸受の場合と同様で，自動調心作用をもっている．

（9） スラスト自動調心ころ軸受（軸受系列記号　292，293，294）

　スラスト玉軸受よりも大きな負荷に耐えられ，自動調心作用がある．いくら

かのラジアル荷重を受けることができる．

5.3.2 呼び番号

転がり軸受の外径，内径，幅または高さなどの主要寸法は国際的に統一され，わが国ではJIS B 1512に主要寸法，同1513にその主要寸法を表す呼び番号が規定されている．これらによれば，一つの軸受内径に対して外径を数通りに定めた直径系列があり，それぞれに幅または高さを定めた幅系列があって，これらを組み合わせたものを寸法系列としている．すなわち各系列を数字に対応させ，寸法系列記号で一定の軸径に対する軸受の幅と直径の大きさを表すこととしている．図5.11は寸法系列の例を示し，多数の異なった軸径に対して適用されるので，きわめて多種類が規格化されていることがわかる．

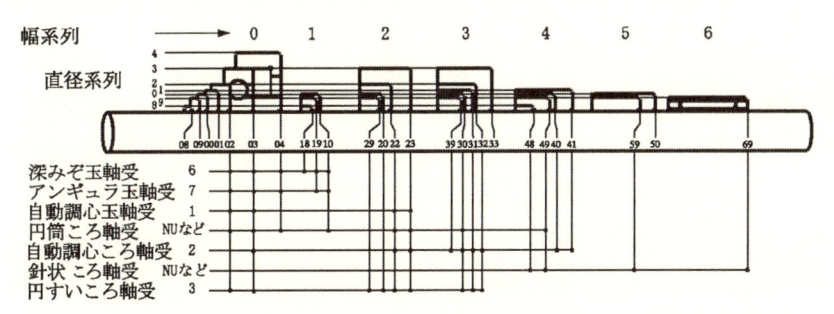

図 5.11 ラジアル軸受の寸法系列
(NSK カタログより，幅系列 8，7 を除く)

特定の軸受を示す呼び番号は表5.5のような基本番号と，標準品とは異なる仕様を表した補助記号から構成されている．基本番号は「軸受系列記号，内径番号および接触角記号」の順序で構成し，補助記号の配列は基本番号の前後でよい．このうち，軸受系列記号は軸受の形式を表す形式記号（たとえば，深溝玉軸受の場合は6，円すいころ軸受では3）の次に寸法系列記号を配列したものである．ただし，幅系列0または1の深溝玉軸受，アンギュラ玉軸受および円筒ころ軸受では幅系列記号が慣習的に省略されるので，たとえば寸法系列記号が02の深溝玉軸受は602ではなく62となる．各系列の記号の組み合わせを示した図5.11を再び参照されたい．次に内径番号は軸受内径を表す番号で，表5.6のように与えられる．内径20 mm以上480 mm以下では，番号に5

表5.5 呼び番号の配列(JIS B 1513 より)

基本番号			補助記号					
軸受系列記号	内径番号	接触角記号	内部寸法記号	シール記号またはシールド記号	軌道輪形状記号	組合せ記号	すきま記号	等級記号

1. 接触角記号および補助記号は該当するものにだけしるし，該当しないものには省略する．
2. 接触角記号または補助記号の一部を省略する場合は省略しない補助記号を順次左に繰り上げるのが原則．

mm を乗じたものが内径になり，それ以外のものでも内径番号に等しい寸法を表すものには「/」を付している．接触角記号はアンギュラ玉軸受と円すいころ軸受に適用されるもので，ほかの種類の軸受の場合は記載しない．表5.7に呼び番号の例を示す．

5.3.3 球面接触による応力

使用条件に合う転がり軸受を市販の規格品から選定すれば，すべり軸受を採用する場合と違ってころがり軸受そのものを設計する必要がない．強度面でいえば，過度の荷重に対しては転動体と軌道輪(盤)との接触部分に過度の応力が発生し，塑性変形が生じたり，応力の繰り返しによる破損が生じたりするが，

表5.6 内径番号(JIS B 1513 より)

呼び軸受内径 [mm]	内径番号	呼び軸受内径 [mm]	内径番号	呼び軸受内径 [mm]	内径番号
1	1	15	02	50	10
2	2	17	03	55	11
3	3	20	04	60	12
4	4	22	/22	65	13
5	5	25	05	70	14
6	6	28	/28	75	15
7	7	30	06	80	16
8	8	32	/32	85	17
9	9	35	07	90	18
10	00	40	08	95	19
12	01	45	09	100	20

表 5.7 呼び番号の例（JIS B 1513 より）

例1　6204　　　　　　　　　　　　　　　　62　04
　　　軸受系列記号（幅系列0直系列2の深溝玉受軸）
　　　内径番号（呼び軸受内径）

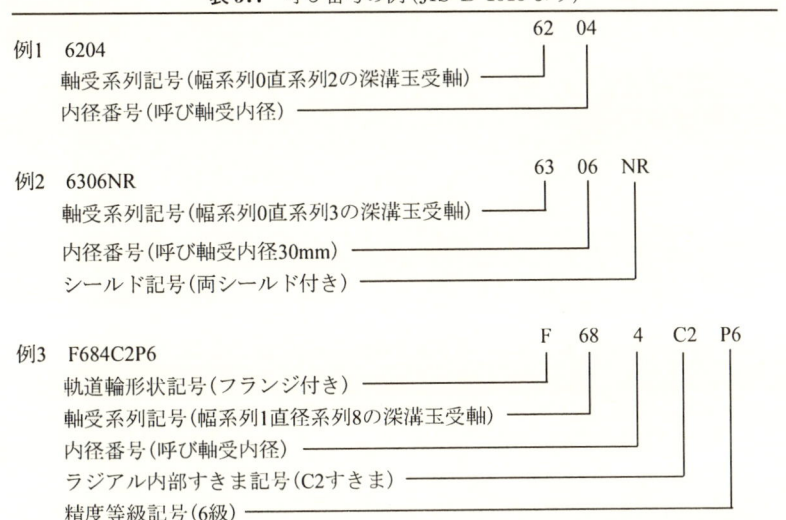

例2　6306NR　　　　　　　　　　　　　　63　06　NR
　　　軸受系列記号（幅系列0直系列3の深溝玉受軸）
　　　内径番号（呼び軸受内径30mm）
　　　シールド記号（両シールド付き）

例3　F684C2P6　　　　　　　　　F　68　4　C2　P6
　　　軌道輪形状記号（フランジ付き）
　　　軸受系列記号（幅系列1直径系列8の深溝玉受軸）
　　　内径番号（呼び軸受内径）
　　　ラジアル内部すきま記号（C2すきま）
　　　精度等級記号（6級）

規格品については限界の使用荷重や繰返し荷重に対する破損寿命（破損繰返し数）の関係などを検討した上で選定するから，発生応力を気にしたりせずに適切な使用方法を守って使用すればよい．しかし，転動体の鋼球やころなどの球面状物体の接触部の応力を知ることはほかの機械装置や構造物への応用など基礎資料としての観点から設計上重要である．そこでこのような接触応力については応力分布の仮定と三次元弾性応力理論の結果を巧みに組み合せて得られたヘルツ (Herz) の弾性接触理論があるので，ここではその結果の一部をまとめて示す[3]．ただし以下の式中，接触物体の曲率半径を R，縦弾性係数（ヤング率ともいう）を E，ポアソン比を ν で表し，添字1と2で両接触物体を区別するものとする．

（1）球と球の接触

図 5.12 のように，球Iと球IIが荷重 P を受けて接触しているとき，接触面は半径 a の円形となり，最大圧縮応力 σ_{max} は接触面の中央に生じる．ここで

$$\left.\begin{aligned}a &= \sqrt[3]{\frac{3}{4}\frac{R_1 R_2}{R_1+R_2}\left(\frac{1-\nu_1^2}{E_1}+\frac{1-\nu_2^2}{E_2}\right)P}\\ \sigma_{max} &= \frac{3P}{2\pi a^2} = \frac{3}{2\pi}P^{\frac{1}{3}}\left[\frac{3}{4}\frac{R_1 R_2}{R_1+R_2}\left(\frac{1-\nu_1^2}{E_1}+\frac{1-\nu_2^2}{E_2}\right)\right]^{-\frac{2}{3}}\end{aligned}\right\} \quad (5.21)$$

であり，平面を球で圧縮する場合は平面の曲率半径を ∞ とすればよく，片方が凹面ならばその曲率半径を $-$（負符号）とすればよい．なお，最大せん断応力 τ_{max} は接触面からわずかに内部に入った位置で生じ，$\tau_{max}=0.31\sigma_{max}$（ただし $\nu=0.3$）である．

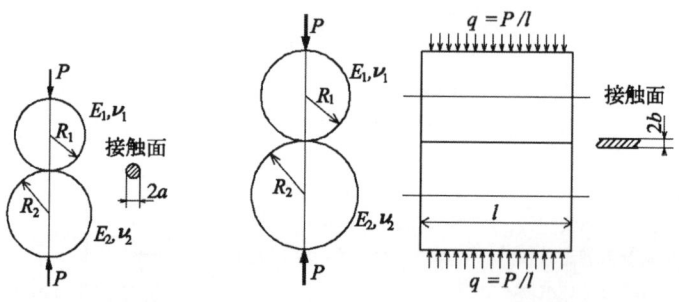

図 5.12　球と球の接触　　　　図 5.13　円柱と円柱の接触

（2）円柱と円柱の接触

図 5.13 のように，平行に並んだ等しい長さの円柱に線荷重 $q\,(=P/l)$ が作用すれば，接触面は幅が $2b$ の長方形となり，最大圧縮応力 σ_{max} は接触面の長手方向中心線上に生ずる．ここで

$$\left.\begin{aligned} b &= \sqrt{\frac{4}{\pi}q\frac{R_1 R_2}{R_1+R_2}\left(\frac{1-\nu_1^2}{E_1}+\frac{1-\nu_2^2}{E_2}\right)} \\ \sigma_{max} &= \frac{2q}{\pi b} = \left[\frac{q(R_1+R_2)}{\pi R_1 R_2}\right]^{\frac{1}{2}}\left(\frac{1-\nu_1^2}{E_1}+\frac{1-\nu_2^2}{E_2}\right)^{-\frac{1}{2}} \end{aligned}\right\} \quad (5.22)$$

（3）球と円柱の接触

図 5.14 のように，球が円柱に荷重 P で押しつけられると，接触面は長径 $2a$ 短径 $2b$ のだ円形となり，その中央で最大圧縮応力 σ_{max} が生ずる．ここで

$$\left.\begin{aligned} a &= \alpha\sqrt[3]{\frac{3}{4}\frac{P}{A}\left(\frac{1-\nu_1^2}{E_1}+\frac{1-\nu_2^2}{E_2}\right)} \\ b &= \beta\sqrt[3]{\frac{3}{4}\frac{P}{A}\left(\frac{1-\nu_1^2}{E_1}+\frac{1-\nu_2^2}{E_2}\right)} \\ \sigma_{max} &= \frac{3P}{2\pi ab} = \frac{3P^{\frac{1}{3}}}{2\pi\alpha\beta}\left[\frac{3}{4}\frac{1}{A}\left(\frac{1-\nu_1^2}{E_1}+\frac{1-\nu_2^2}{E_2}\right)\right]^{-\frac{2}{3}} \end{aligned}\right\} \quad (5.23)$$

$$A = \frac{1}{R_1}+\frac{1}{2R_2}\,, \quad \Theta = \frac{R_1}{R_1+2R_2} \quad (5.24)$$

表5.8 任意曲面の接触における定数

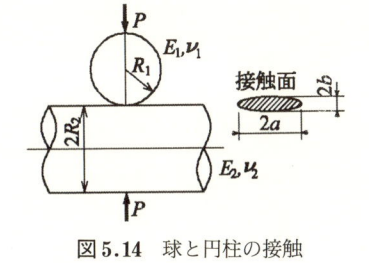

Θ	α	β
0.000	1.000	1.000
0.100	1.070	0.936
0.200	1.150	0.878
0.300	1.242	0.822
0.400	1.351	0.769
0.500	1.486	0.717
0.600	1.661	0.664
0.700	1.905	0.608
0.750	2.072	0.578
0.800	2.292	0.544
0.850	2.600	0.507
0.900	3.093	0.461
0.920	3.396	0.438
0.940	3.824	0.412
0.960	4.508	0.378
0.980	5.937	0.328
0.990	7.774	0.287

図5.14 球と円柱の接触

であり，α と β は式(5.24)の Θ から表5.8より求められる．

(4) 球と任意曲面の接触

図5.15のように，球が主曲率 $1/R_2$, $1/R_2'$ の曲面に接触する場合については，前記(3)と同様に接触面はだ円になり，式(5.24)の A, Θ を次式に置き換えて式(5.23)を適用すればよい．

$$A = \frac{1}{R_1} + \frac{1}{2R_2} + \frac{1}{2R'} , \quad \Theta = \frac{|1/R_2 - 1/R_2'|}{2/R_1 + 1/R_2 + 1/R_2'} \qquad (5.25)$$

以上(2)〜(4)で，凹面の場合は(1)の場合と同様に該当の曲率半径を－とすればよいので，図5.15は軌道輪の溝を玉で圧縮するような場合にも適用できる．なお，(2)の場合を除いて発生する最大応力は作用荷重の1/3乗に比例することがわかる．

例題5.3

図5.16のような玉軸受(6218相当)で，一つの鋼球に作用する荷重を P_0 として，鋼球と内外輪軌道面の接触部における最大圧縮応力を求めよ．ただし，$R_0 = 73.61$ mm, $R_i = 51.39$ mm, $d = 22.22$ mm, $r_0 = r_i = 0.52$ mm, $d = 11.55$ mm, ヤング率とポアソン比はそれぞれ内外輪および鋼球ともに等しく，$E =$

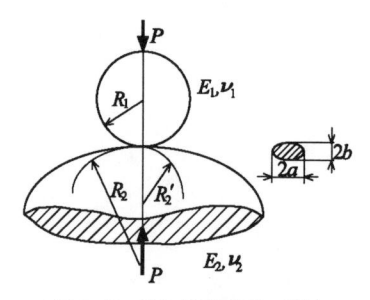

100　第5章　軸　　　受

図5.15 球と任意曲面の接触 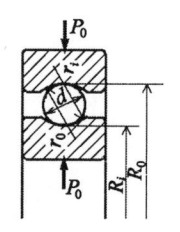　　**図5.16** 荷重を受ける玉軸受

200 GPa, $\nu=0.3$ とする．

【解】

（1）内輪と鋼球の接触部の場合

式(5.12)で $R_1=d/2$, $R_2=R_i$, $R_2'=-r_i$ とおいて A, Θ を求める．

$$A = \frac{2}{d} + \frac{1}{2R_i} - \frac{1}{2r_i} = \frac{1}{22.22} + \frac{1}{2\times 51.39} - \frac{1}{2\times 11.55} = 0.05409$$

$$\Theta = \frac{1/R_i + 1/r_i}{4/d + 1/R_i - 1/r_i} = \frac{1/51.39 + 1/11.55}{4/22.22 + 1/51.39 - 1/11.55} = 0.9393$$

次に，表5.8より $\Theta=0.9393$ は 0.920 と 0.940 の間にあるので，該当の α, β についてそれぞれ比例配分すれば

$$\alpha = 3.396 + (3.824 - 3.396) \times \frac{0.9393 - 0.920}{0.940 - 0.920} = 3.809$$

$$\beta = 0.438 - (0.438 - 0.412) \times \frac{0.9393 - 0.920}{0.940 - 0.920} = 0.413$$

となる．最大圧縮応力は式(5.23)の第三式で，$E_1=E_2=E$, $\nu_1=\nu_2=\nu$ とおいて単位をMPaに合わせれば以下のようになる．

$$\sigma_{\max} = \frac{3P_0^{\frac{1}{3}}}{2\pi\alpha\beta}\left[\frac{3}{2A}\frac{1-\nu^2}{E}\right]^{-\frac{2}{3}}$$

$$= \frac{3P_0^{\frac{1}{3}}}{2\times 3.142 \times 3.809 \times 0.413}\left[\frac{3}{2\times 0.05409} \times \frac{1-0.3^2}{200\times 10^3}\right]^{-\frac{2}{3}}$$

$$= 120.6 P_0^{\frac{1}{3}} \text{ [MPa]}$$

（2）外輪と鋼球の接触部の場合

上記と同様に，式(5.25)で $R_1=d/2$, $R_2=-R_0$, $R_2'=-r_0$ とおいて A, Θ を求める．

$$A = \frac{2}{d} - \frac{1}{2R_0} - \frac{1}{2r_0} = 0.03992$$

$$\Theta = \frac{-1/R_0 + 1/r_0}{4/d - 1/R_0 - 1/r_0} = 0.9142$$

Θ に対応する α, β を表5.8から求め，これらと A を式(5.23)に代入計算した結果は

$$\alpha = 3.308, \quad \beta = 0.445$$

$$\therefore \quad \sigma_{\max} = 105.3 P_0^{\frac{1}{3}} \text{ MPa}$$

となる．この例のように内外輪とも同一の溝半径の場合($r_0 = r_i$ の場合)，内輪の接触部における応力は外輪の接触部におけるものより大きい．

5.3.4 転がり軸受の選定

(1) 基本事項

運転中の軸受では転動体(球あるいはころ)と内外輪の接触部に繰り返して接触応力が作用する．その結果特定の回転数に達すると材料の疲労によって接触部に剝離を生じ，軸受は使用に耐えられなくなる．一定荷重下でこのように剝離破損を生ずるまでの総回転数(あるいは一定回転速度下での総運転時間)を寿命といい，この寿命以下で使用しなければならない．しかし寿命は一般にばらつくので，90％の軸受には剝離を生じないが，10％の軸受に剝離を生ずる寿命を定格寿命といい，寿命の基準としている．定格寿命が100万回転に相当する荷重を基本動定格荷重といい，軸受形式と寸法が決まれば一定値となり，これを C で表す．すなわち，荷重 C のもとでは90％の確率で100万回転まで破損しないことになる．一方，軸受が静止時に受ける静荷重に対しても接触部が永久変形しないようにしなければならない．そこでこの限度の静荷重として転動体の接触応力による永久変形が転動体の直径の1/10000となる荷重を定め，これを基本静定格荷重といい，C_0 で表す．静荷重がこれ以下では軸受として実用上機能に差し障りがないとされている．C と C_0 は軸受呼び番号や主要寸法などとともに軸受カタログに記載してあり，表5.9にその例を示した．

定格寿命 L_n は100万回転を単位として，軸受荷重 P と基本動定格荷重 C によって次のように表される．

玉軸受の場合 $\quad L_n = \left(\dfrac{C}{P}\right)^3 \hfill (5.26)$

表5.9 基本定格荷重　　　　　　　　（単位 kN）

d [mm]	ラジアル玉軸受										スラスト玉軸受			
	68		69		60		62		63		511		512	
	C	C_0	C	C_0	C	C_0	C	C_0	C	C_0	C	C_0	C	C_0
10	1.3	0.7	2.1	1.2	3.5	1.9	3.9	2.2	6.2	3.6	7.7	11.6	9.8	14.1
12	1.5	0.8	2.2	1.3	3.9	2.2	5.2	3.0	7.5	4.4	8.0	12.7	10.2	15.7
15	1.6	1.1	3.3	2.0	4.3	2.6	5.9	3.5	8.8	5.3	8.1	13.8	12.8	20.6
17	2.0	1.3	3.5	2.2	4.6	2.9	7.4	4.5	10.5	6.5	8.8	16.2	13.3	22.5
20	3.1	2.1	4.9	3.2	7.2	4.6	9.8	6.2	12.3	7.7	11.6	22.1	17.3	31.4
22					7.4	4.7	9.9	6.3	14.1	9.0				
25	3.3	2.5	5.4	3.9	7.7	5.2	10.8	7.2	15.7	10.6	15.2	30.9	21.6	41.7
28					9.6	6.5	12.8	8.7	20.6	13.7				
30	3.5	2.8	5.6	4.2	10.2	7.3	15.0	10.3	21.5	14.1	15.8	34.8	22.7	48.0
32					11.6	8.1	16.0	10.7	22.9	16.0				
35	3.6	3.1	8.0	6.1	12.3	9.0	19.7	14.0	25.6	18.0	17.0	41.2	30.4	64.7
40	3.8	3.5	10.5	8.4	12.8	9.9	22.3	16.2	31.4	22.5	20.9	51.8	36.3	81.3
45	4.1	4.2	10.9	9.1	16.1	12.9	24.0	18.1	40.7	30.4	21.6	57.3	37.2	86.7
50	4.9	5.0	11.2	9.7	16.7	14.0	27.0	20.6	47.5	35.8	22.3	62.2	37.7	92.1

(NSKカタログより)

ころ軸受の場合　　$L_n = \left(\dfrac{C}{P}\right)^{10/3}$ (5.27)

上式は過去の膨大な実験結果から得られたものであるが，最近は材質の改良により寿命が延びているので，補正係数を用いてより正確に寿命計算をしようとする方向にある．

一定回転数 n [rpm] のもとでは，回転数で寿命を表す代わりに，運転時間で寿命 L_h を表した方が便利である．そこで，基準として 100 万回転を 500 時間に対応させれば，この時の回転速度は $10^6/(500\times 60) = 33.3$ rpm となるので，玉軸受では

$$L_n = \left(\dfrac{L_h}{500}\right)\left(\dfrac{n}{33.3}\right) = \left(\dfrac{C}{P}\right)^3$$

$$\therefore \ f_h = \left(\dfrac{C}{P}\right) f_n \tag{5.28}$$

ここで

$$f_h = \left(\dfrac{L_h}{500}\right)^{\frac{1}{3}}, \ f_n = \left(\dfrac{33.3}{n}\right)^{\frac{1}{3}} \tag{5.29}$$

であり，f_h を寿命係数，f_n を速度係数という．
　ころ軸受の場合には　式 (5.28) と次式 (5.30) になる．

$$f_h = \left(\frac{L_h}{500}\right)^{3/10}, \quad f_n = \left(\frac{33.3}{n}\right)^{3/10} \tag{5.30}$$

　結局，寿命時間と回転速度から寿命係数と速度係数を計算すれば，式 (5.28) によって軸受荷重と軸受に固有の基本動定格荷重の関係がわかる．

（2）軸受荷重と等価荷重

　運転時の軸受にラジアル荷重のみならず同時にスラスト荷重も作用することがある．このような場合，ラジアル軸受ならば，ラジアル荷重 F_r とスラスト荷重 F_a を次式のように置き換えた動等価荷重 P_r が純ラジアル荷重として作用するものとする．

$$P_r = XF_r + YF_a \tag{5.31}$$

ここで X はラジアル係数，Y はスラスト係数で，カタログに記載されているこれらの例を表 5.10 に示す．スラスト荷重の大きさと基本静定格荷重によってラジアル荷重への換算割合が異なる．

　静止時の軸受にラジアルとスラストの両荷重が作用するときも同様な考え方で静等価荷重を用いるが，動等価荷重の場合とは換算係数が異なる．

表 5.10　動等価荷重算出のための係数

C_0/F_a	e	$F_a/F_r \leqq e$		$F_a/F_r > e$	
		X	Y	X	Y
5	0.35	1	0	0.56	1.26
10	0.29	1	0	0.56	1.49
15	0.27	1	0	0.56	1.64
20	0.25	1	0	0.56	1.76
25	0.24	1	0	0.56	1.85
30	0.23	1	0	0.56	1.92
50	0.20	1	0	0.56	2.13
70	0.19	1	0	0.56	2.28

（深溝玉軸受，NSK カタログより）

例題 5.4

軸径 $d=30$ mm，回転数 $n=600$ rpm でラジアル荷重 $F_r=1.5$ kN，スラスト荷重 $F_a=0.5$ kN を受ける深溝玉軸受を選定したい．ただし，寿命 $L_h=10000$ h とする．

解

はじめに式 (5.31) によって動等価荷重 P_r を求める．そのために基本静定格荷重 C_0 を決定する必要があるので，まず 62 形について検討する．

表 5.9 より $C_0=10.3$ kN，$C=15.0$ kN である．本題の条件より $F_a/F_r=0.33$，$C_0/F_a=20.6$，表 5.10 より $e=0.24$ であるから $F_a/F_r(=0.33)>e(=0.24)$ となり，$X=0.56$，$Y=1.85$ が得られる．したがって

$$P_r = XF_r + YF_a = 0.56 \times 1.5 + 1.85 \times 0.5 = 1.77 \text{ kN}$$

式 (5.28) と式 (5.29) の第一式より寿命時間は

$$L_h = 500 \times f_h^3 = 500 \times (C/P_r)^3 \times f_n^3$$

$$= 500 \times \left(\frac{15.0}{1.77}\right)^3 \times \frac{33.3}{600}$$

$$= 16900 \text{ h} > 10000 \text{ h}$$

となるので，軸受は 6206 でよい．

次に，6006 の場合は $C_0=7.3$ kN，$C=10.2$ kN．前記と同様にして，表 5.10 で $C_0/F_a=7.3/0.5=14.6$ となることより $e=0.27$，$F_a/F_r(=0.33)>e(=0.27)$ であるから，$X=0.56$，$Y=1.64$ が得られる．これらの換算係数から $P_r=1.66$ kN となるので，寿命時間は

$$L_h = 500 \text{ h} \times \left(\frac{10.2}{1.66}\right)^3 \times \frac{33.3}{600} = 6440 \text{ h} < 10000 \text{ h}$$

である．すなわち 6006 は不可となることがわかる．

(3) 使用限界速度

運転時の転がり軸受は転動体を介して内外輪と転がり接触の状態にあり，転動体とその保持器の間ではすべり接触をしている．特に高速で長時間の運転になると熱発生，騒音，摩耗など主にすべり接触に原因する問題が生じ，経験的に回転速度には限界があることがわかっている．そこで限界回転数の指標として軸受内径 d [mm] と回転数 n [rpm] の積 dn 値，または $d_m n$ 値 (d_m：転動体のピッチ円径) が用いられている．表 5.11 に大体の dn 値を示した．これらの値は軸受形式や潤滑法だけではなく作用する荷重によっても異なり，荷重が大

表5.11 限界速度指数 dn 値

軸受の形式	グリース潤滑	油潤滑
単列固定定形ラジアル玉軸受	180000	300000
自動調心形ラジアル玉軸受	140000	250000
単列アンギュラ形玉軸受	180000	300000
円筒ころ軸受	150000	300000
円すいころ軸受	120000	200000
球面ころ軸受	100000	160000
スラスト玉軸受	40000	60000

(NTNカタログより)

きくなると dn 値は小さくなる傾向にある．

(4) 内部すきまとはめあい

単体のラジアル軸受の場合，内輪と転動体，転動体と外輪の間にはある値のすきまが設けてあり，これを内部すきまという．このような軸受を機械に組み込むとき，しめしろを与えた軸と内輪のしまりばめによる内輪の膨張，しめしろを与えた軸受箱(ハウジング)と外輪のしまりばめによる外輪の収縮，運転中の軸受の温度上昇などによって内部すきまが変化する．内部すきまを残せば振動や騒音の原因になり，また内部すきまを負にすれば転動体と内外輪の接触応力の過大化を招くので，運転時にすきまがちょうど零になるか，わずかに負になるのがよいとされている．このために通常の場合のはめあい条件がJIS B 1566「転がり軸受の取付け関係寸法およびはめあい」に示されている．なお，スラスト荷重を受けることができる二つの軸受を対にして配列した場合，スラスト荷重を加えれば転動体と内外輪の接触部の位置がずれてすきまがなくなる．このようにスラスト荷重をあらかじめ加えておくことを予圧といい，予圧によって軸受の内部すきまを消してガタをなくし，軸受の剛性を高めることができる．

(5) 軸受の取付け

一般には軸にしめしろを与えて軸受を軸に固定するが，さらに軸方向にずれないように何らかの工夫をする必要がある．たとえば図5.17のように軸端にねじを設けてゆるみ止めのためのロッキングワッシャーを間に入れ，軸受用ナットで締める．この場合，軸にワッシャーを固定するための溝があってこれに

ワッシャーの舌をはめ，ナットの同様な溝にワッシャーの突起を曲げ込んでナットがゆるまないようになっている．

なお，軸受の取付けは，一本の軸に対して2個もしくはそれ以上の場合が多い．軸が熱によって膨張収縮することがあるが，このようなとき軸方向の伸縮を吸収できるように，たとえば一方の軸受をスラスト荷重も受ける固定形の深溝玉軸受とすれば他方にはある程度軸方向の移動が可能な円筒ころ軸受を配するといったような配慮が必要である．

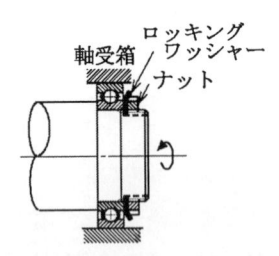

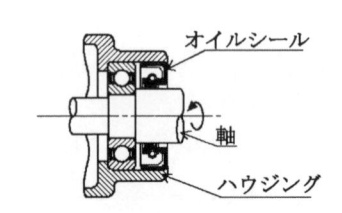

図5.17 軸受の取付け例　　　図5.18 オイルシールによる密封例

（6） 密封方法

軸受内部からの油漏れ防止や防塵対策のために密封装置が必要になる．大別して，オイルシール，フェルトシール，Oリングなどの接触方式と油溝，スリンガ，ラビリンスといった非接触方式がある．図5.18はオイルシールの場合の一例である．

5.3.5　軸受ユニット

転がり軸受をハウジングに収納し，軸受中心線に平行な面にボルトで取り付けられるようにしたものをプランマブロックまたはピローブロックという．軸受中心線に垂直に取り付けられるようにしたフランジ形のものも含めて軸受ユニットという．きわめて多数が標準化され市販されている．収納される転がり軸受は自動調心形のものが普通である．図5.19はピローブロックの一例である．

図 5.19　ピローブロック（NTN 提供）　　図 5.20　ピボット軸受の構造

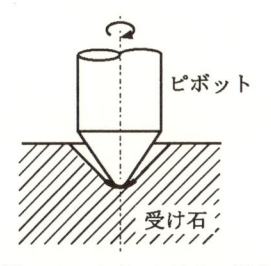

5.4　特殊軸受

　主に計測器や時計などの小形精密機械に使用されるものにピボット軸受，宝石ほぞ軸受，ナイフエッジ軸受がある．図 5.20 はピボット軸受を模式的に示したもので，いずれも小荷重であるが，ラジアルとスラストの両荷重を受ける一種のすべり軸受である．軸には焼入れ合金鋼，受け石にはサファイヤ，めのうなどの宝石が用いられている．先端の支持部を球を介して転がり形にしたものもある．

　また，磁石の反発力や吸引力を利用して軸を非接触で軸受から浮かす磁気軸受がある．しかしこれはきわめて高価なためにごく特殊な用途にしか用いられていない．

5.5　直動玉軸受

　主として往復直線運動をする丸軸の案内用玉軸受を直動玉軸受（linear motion ball bearing, ball bushing）という．軸を一連の鋼球を介して外筒で支える構造となっている．大別して鋼球が案内されて循環する循環式直動玉軸受と鋼球が丸軸と外筒の間を単に転動する非循環式直動玉軸受があり，前者は往復運動のみ，後者は回転運動と制限はあるが往復運動の両方を同時に案内するようになっている．

　図 5.21 は循環式直動玉軸受の構造を示したものである．外筒，鋼球，保持器および保持器止め輪からなり，外筒の内側に保持器を固定し，その保持器内の軌道溝を鋼球が循環移動する機構となっている．非循環式の場合は，保持器が固定されていなくて全部の鋼球が丸軸表面と外筒内面に転がり接触する機構

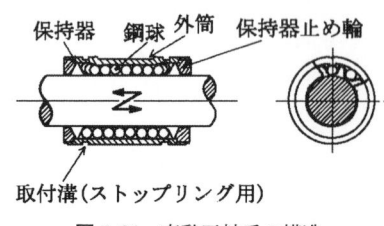

図 5.21　直動玉軸受の構造　　図 5.22　直動玉軸受（NTN 提供）

となっている．図 5.22 はこの種軸受の外観を示したものである．

5.6　ボールねじ

ボールねじとは，ねじ軸とナットが鋼球を介して作動するものをいい，一般用にはねじ軸の呼び外径や呼びリードなどが JIS B 1191 に規定されている．ねじ山間は鋼球との転がり接触の状態にあるため，ねじ効率は 90 % 以上になり，小さなトルクで大きな推進力が得られる．ねじ軸の回転によってナット部の直進運動を制御する機構であるため，運動用のみならず数値制御による直線位置決めなどに用いられる．図 5.23 は構造を示したものである．

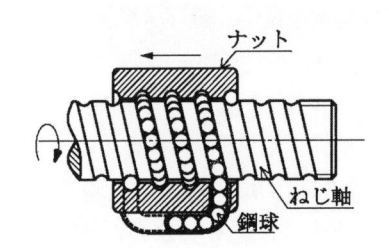

図 5.23　ボールねじの構造

演 習 問 題

【5.1】すべり軸受と転がり軸受について，次の項目ごとに特徴の程度あるいは有無を判定し，その理由を述べよ．
　　1）規格化　　　　　　　　2）寿命
　　3）保守　　　　　　　　　4）高速回転性能
　　5）軸伸びによるスラスト　6）騒音

【5.2】すべり軸受に関する例題 5.1 の式 (5.15)，(5.17)，(5.19) を導け．

【5.3】7.5 kN のラジアル荷重を受けて速度 1200 rpm で回転する直径 60 mm の軸を

支えるすべり軸受を設計したい．許容軸受圧力を 2 MPa として，軸受長さを決定し，発熱量の観点から回転速度の是非を判定せよ．

【5.4】 軸径 60 mm，回転数 1500 rpm，軸受圧力 2 MPa，粘性係数 30 cP（＝30×10^{-3} Pa·s），すきま比 0.001 のすべり軸受の場合について最小油膜厚さを推定せよ．

【5.5】 半径 6 mm の鋼球が平行な鋼製平面にはさまれて圧縮荷重を受けるとき，許容接触圧力が 2 GPa とすれば，許容圧縮荷重はいくらになるか．

【5.6】 6206 型転がり軸受に 9 kN の荷重が作用するときの定格寿命を総回転数で示すといくらになるか．また，200 rpm の定速運転するとしたときの寿命時間はいくらか．

【5.7】 軸径 50 mm，作用荷重 5.1 kN，回転数 150 rpm の定速運転で，寿命が 87600 h 以上となるラジアル玉軸受はどの型式番号のものか．

第 6 章
歯　　車

6.1 歯車の種類

原動軸の回転を従動軸に伝える場合，軸の相対位置の関係で
1) 平行軸歯車：互いに平行である二軸の間に運動を伝達する歯車．
2) 交差軸歯車：互いに交差する二軸の間に運動を伝達する歯車．
3) 食い違い軸歯車：互いに交わらず平行でもない二軸の間に運動を伝達する歯車．

があり，各々の場合に用いられる歯車の名称と種類を図 6.1 に示す．

a) 平歯車 (spur gear)
歯すじが軸に平行な直線である円筒歯車で，最も広く使用されている歯車．

b) はすば歯車 (helical gear)
歯すじがつる巻き線の円筒歯車で右ねじれのものと左ねじれのものがある．

c) やまば歯車 (double helical gear)
左右両ねじれはすば歯車が一体に組み合わされた歯車．

d) 内歯車 (internal gear)
円筒の内側に歯が作られている歯車．

e) ラック (rack)
真直な棒の一面に等間隔に同じ歯を刻んだもので，直径が無限に大きくなった歯車の一部といえる．

f) すぐばかさ歯車 (straight bevel gear)
歯すじがピッチ円すいの母線と一致するかさ歯車．

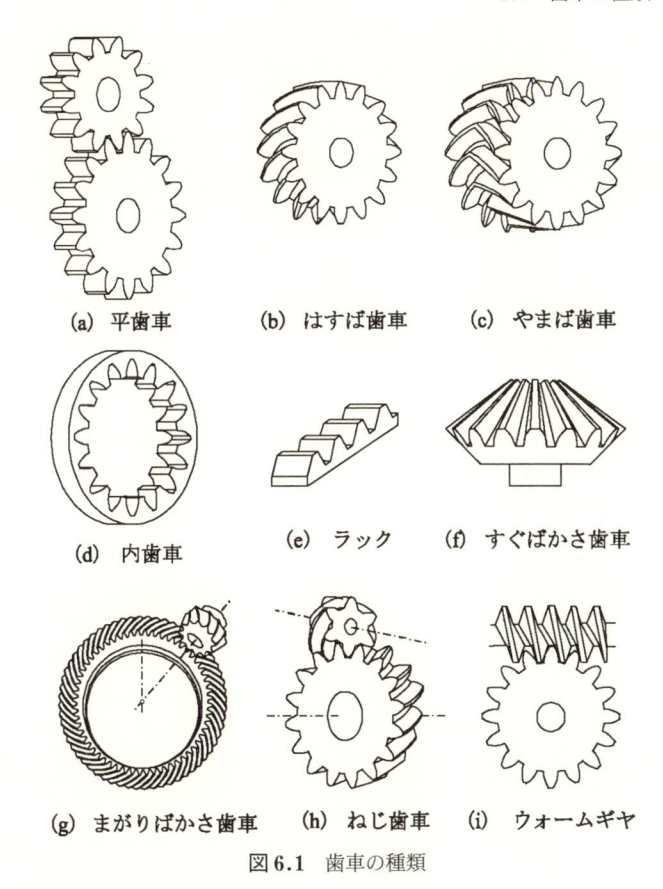

6.1 歯車の種類　111

(a) 平歯車　(b) はすば歯車　(c) やまば歯車

(d) 内歯車　(e) ラック　(f) すぐばかさ歯車

(g) まがりばかさ歯車　(h) ねじ歯車　(i) ウォームギヤ

図 6.1　歯車の種類

g) まがりばかさ歯車 (spiral bevel gear)

これとかみあう冠歯車の歯すじが曲線であるかさ歯車.

h) ねじ歯車 (screw gear)

食違い軸の間に運動を伝達する歯車.

i) ウォームギヤ (worm gear)

ウォームとウォームホイールからなり，直角で交わらない二軸の間に大きな減速比を得ることができる歯車.

その他，はすばかさ歯車 (helical bevel gear)，ハイポイドギヤ (hypoid gear) などがある.

6.2 歯車の条件

歯車機構は構造が簡単，伝動が確実，長期の仕様に耐える，動力の損失が少ない，および正確な角速度比を伝えることができるので，回転を伝動する機械部品として代表的なものである．歯車のもとになるのは，図6.2に示すように転がり接触で回転を伝える摩擦車である．摩擦のみでは滑るので両車の接触面に凹凸をつけ，確実に回転を伝えるようにしたものが図6.3に示すように歯車となる．この凹凸を歯といい，歯の形状の詳細については後述するが，かみ合うために2個の歯車で満たさなければならない基本的な条件は，摩擦円の円周上でのピッチは等しく，円周より凸の高さと凹の深さが同じで，歯の厚さとすき間の長さが等しいことである．歯をつけると摩擦車の直径は見えなくなるが，回転数比に関して重要な値であるのでピッチ円と呼んでいる．その直径を d_1，d_2，ピッチを t，歯の数を Z_1，Z_2 とすると以下の関係が成立つ．

$$tZ_1 = \pi d_1, \qquad tZ_2 = \pi d_2 \tag{6.1}$$

$$t = \frac{\pi d_1}{Z_1} = \frac{\pi d_2}{Z_2} = \pi m \tag{6.2}$$

m をモジュールといい，長さの単位 [mm] をもつが mm をつけないことが多い．m の等しい歯車は互いにかみ合い，その中心間距離 a は次式で表される．

$$a = \frac{(d_1 + d_2)}{2} = \frac{m}{2}(Z_1 + Z_2) \tag{6.3}$$

回転数を n_1，n_2，角速度を ω_1，ω_2 とすると

$$n_1 d_1 = n_2 d_2 \tag{6.4}$$

$$\omega_1 d_1 = \omega_2 d_2 \tag{6.5}$$

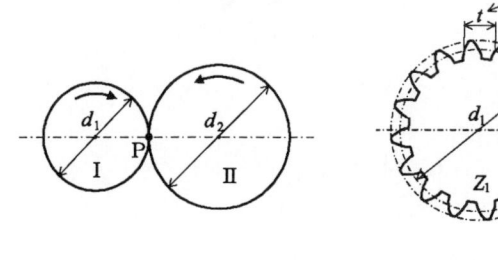

図6.2 ころがり摩擦円

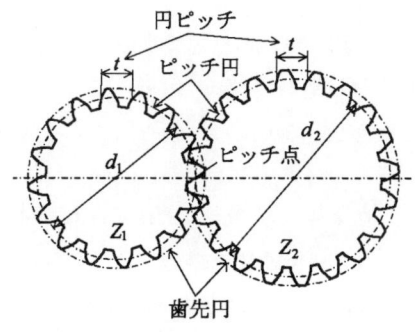

図6.3 歯車

である.
　ここで平歯車の各部の名称についてまとめる.
ピッチ円：歯車の回転のもとになる摩擦車の円に相当する円.
ピッチ点：二つのピッチ円の接点.
円ピッチ：前述の t で基準ピッチともいう.
歯先円：歯の先を通る円.
歯底円：歯の底を通る円.
歯末（はすえ）のたけ：ピッチ円から歯先円までの高さ.
歯元（はもと）のたけ：歯底からピッチ円までの高さ.
全歯たけ：歯底から歯先までの高さ.
頂げき：歯車を滑らかにかみ合わせるために歯先と相手歯車の歯底との間に設けるすき間.
モジュール：ピッチ円直径を歯数で割ったもので，歯の大きさを表している.
　円ピッチも歯の大きさを表しているが π を含むので実用上不便であり，歯の大きさを表す指標としてあまり用いない．モジュールの逆数に 25.4 を乗じたものをダイヤメトラルピッチといい，これも歯の大きさを表す指標となる.
　JIS で決められている一般機械，重機械用平歯車とはすば歯車のモジュールの標準値を表 6.1 に示す.

表 6.1 モジュール (JIS B 1701 より)　　（単位 mm）

1	1.25	1.5	2	2.5	3	4	5	6	8	10	12	16	20	25	32	40	50

6.3　歯　　形

（1）歯車の機構学的条件[23]

　モジュールの等しい一対の歯車は一定の回転数比の運動は伝えるが，常に一定の角速度比を伝えているとはいえず，高速になると振動の原因となる．正確な角速度比を伝えるための歯面の曲線にはどのような条件が必要かを考える.
　図 6.4 のように O_1 を中心にして回転している節Ⅰから O_2 を中心にして回転する節Ⅱに点 Q で接触して，滑り接触で回転を伝えている場合を考える．両節の曲線の連続性から接点における両曲線の接線および法線は共通となり，接線を TT，法線を NN とする．O_1Q を ρ_1，O_2Q を ρ_2，節ⅠのQの速度を v_1，

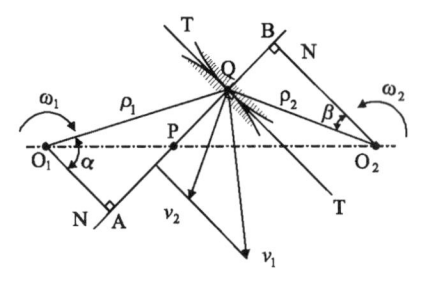

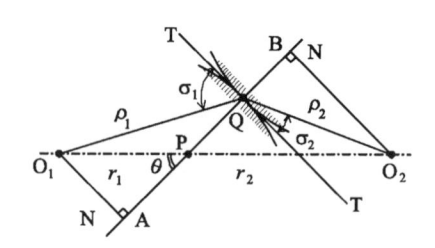

図6.4 歯車の角速度比　　　図6.5 接触点の軌跡と歯形

節ⅡのQの速度をv_2, 接触点Qにおける共通法線と中心線を結ぶ線との交点をPとし, その他記号を図6.4のようにとると

$$v_1 = \rho_1 \omega_1, \qquad v_2 = \rho_2 \omega_2 \tag{6.6}$$

である. 接触を続けるために両節の法線方向速度は等しいことから以下の関係が成立つ.

$$v_1 \cos \alpha = v_2 \cos \beta \tag{6.7}$$

$$\rho_1 \omega_1 \cos \alpha = \rho_2 \omega_2 \cos \beta \tag{6.8}$$

$$\omega_1 \cdot O_1A = \omega_2 \cdot O_2B \tag{6.9}$$

$$\frac{\omega_1}{\omega_2} = \frac{O_2B}{O_1A} = \frac{O_2P}{O_1P} = \frac{BP}{AP} \tag{6.10}$$

接触している機素の角速度比は, 接触点における共通法線が両中心点を結ぶ線を分ける比の逆数に等しい. したがって, 二軸間の伝動に厳密な一定角速度比を必要とする場合は接触点がいかなる位置にあっても点Pは定点でなければならない. この条件を歯車の機構学的条件という. また, 三中心の定理により点Pが節ⅠのⅡに対する瞬間中心となる. この点Pをピッチ点という. 両節上に描かれる点Pを通る仮想の円をピッチ円という.

次に接線方向の速度差を考える. 速度差をv_sとすると, 以下ような関係となり, すべり速度はピッチ点からの距離に比例する.

$$\begin{aligned}
v_s &= v_1 \sin \alpha - v_2 \sin \beta = \rho_1 \omega_1 \sin \alpha - \rho_2 \omega_2 \sin \beta \\
&= \omega_1 \cdot AQ - \omega_2 \cdot BQ \\
&= \omega_1(AP+l) - \omega_2(BP+l) = (\omega_1 - \omega_2)l
\end{aligned} \tag{6.11}$$

ここで, PQ=l としている. $\omega_1 \cdot AP = \omega_2 \cdot BP$ は明らかである.

6.3 歯　　形　　115

（2）歯形曲線[24]

図6.5の点Pをピッチ点として，接触点の軌跡が点Pを通る直線の場合の歯形曲線を求める．歯車Ⅰの歯形はPQをlとして以下の式が成立つ．

$$r_1 \cos \theta + l = \rho_1 \sin \sigma_1 \tag{6.12}$$

$$r_1 \sin \theta = \rho_1 \cos \sigma_1 \tag{6.13}$$

PQは直線であるからθは一定であるので$\rho_1 \cos \sigma_1 =$ const（一定）となる．この一定値をr_{g1}とする．

歯形Ⅱについては次式が成立つ．

$$r_2 \cos \theta - l = \rho_2 \sin \sigma_2 \tag{6.14}$$

$$r_2 \sin \theta = \rho_2 \cos \sigma_2 \tag{6.15}$$

歯形Ⅱも歯形Ⅰと同様に$\rho_2 \cos \sigma_2 =$ const（一定）となる．この一定値をr_{g2}とする．σ_1, σ_2はそれぞれO_1Q, O_2Qと接線のなす角であり，σと半径で曲線を表す方法は接線座標表示といわれる．接線座標で$\rho \cos \sigma = r_g$（一定）の曲線は次節で述べるように円のインボリュートと呼ばれる曲線である．

O_1とO_2に中心をもつ回転軸にω_1/ω_2の角速度比を伝達する場合，r_{g2}/r_{g1}の比を基礎円とするインボリュートの歯形の歯車を用いればよい．そのとき，接触点の軌跡は基礎円の共通接線上にあり，ピッチ点PはO_1O_2をω_1/ω_2の逆比に内分する点にある．

（3）インボリュートの式

歯形の曲線には通常，前述の円のインボリュート（単にインボリュートという）曲線が用いられる．そこでインボリュート曲線の特性について考える．インボリュートの基礎となる円を基礎円といい，その半径をr_gとする．インボ

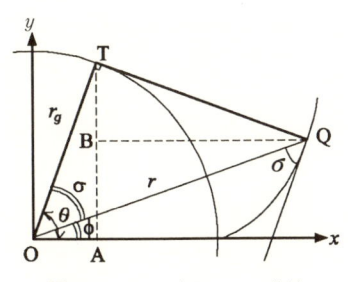

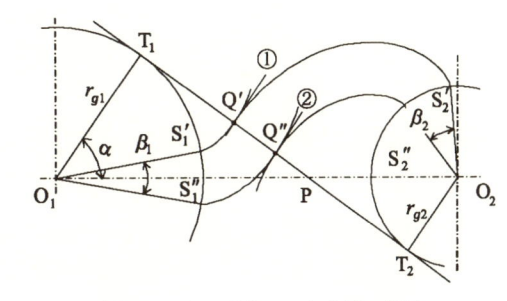

図6.6　インボリュート曲線　　　　図6.7　インボリュート曲線の接触

リュートを図 6.6 に $x-y$ 座標で表す．インボリュート曲線は基礎円に糸を巻付け，それをゆるませずに解除していくとき，糸の先端が描く曲線である．$TQ = r_g \cdot \theta$ であるので，先端 Q の座標 (x, y) は θ を用いて表すことができる．

$$x = \mathrm{OA} + \mathrm{BQ} = r_g(\cos\theta + \theta\sin\theta) \tag{6.16}$$

$$y = \mathrm{AT} - \mathrm{BT} = r_g(\sin\theta - \theta\cos\theta) \tag{6.17}$$

この曲線は以下の性質をもっている．

$$\frac{dy}{dx} = \tan\theta \tag{6.18}$$

$ds = \sqrt{(dx)^2 + (dy)^2}$ とすると

$$ds = r_g \theta d\theta \tag{6.19}$$

$$\theta = \tan\sigma \tag{6.20}$$

$$r = r_g\sqrt{1+\theta^2} = \frac{r_g}{\cos\sigma} \tag{6.21}$$

$$\tan\phi = \frac{y}{x} = \tan(\theta - \sigma) \tag{6.22}$$

$$\phi = \theta - \sigma = \tan\sigma - \sigma = \mathrm{inv}\,\sigma \tag{6.23}$$

式 (6.21) と (6.23) は σ をパラメータとしたインボリュート曲線の極座標表示である．inv はインボリュート関数という．式 (6.23) の σ はラジアンであるが，inv 30° などと度で表すことが多い．σ をいくつか任意に定めれば r と ϕ が計算でき，座標上にプロットできる．インボリュート曲線を扱う場合，極座標表示が便利である[25]．

二つのインボリュート曲線をもつ節を接触させた状態を図 6.7 に示す．接触点は二つの基礎円の共通法線 $T_1 T_2$ 上を移動しているので，この線を作用線という．I を β_1 回転させると相手も回転し，その大きさ β_2 は

$$\beta_1 r_{g1} = \beta_2 r_{g2} \tag{6.24}$$

である．

Q′ における接線を①，Q″ における接線を②とすると，①，②，$O_1 T_1$，$O_2 T_2$ は平行である．このことは中心間距離を変えても成立つ．$O_1 T_1$ と $O_1 O_2$ のなす角 α を圧力角といい，中心間距離と対応しており，中心間距離に連動して変化する．

6.4 インボリュート平歯車とそのかみ合い

インボリュート曲線をもつ平歯車を決定する場合，決めなければならない量は基礎円半径 r_g，歯数 Z または基礎円上のピッチである．逆回転の場合も考慮して逆方向のインボリュートの基礎円半径も同じにする．このとき図 6.8 に示すように，両方向のインボリュート基礎円上のすき間長さ S_2S_1' を r_g で除した基礎円上のすきま角 χ も重要な値となる．以上三つの量を歯車の三要素と呼び，基礎解析にはこの三要素を用いると便利である．三要素の値を決めて歯車を描くと図 6.8 のようにひまわりの花のような歯車ができる．

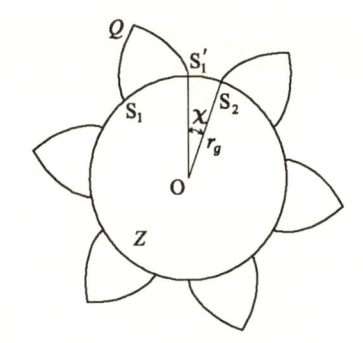

図 6.8 歯車の原形

例題 6.1

図 6.8 に示す歯車の寸法を三要素 (r_g, Z, χ) で表せ．
① $\angle S_1OS_2$ ② $\angle S_1OQ$ ③ $\widehat{S_1S_1'}$ ④ OQ

解

① $\dfrac{2\pi}{Z}$ ② $\dfrac{\pi}{Z}-\dfrac{\chi}{2}$ ③ $\left(\dfrac{2\pi}{Z}-\chi\right)r_g$ ④ $\dfrac{r_g}{\cos\{\mathrm{inv}^{-1}(\pi/Z-\chi/2)\}}$

基礎円周上のピッチは作用線上のピッチに等しく法線ピッチといい，法線ピッチが等しい 2 枚の歯車はかみ合うことができる．かみ合わせるときには歯の後ろのすきま（法線方向バックラッシュ）C_n を適当量とることができる．C_n の取り方で，図 6.9 のように圧力角および中心間距離が変わる．図 6.9 (a) は C_n が 0 のかみ合わせであり，そのときの圧力角 α_1，中心間距離 a_1 とする．図 6.9 (b)，(c) は C_n を少しずつ大きくした場合でそれぞれのときの圧力角を α_2, α_3 とし中心間距離を a_2, a_3 とすると

$$\alpha_1<\alpha_2<\alpha_3, \quad a_1<a_2<a_3$$

118 第6章 歯車

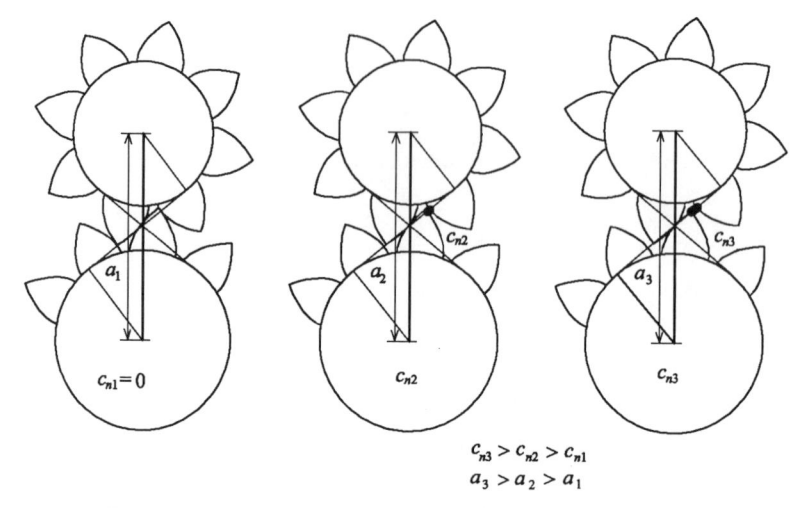

図 6.9 インボリュート平歯車の中心距離と法線方向バックラッシ

となる．またそれぞれに合わせてピッチ円半径も変わるがその比は当然歯数比に比例している．このようにかみ合わせの仕方で決まる圧力角をかみ合い圧力角といい α_b で表す．ピッチ円もかみ合いピッチ円という．C_n とかみ合い圧力角，中心間距離の関係を図 6.10 より考える．法線ピッチを t_e とする．

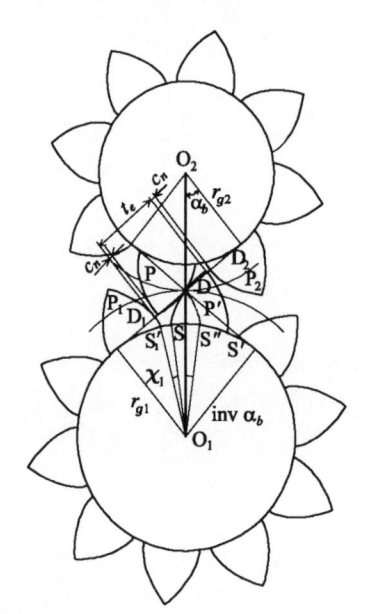

図 6.10 インボリュート歯車のかみ合い

$$\overline{D_1P} + \overline{PD_2} = t_e + C_n = r_{g1}(\chi_1 + 2\operatorname{inv} a_b) + r_{g2}(\chi_2 + 2\operatorname{inv} a_b) \quad (6.25)$$

この式に

$$\frac{r_{g1}}{Z_1} = \frac{r_{g2}}{Z_2} = \frac{t_e}{2\pi} \quad (6.26)$$

の関係を用いて inv a_b について整理すると次式となる．

$$\operatorname{inv} a_b = \frac{1}{Z_1 + Z_2}\left\{\pi\left(1 + \frac{C_n}{t_e}\right) - \frac{1}{2}(Z_1\chi_1 + Z_2\chi_2)\right\} \quad (6.27)$$

中心間距離 a は次式となる．

$$a = \frac{r_{g1} + r_{g2}}{\cos a_b} \quad (6.28)$$

インボリュート曲線を歯形にもつ歯車の利点として以下のことがあげられる．
1) 接触点の軌跡が直線で単純である．
2) 圧力角が一定で大きくとれる．
3) 中心間距離が歯車対による誤差があっても許容できる．
4) 歯数が無限の（基礎円半径が無限大）場合歯形は直線となる．

6.5 インボリュート標準平歯車の名称と諸元

最初に述べたように2個の歯車をかみ合わせるときには回転数比またはピッチ円半径を中心にして考えるのが実用的で都合がよい．このとき歯車の大きさを歯数 Z とモジュール m で表す．ピッチ円と基礎円の関係を決めるため基準の圧力角を20°とし，互換性をもたせるためピッチ円上における歯の肉厚とすき間を等しくし，それぞれの長さをピッチの1/2とする．もちろん基準の状態では法線方向バックラッシュは0である．歯がピッチ円より飛び出ている高さ（歯末のたけ）を m とし，相手の歯末のたけが入ってくる谷部の深さ（歯元のたけ）は m に $0.25m$ のクリアランスをつける．図6.11に示したように標準歯車の諸量をまとめると以下のようになる．

歯先円直径　$(Z+2)m$,　　　歯底円直径　$(Z-2.5)m$,
ピッチ円直径　Zm,　　　　全歯たけ　$2.25m$,
円ピッチ(基準ピッチ)　πm,　基礎円直径　$Zm\cos 20°$,
法線ピッチ　$\pi m \cos 20°$

標準歯車ではピッチ円上の歯の厚さとすき間の長さは等しいから，基礎円歯

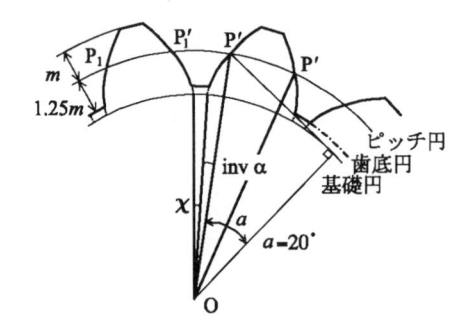

図 6.11 標準歯車

すき間角 χ は図 6.11 より

$$\frac{\pi m}{2} = \frac{(\chi + 2\operatorname{inv}20°)mZ}{2}$$

$$\chi = \frac{\pi}{Z} - 2\operatorname{inv}20° \tag{6.29}$$

となる.

　直径が無限大の歯車の一部をラックといい，その形状を図 6.12 に示す．標準歯車を $C_n = 0$ でかみ合わせると中心間距離は $(Z_1 + Z_2)\,m/2$ で圧力角は $20°$（基準圧力角という）であるが，C_n をつけると中心間距離とかみ合い圧力角は変わる．

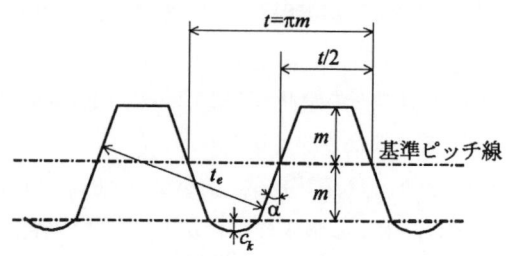

図 6.12 ラックの形状

6.6 かみ合い率とすべり率

　図 6.13 に示すように，歯車 1 と 2 がかみ合っているときを考える．接触点の軌跡は直線であり，それを $T_1 T_2$ とする．$T_1 T_2$ と歯車 2 の歯先円との交点 Q_{k2} からかみ合いが始まり，$T_1 T_2$ と歯車 1 の歯先円との交点 Q_{k1} でかみ合いが終わる．$Q_{k2} Q_{k1}$ の長さをかみ合い長さといい，これを法線ピッチで除した

6.6 かみ合い率とすべり率

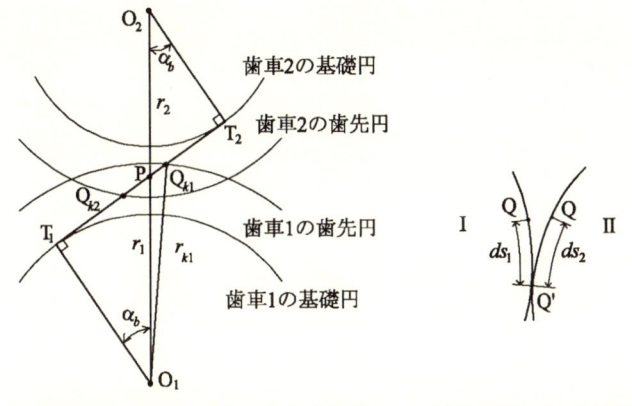

図 6.13 かみあい長さとかみ合い率 **図 6.14** すべり接触

値をかみ合い率という．かみ合い率が $1\sim 2$ であれば 2 枚の歯がかみ合っているときと 1 枚の歯がかみ合っているときがある．ピッチ円の半径をそれぞれ r_1, r_2, 歯末のたけを h_1, h_2 とすると

$$\mathrm{PQ}_{k1} = \sqrt{(r_1+h_1)^2 - r_1^2\cos^2\alpha_b} - r_1\sin\alpha_b \tag{6.30}$$

$$\mathrm{PQ}_{k2} = \sqrt{(r_2+h_2)^2 - r_2^2\cos^2\alpha_b} - r_2\sin\alpha_b \tag{6.31}$$

となる．かみ合い長さは $\mathrm{Q}_{k1}\mathrm{Q}_{k2} = \mathrm{Q}_{k1}\mathrm{P} + \mathrm{PQ}_{k2}$ であり，かみ合い率 ε は

$$\varepsilon = \frac{\mathrm{Q}_{k1}\mathrm{Q}_{k2}}{\pi m \cos\alpha} \tag{6.32}$$

となる．α は歯車の基準圧力角である．滑らかな運動の伝達を行わせるためには通常 ε を $1.2\sim 2.5$ とする．

インボリュート歯車はすべり接触をしている．すべりが大きいと摩耗も大きくなると考えられる．この状態を知るための指標として以下のすべり率を考える．図 6.14 に示すように 2 個の機素が点 Q で接触していたとする．微小時間後に点 Q' で接触していたとし，機素 I の QQ' の長さを ds_1，機素 II 上の QQ' の長さを ds_2 とすると，すべり率を次式で定義する．

$$\sigma_1 = \frac{ds_1 - ds_2}{ds_1}, \quad \sigma_2 = \frac{ds_2 - ds_1}{ds_2} \tag{6.33}$$

式 (6.33) の意味を考えるため，図 6.15 に示すような円板（タイヤ）が地面を転がる例に当てはめてみる．円板を機素 I，地面を機素 II とする．通常は円板と地面にすべりがないのですべり率はどちらも 0 である．急ブレーキをかける

図 6.15　タイヤと地面

図 6.16　歯車のすべり率

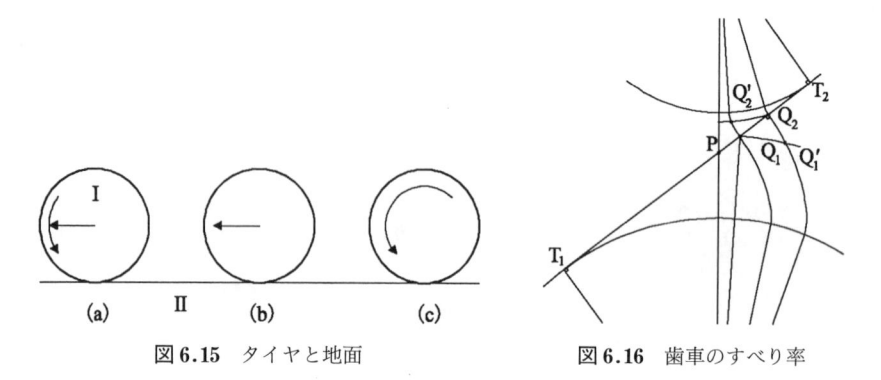

と円板は転がらずに進み，地面にはすべり痕が残る．このとき ds_1 は 0，ds_2 は大きさがあるので，すべり率 σ_1 は $-\infty$，σ_2 は 1 である．また雪道やぬかるみ道のように円板は回転するが進まず雪や泥が掘られてしまう場合，ds_1 は大きさがあるが ds_2 は 0 である．したがって，すべり率 σ_1 は 1，σ_2 は $-\infty$ となる．このようにすべり率で摩耗の程度を知ることができる．

　歯車のすべり率を考える．図 6.16 において，最初 Q_1 で接触していたものが Q_2 になったとする．歯車 I の移動した長さは Q_2Q_1' であり，II のそれは Q_1Q_2' である．したがってすべり率は

$$\sigma_1 = \frac{Q_2Q_1' - Q_1Q_2'}{Q_2Q_1'}, \qquad \sigma_2 = \frac{Q_1Q_2' - Q_2Q_1'}{Q_1Q_2'} \tag{6.34}$$

となる．この長さに該当する個所にインボリュートの長さを当てはめるとインボリュート歯車のすべり率の式を導くことができる（演習問題【6.5】）．

6.7　歯車製作における切下げの問題

　歯車を製作するには，歯車の形をした工具と歯先円の直径をもつ円筒形の素材を 2 個の歯車がかみ合うようにする．このような切削法を創成法という．工具の切り込みを徐々に進めて最終的に素材とかみ合うようにすれば，素材に工具が干渉した個所が切り取られていき，最後に素材は歯車となる．工具は図 6.12 に示したラック形をしたものが多く，ラック形の工具と素材がかみ合うようにして歯切りをする．工具は標準歯車を切削するようになっているから，圧力角は 20°である．これを工具圧力角といい α_c で表す．もちろん切削のとき

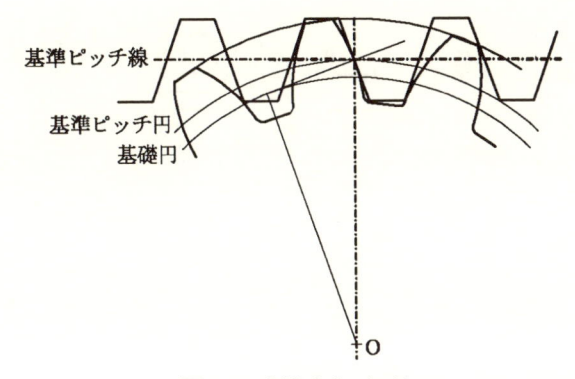

図 6.17 標準歯車の切削

のラックと素材のかみ合いの C_n は 0 である．かみ合いの状態を図 6.17 に示す．ラック形工具の基準ピッチ線と素材の基準ピッチ円が接する状態で，しかもこの線上でラックと素材の速度が同じくなるようにラックを進め素材を回転させると素材の工具にあたった部分が切り取られる．このようにして製作された歯車 2 枚を $C_n=0$ でかみ合わせると，そのときのかみ合い圧力角は工具圧力角と等しい．

　創成法で歯車を製作するときのラック形工具の歯先の位置を考える．歯の先は基準ピッチ線よりモジュール分でており，素材の歯元を切削する．工具の歯の先端（歯先）とインボリュートの始点の位置関係を考えると図 6.18 に示すように 3 通りの場合がある．③の場合のように歯先がインボリュートの始点より外を通る場合は問題ないが，①のように歯先がインボリュートの始点より中心側を通る場合，工具の歯先はインボリュートの始点ばかりでなく更に深く余分に切り取ってしまう．この状態を切下げといい，かみ合い率や歯の強度の点から好ましくない．②と③の間に歯先がくる場合，素材の基礎円の内側も切削されるがインボリュートの始点は切られない．歯先が②の位置となるのは

$$m = Zm\frac{\sin^2 \alpha_c}{2} \tag{6.35}$$

のときであり，

$$Z \geqq \frac{2}{\sin^2 \alpha_c} \tag{6.36}$$

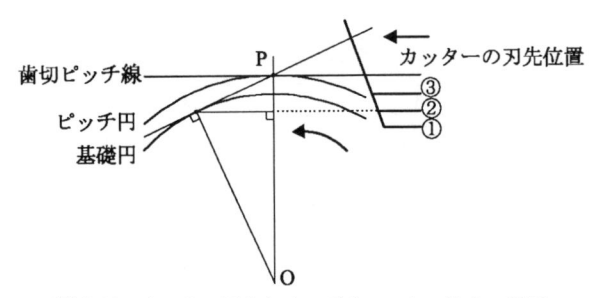

図6.18 カッタの刃先とインボリュートの始点の関係

をみたす歯数では工具の歯先がインボリュートの始点をえぐらない．式(6.35)の α_c に20°を代入すると $Z \fallingdotseq 17.1$ となり，切下げを生じない最小歯数は17枚となる．しかし14枚までは切下げ量もわずかで実用上問題ないとされている．切下げがおこらない限界の歯数をもっと小さくするには

1) 工具の歯末のたけを m より小さくする．
2) 圧力角を大きくする．

ことが式からわかる．

6.8 転位歯車

前節の1)，2)の場合，工具は標準歯車を切削するものでなくなるとともに歯車のかみ合い率も小さくなる．そこで考えられたのは工具の歯先をインボリュートの始点の外を通るようにする切削法である．この切削法を転位歯切法，このように転位して製作された歯車を転位歯車 (profile shifted gears) といい，標準歯車と区別する．図6.18 の①の場合に②か③の状態になるよう工具をずらしインボリュートの始点を切り取らないようにする．

$$m > Zm\frac{\sin^2 \alpha_c}{2}$$

となると切下げがおこるので，右辺に xm を加え，不等号の向きを逆になるようにする．すなわち工具の基準ピッチ線が素材の基準ピッチ円に接する状態より，工具を図6.19のように後退させる方法である．x を転位係数といい，次の条件を満たす転位係数を選べば切下げはおこらない．

$$m \leq Zm\frac{\sin^2 \alpha_c}{2} + xm \tag{6.37}$$

6.8 転位歯車

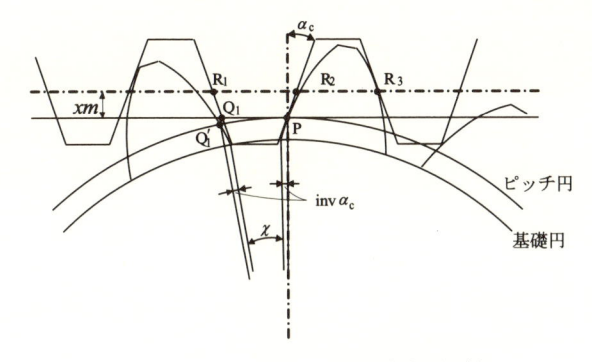

図 6.19 転位歯車の切削

$$x \geq 1 - Z\frac{\sin^2 \alpha_c}{2} \tag{6.38}$$

これは理論上であるが，実用上の最小歯数と転位係数の関係は

$$x \geq (14-Z)/17 \tag{6.39}$$

としてよい．工具を後退させて切削を行うと切下げの問題は解決するが，裏のインボリュートとぶつかり先端がとがってしまうことが起きる．これをとがりの限界といい，とがりの限界を考慮すると最小の歯数は8枚である．

図 6.19 で歯車素材の切削される部分を考える．素材の基準ピッチ円と接する線が歯切りピッチ線となり，この線上での工具の歯厚が素材の基準ピッチ円上のすき間の長さに等しい．したがって，転位歯切法では標準歯車より歯みぞの幅が小さくなる．図より

$$\overline{PQ_1} = \frac{\pi m}{2} - 2xm\tan\alpha_c$$

$$\widehat{PQ'_1} = \frac{Zm}{2}(2\operatorname{inv}\alpha_c + \chi)$$

より

$$\chi = \frac{\pi}{Z} - 2\operatorname{inv}\alpha_c - \frac{4x\tan\alpha_c}{Z} \tag{6.40}$$

を得る．これを式 (6.27) に 1，2 の添字を付けて代入し，2枚の歯車をかみ合わせたときの圧力角 α_b を求める．

$$\operatorname{inv}\alpha_b = \left(2\frac{x_1+x_2}{Z_1+Z_2}\tan\alpha_c + \operatorname{inv}\alpha_c\right) + \frac{C_n}{m(Z_1+Z_2)\cos\alpha_c} \tag{6.41}$$

中心間距離は

$$a = m\frac{Z_1+Z_2}{2}\frac{\cos\alpha_c}{\cos\alpha_b} \tag{6.42}$$

で求まる．この式を

$$a = \frac{Z_1+Z_2}{2}m + ym + \varDelta a \tag{6.43}$$

と表し y を中心距離増加係数という．ただし

$$y = \frac{Z_1+Z_2}{2}\left(\frac{\cos\alpha_c}{\cos\alpha_b} - 1\right) \tag{6.44}$$

である．$\varDelta a$ は C_n による中心距離増加分である．

切下げを防ぐ場合は転位係数を正にとるが（標準状態より工具を後退させる方向），歯数の多い歯車を切るときには，転位係数を負にとり，工具を標準より深く切り込ませることもできる．転位係数の選び方として，

1) 切下げ防止．
2) 一方の歯車を転位し，他方の転位係数は $x_1 + x_2 = 0$ を満たすよう負にとり，中心距離を標準歯車と変わらないようにする．
3) 基礎円上での歯厚を等くし強度的に等しくする．
4) 転位係数を負にとり，中心間距離を小さくする．

などがある．

転位歯車の歯先円，歯底円，歯たけは歯先円から決める方法と歯底円から決める方法がある[26]．

1) 歯先円から決める．両歯車とも次式で求める．

　　歯先円半径：$r_k = mZ/2 + m + xm$ 　　　　(6.45)
　　歯底円半径：$r_d = r_k - 2.25m$ 　　　　　　(6.46)
　　歯たけ　　：$2.25m$ 　　　　　　　　　　　(6.47)

2) 歯底円から決める．

　　歯底円半径：$r_{d1} = m(Z_1/2 - 1.25 + x_1)$
　　　　　　　$r_{d2} = m(Z_2/2 - 1.25 + x_2)$ 　(6.48)
　　歯先円半径：$r_{k1} = a - (r_{d2} - 0.25m)$
　　　　　　　$r_{k2} = a - (r_{d1} - 0.25m)$ 　　(6.49)

である．

6.9 平歯車の強度

　歯車の強さは，歯の曲げ強さと面圧強さの二つについて考慮する．これら二つの値に大きい違いがあるが，いずれを採用するかは使用条件や材料によって決める．たとえば大きな負荷で長時間連続運転するような場合や，調質された歯車は摩耗について吟味しておかなければならないので，面圧強さから考える．表面硬化された材料の歯車は摩耗についての考慮をあまり必要としないので曲げ強さから計算する．鋼製標準歯車の曲げ強さ，面圧強さの計算法を示す．

（１）　歯車の曲げ強さ計算法

　以下は鋼製標準寸法歯車でモジュール 1.5〜6，ピッチ円直径 30〜400 mm の歯車を対象に考えている．歯車歯面の形状は複雑であるから，簡単なモデルに置き換えて考える．一般には歯先を図 6.20 のように，歯形に内接する放物線でモデル化する方法や，ほかに，単純に内接する三角形で考える方法がある．ここでは，古くから用いられ比較的大きな曲げ応力を考慮することになるルイス (Lewis) の方法について説明する．

　まず，1 枚の歯に全負荷 F_n が作用すると仮定する．この負荷が，前述のように歯形曲線に内接する放物線 BAC 状のはりに作用すると考える．このとき，はりは一様強さのはりと考えることができるので，歯全体の曲げ強さを直線 BC 上で考える．圧力角 α とすれば，はりに曲げを生じさせる力は次式となる．

$$F = F_n \cos \alpha$$

負荷 F が放物線の頂点 A に作用すれば，直線 BC 上に作用する曲げモーメント M は次式となる．

$$M = Fl$$

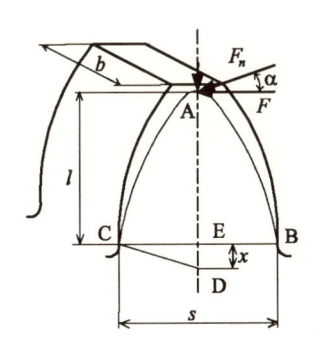

図 6.20　歯の曲げ強度

また，直線 BC を含むはりの断面は，高さ s，幅 b の長方形であるので，断面係数 Z_{BC} は次式となる．

$$Z_{BC} = \frac{bs^2}{6}$$

よって，曲げによって直線 BC 上に生じる応力を σ_b とすれば次式が成り立つ．

$$F = \sigma_b \frac{bs^2}{6l} \tag{6.50}$$

式 (6.50) で歯の曲げに対する強度を把握することは可能であるが，図中の l や s を種々の歯に関して求めることは効率的でない．そこで，歯の代表的な寸法であるピッチ t との関係を求めておく．

標準平歯車においてはピッチ t と l および s の大きさは比例する．比例定数を ζ，η として，次式で t と l，s の関係を表す．

$$s = \zeta t, \qquad l = \eta t$$

また幾何学的関係より $\overline{\mathrm{EC}}^2 = \overline{\mathrm{ED}} \cdot \overline{\mathrm{EA}}$ であるから次式が導かれる．

$$s^2 = 4x\eta t = 4xl$$

これを式 (6.50) に代入して整理すると次式を得る．

$$F = \sigma_b b t y \tag{6.51}$$

ここで，$y = 2x/(3t)$ である．

y は歯形係数と呼ばれている．式 (6.51) の関係式は歯車に静的な負荷が作用するとして導かれたものである．実際には，歯車は負荷が激しく変動するなどさまざまな条件下で使用される．そこで式 (6.51) に速度，精度による速度係数 f_v，負荷の状態による影響を f_a，かみ合い係数 f_ε を考慮し，曲げに対する歯車の強度を検討する式として用いている．この式をルイス (Lewis) の式と呼んでいる．

平歯車のピッチ円上に作用する許容接線方向荷重 F_b とすると F_b は次式で計算する．

$$F_b = \sigma_b t b y f_v f_a f_\varepsilon = \sigma_k m b \pi y \tag{6.52}$$

σ_b：歯車材料の許容繰返し曲げ応力 (表 6.2)　　$\sigma_k : f_v f_a f_\varepsilon \sigma_b$

m：モジュール　b：歯幅　t：円ピッチ

y：歯形係数で表 6.3 に πy の値を示す

6.9 平歯車の強度

表6.2 歯車材料の許容曲げ応力

種類	JIS	許容繰返曲げ応力 σ_b [MPa]
鋳鉄	FC 250	90
	FC 300	110
	FC 350	130
鋳鋼	SC 410	120
	SC 450	190
	SC 480	200
機械構造用炭素鋼	S 25 C	210
	S 35 C	260
	S 45 C	300
ニッケルクロム鋼	SNC 236	350〜400
	SNC 631	400〜600
	SNC 836	400〜600
砲金		>50
りん青銅（鋳物）		50〜70
ニッケル青銅（鋳物）		200〜300

(参考文献 9) p150 より抜粋)

表6.3 標準平歯車の歯形係数(圧力角 20°)

歯数 Z	πy	歯数 Z	πy
12	0.245	28	0.352
13	0.261	30	0.358
14	0.276	34	0.371
15	0.289	38	0.383
16	0.295	43	0.396
17	0.302	50	0.408
18	0.308	60	0.421
19	0.314	75	0.434
20	0.32	100	0.446
22	0.33	150	0.459
24	0.336	300	0.471
26	0.345	ラック	0.484

表6.4 運転係数(電動機)

原動側の衝撃	被動力側からの衝撃		
	均一負荷	中程度の衝撃	激しい衝撃
均一荷重	1	0.8	0.57
中程度の衝撃荷重	0.8	0.67	0.5
激しい衝撃荷重	0.67	0.57	0.44

f_a：運転係数（表 6.4）　f_ε：かみ合い係数で普通 1 とする
f_v：速度係数，その値をピッチ円周速度 v を m/s で表し次式で決める．

　　　0.5〜20　　普通精度の歯車　　$3/(3+v)$
　　　6〜20　　　高精度の歯車　　　$6/(6+v)$
　　　$v>20$　　　研削歯車　　　　　$5.5/(5.5+\sqrt{v})$

（2）歯車歯面強さ計算

歯車どうしの接触による歯面の圧縮強さに対する検討はヘルツによる円柱どうしの接触応力に関する理論式を用いる．図 6.21 に示す力 F_N で押し付け合う円柱の接触により接触面に生じる応力 σ_c はヘルツの理論（第 5 章，式 (5.22) 参照）より次式で表される．

$$\sigma_c = \sqrt{\frac{1}{\pi}\frac{F_N}{b}\left(\frac{1}{r_1}+\frac{1}{r_2}\right) \bigg/ \left(\frac{1-\nu_1^2}{E_1}+\frac{1-\nu_2^2}{E_2}\right)}$$

図 6.21 の円柱と，図 6.22 の歯車との対応を考えれば

$$r_i = (D_i/2)\sin\alpha = (Z_i m/2)\sin\alpha$$
$$F_N = F_n = F/\cos\alpha$$

よって

$$F = \frac{\pi \sigma_c^2 \sin 2\alpha}{8} mb \frac{2Z_1 Z_2}{Z_1+Z_2}\left(\frac{1-\nu_1^2}{E_1}+\frac{1-\nu_2^2}{E_2}\right) \tag{6.53}$$

ここで歯車が鋼製であることを考慮して，ポアソン比 ν をいずれも 0.3 とし，

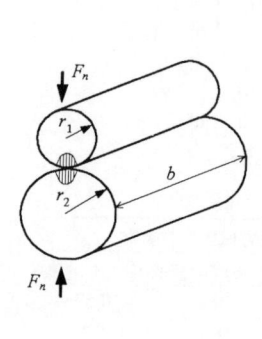

図 6.21　円柱同士の接触応力　　　図 6.22　歯形の曲率

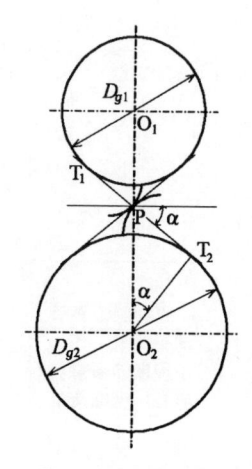

さらに曲げの場合と同じように速度係数，かみ合い係数を考慮に入れると次式を得る．

$$F = f_v f_\varepsilon \frac{\sigma_c^2 \sin 2\alpha}{2.8} mb \frac{2Z_1 Z_2}{Z_1 + Z_2} \left(\frac{1}{E_1} + \frac{1}{E_2} \right) \qquad (6.54)$$

この式をさらに整理すれば次式を得る．次式はヘルツ (Hertz) の式と呼ばれ，歯面の圧縮強さに関する強度設計のための式としてよく使用される．

$$F_c = f_v f_\varepsilon k b d_{01} \frac{2Z_2}{Z_1 + Z_2} \qquad (6.55)$$

なお，

$$k = \frac{\sigma_c^2 \sin 2\alpha}{2.8} \left(\frac{1}{E_1} + \frac{1}{E_2} \right) \qquad (6.56)$$

k：圧力角と材質によって決まる定数で比応力係数（触面応力係数ともいう）といい，その値を表 6.5 に示す．

f_v：速度係数　f_ε：かみ合い係数　b：歯幅

表6.5　歯車材料の許容接触応力と比応力係数

歯　車　材　料		σ_c	k
小歯車(硬さHB)　大歯車(硬さHB)		[MPa]	[MPa]
鋼　　(200)	鋼　　(200)	490	0.53
(250)	(200)	560	0.69
(300)	(200)	630	0.86
鋼　　(250)	鋼　　(250)	630	0.86
(300)	(250)	700	1.07
(350)	(250)	770	1.3
鋼　　(300)	鋼　　(300)	770	1.3
(350)	(300)	840	1.54
(400)	(300)	880	1.68
鋼　　(350)	鋼　　(350)	910	1.82
(400)	(350)	990	2.1
(450)	(350)	1020	2.26
鋼　　(400)	鋼　　(400)	1200	3.11
(500)	(400)	1230	3.29
(600)	(400)	1270	3.48
鋼　　(500)	鋼　　(500)	1340	3.89
(600)	(600)	1620	5.69
鋼　　(150)	鋳　鉄	350	0.39
(200)		490	0.79
(250)		630	1.3
(300)		650	1.39
鋳　鉄	鋳　鉄	630	1.88

(参考文献 9) p152 より抜粋)

Z_1：小歯車の歯数　　d_{01}：小歯車のピッチ円直径
Z_2：大歯車の歯数

以上，導かれたルイスおよびヘルツの式を用い，より安全側となるように歯車の強度設計を行うとよい．なお，大歯車と小歯車をかみ合わせる場合，一般には小歯車の方が強度的に弱いので小歯車に注目して強度設計を行う．また，小歯車の歯幅を厚くするなど工夫を行ってもよい．

例題 6.2

下記のモジュール $m=6$，$b=50$ mm の標準歯車対で，伝達できる動力はいくらか．曲げ強さと面圧強さから計算せよ．

　　小歯車　S35C (HB 200)，歯数 18，毎分回転数 200
　　大歯車　FC250，歯数 49

解

（1）曲げ強さから回転力を求める．
まず，小歯車に関して検討する．周速度は

$$v=\frac{\pi m Z_1 n_1}{1000\times 60}=\frac{3.14\times 6\times 18\times 200}{1000\times 60}=1.13 \text{ m/s}$$

$$f_v=\frac{3}{3+v}=0.73,\ \pi y=0.308,\ \sigma_b=260 \text{ MPa}$$

ここで，運転係数は 0.8 とする．

$$F_b=0.73\times 0.8\times 260\times 50\times 6\times 0.308=14000 \text{ N}$$

次に，大歯車について求める．

$$\pi y=0.406,\ \sigma_b=90 \text{ MPa}$$

$$F_b=0.73\times 0.8\times 90\times 50\times 6\times 0.406=6400 \text{ N}$$

数式に数値を代入するにあたって，応力の単位を [MPa]，モジュール，歯幅の単位を [mm] で表すと 10^6 と 10^{-6} が相殺され，計算が簡単になる．

（2）回転力を面圧強さから求める．
比応力係数 k は表 6.5 より 0.79 MPa

$$F_c=0.73\times 0.8\times 0.79\times 50\times 6\times 49\times \frac{2\times 18}{18+49}=3640 \text{ N}$$

したがって伝達可能動力 P は

$$3640\times 1.13/1000=4.11 \text{ kW}$$

となる．

6.10 平歯車各部の設計[27]

歯車の直径が 200 mm 以下の場合は全体を一様な厚さの円板状にするが，大きな鋳鉄製の歯車ではリム，アーム，ボスの各部分を設ける．その寸法は基準ピッチ円と軸径を基にして決める．歯車各部の寸法割合を図 6.23 に示す．

これらの寸法は目安であり，ほかの寸法との兼ね合い，加工精度を考慮して決めると良い．一般に最も広く用いられているピッチ円直径 30 〜 400 mm のものについて図 6.24 に示す．

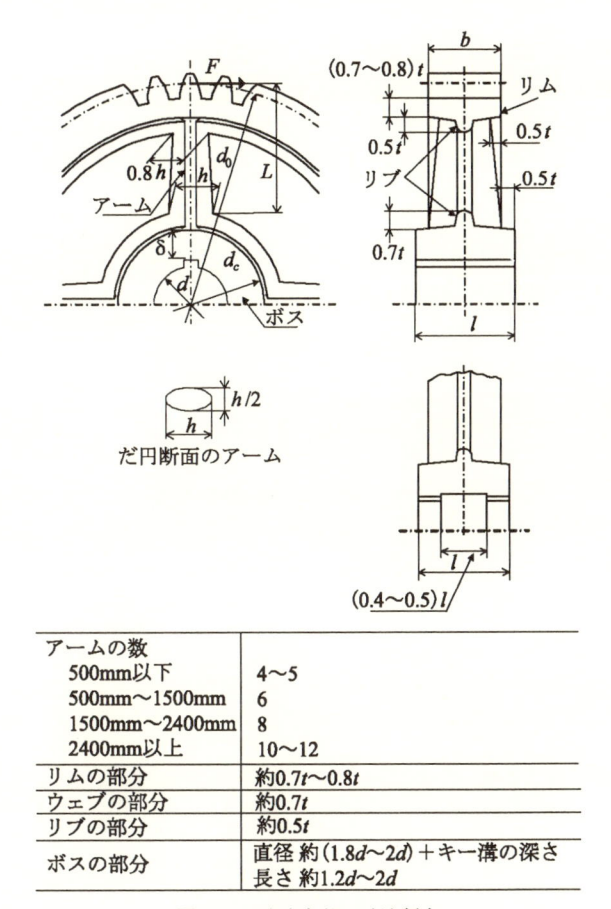

アームの数	
500mm以下	4〜5
500mm〜1500mm	6
1500mm〜2400mm	8
2400mm以上	10〜12
リムの部分	約0.7t〜0.8t
ウェブの部分	約0.7t
リブの部分	約0.5t
ボスの部分	直径 約($1.8d$〜$2d$)＋キー溝の深さ 長さ 約$1.2d$〜$2d$

図 6.23 歯車各部の寸法割合

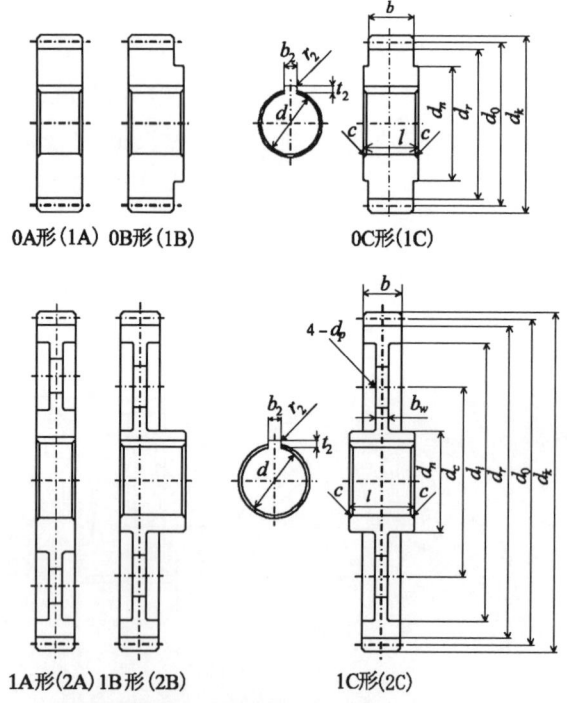

0A形(1A)　0B形(1B)　　0C形(1C)

1A形(2A)　1B形(2B)　　1C形(2C)

かっこ内は　はすば歯車の形を示す
リム内径 d_i は　$d_i = d_r - 2l_w$
ただし, d_r =歯底円直径 (mm), l_w =リム厚さ (mm)

図6.24　標準寸法歯車

例題6.3

原軸のトルク125 Nm, 速度比 $i = 1/4$, 小歯車の材質S45C, 大歯車はFC250とし, 曲げ強さからこれらの歯車を設計せよ. それぞれの軸径は30 mm, 48 mm, $f_v f_a = 0.7$ とする.

解

モジュールを材質の弱い大歯車から求める. 小歯車の歯数を16, ピッチ円直径を d_1 とすると大歯車の歯数は64, ピッチ円直径 $d_2 = 4d_1$ となる. ルイスの式に歯幅を $b = 10m$ を入れ, $F_b \dfrac{d_1}{2} = 125 \times 10^3$ Nmm を用いて書き改めれば

$$F_b d_2 = 7 \times \sigma_b m^3 \pi y Z_2 \times 10^{-6} = 125 \times 2 \times 4 \times 10^3 \text{ Nmm}$$

ここでFC250 の σ_b を90 MPaとし, $\pi y = 0.424$ とする.

$$m = \sqrt[3]{\frac{F_b d_2}{7\sigma_b \pi y Z_2 \times 10^{-6}}} = 3.88$$

よりモジュール 4 とする．大歯車の寸法を計算する．

　小歯車のピッチ円直径は 64 mm，大歯車のピッチ円直径は 256 mm，リムは $0.8\times 4\pi = 10.05$ より 11 mm，リブの高さは $0.5t = 6.3$ より 6 mm，ボスの長さは $1.2\times 48 = 57.6$ より 60 mm，キー溝深さは呼び 14×9 とすると 3.8 mm，ボスの直径は $2d+3.8 = 100$ mm，リブの高さは $0.7t = 8.8$ より 9 mm となる．N をアーム本数として $N/4$ 本のアームで回転力を支えると考える．アームのボス側断面にかかる曲げモーメント $FL = \frac{N}{4}\sigma\frac{h^3}{20}$ より h を求める．アームの本数は 4 本でだ円形とする．だ円の断面係数は約 $h^3/20$ であり，図 6.23 の $F = 125000/128 = 980$ N，$L = 73$ mm，$\sigma = 21$ N/mm² を入れると $h = 25.1$ mm となり，余裕をもって 32 mm とする．

6.11　はすば，やまば歯車

　図 6.25 に示すように歯すじをつるまき線状に β 傾けてとりつけた円筒歯車をはすば歯車という．傾き角 β をねじれ角という．図の点 P で歯に直角に切断すれば切り口はだ円となり，点 P の付近を局所的にみれば，曲率半径 R の仮想円に歯形がついていると考えることができる．このときの仮想歯数を相当平歯車歯数 Z_v といい，歯形の強度計算などのとき用いる．Z_v を計算するには，まず曲率半径 R を求め，この円周を円ピッチで除する．このときのモジュール，ピッチは歯に対して直角方向であるから歯直角モジュール，歯直角ピッチという．このように歯に対して直角の方向にみていく方式を歯直角方式という．

　これに対してはすば歯車を軸に直角な平面で切断すれば普通の平歯車であり，この厚さの薄い平歯車の歯を少しずつずれたものが集まった段付歯車であり，

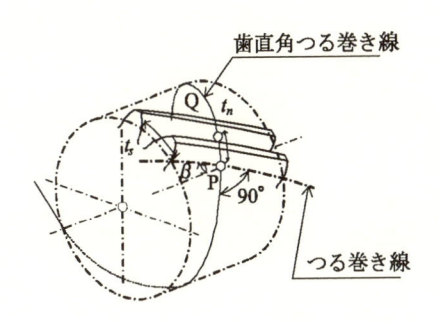

図 6.25　はすば歯車

この段を無限に多くしたものが，はすば歯車であると考えることもできる．このように考えたときのモジュール，ピッチを正面モジュール，正面ピッチといい，この方式を軸直角方式という．軸直角方式で歯切りを行う場合，専用の機械を用いるのに対し，歯直角方式では普通のラック形工具やホブを用いて歯切りができるので多くは歯直角方式が採用されている．

軸直角ピッチ t_n と正面ピッチ t_s の関係は，

$$t_n = t_s \cos \beta \tag{6.57}$$

軸直角モジュール m_n，正面モジュール m_s は

$$m_n = m_s \cos \beta \tag{6.58}$$

となる．R は，軸に直角な円筒のピッチ半径を r とすると，$R = r/\cos^2 \beta$，$Z = 2r/m_s$ と式 (6.58) から，歯数を Z とすると相当平歯車歯数 Z_v は

$$Z_v = \frac{2R}{m_n} = \frac{Z}{\cos^3 \beta} \tag{6.59}$$

となる．

歯に対する強度計算は，平歯車の強度計算の式を近似的に適用する．歯面に直角方向に働く力を考え，歯数は Z_v とする．

$$\frac{F}{\cos \beta} = \sigma_b f_v f_a f_\varepsilon m_n y_n \frac{b}{\cos \beta} \tag{6.60}$$

両辺に $\cos \beta$ を乗ずると平歯車の式と同じになる．

ただし，σ_b：歯車材料の許容繰返し曲げ応力

m_n：歯直角モジュール　　b：歯幅

y_n：Z_v の歯形係数　　f_a：運転係数

f_v：かみ合い係数で普通 1 とする　　f_b：速度係数．

面圧強さの式は同様に

$$F_c = f_v f_\varepsilon k b \frac{d_{01}}{\cos^2 \beta} \left(\frac{2Z_2}{Z_1 + Z_2} \right) \tag{6.61}$$

となる．

6.12 かさ歯車

交わる二軸の間に回転を伝える場合，交点を頂点とする円すい台を摩擦接触させればよい．この円すいをピッチ円すいとして頂点を通る直線に沿って凹凸

6.12 かさ歯車　137

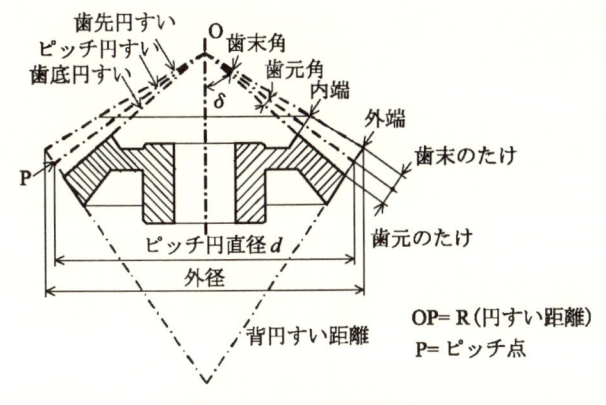

図6.26 かさ歯車の名称

の歯をつけたものがすぐ歯かさ歯車である．すぐ歯かさ歯車の各部の名称を図6.26に示す．かさ歯車の歯形，ピッチ円およびモジュールは歯車の外端であらわす．ピッチ円直径を d，モジュールを m，歯数 Z とすると $d=mZ$ である．図6.27に示すように，背円すい距離をピッチ円半径 $d_v/2$ とする平歯車を考えると $d_v=d/\cos\delta=mZ/\cos\delta$ となるから m をそのままとし歯数を

$$Z_v = Z/\cos\delta \tag{6.62}$$

と考える．この Z_v をかさ歯車の相当平歯車歯数とする．δ が 90° のとき Z_v

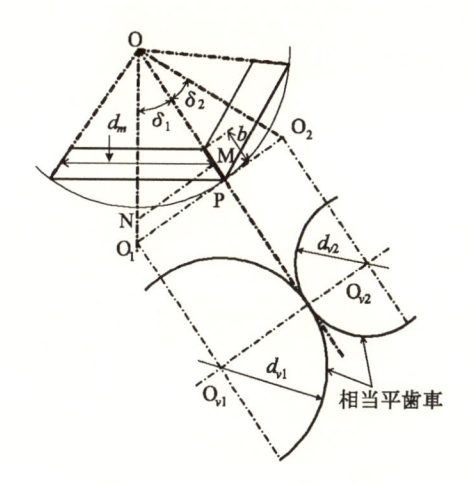

図6.27 かさ歯車の相当平歯車

は∞となり，平歯車でのラックに相当する．この歯車を冠歯車という．

かさ歯車の強度を考える場合は負荷の作用点を歯幅の中央にとるのが普通である．歯幅の中央点をMとすると，Mにおける背円すいの中心はNとなり，$2\overline{MN}$が相当平歯車のピッチ円直径d_{mv}となる．かさ歯車の強度計算にはこの相当平歯車に計算を適用する．歯中央のピッチ円直径d_mは次式で求める．

$$d_m = d - b\sin\delta, \qquad d_{mv} = d_m/\cos\delta \qquad (6.63)$$

歯の曲げ強さはルイスの式にしたがって，

$$F = \pi b m_m \sigma_b y \qquad (6.64)$$

である．ここで，$m_m = d_{mv}/Z_v = dm/Z$，yはZ_vの歯形係数である．歯幅bはRの$1/3 \sim 1/4$にする．

すぐ歯かさ車のピッチ円上の周速度は最大で300 mm/minまでとし，これ以上の場合はまがり歯かさ歯車を用いる．

6.13 ウォームギヤ

ねじの形をした円筒状の歯車をウォーム，これとかみ合う歯車をウォームホイールという．二つをまとめてウォームギヤと呼んでいる．ウォームの条数をn，ウォームホイールの歯数をZとすると，ウォームホイールの回転数はウォームの回転数のn/Zに減速されたものとなる．このようにウォームギヤでは一段で大きな減速比を得られるとともに逆転止めにもなる特長があるが，効率が悪くなることもあるので注意を要する．

ウォームギアを用いる場合は大きな減速比を一段で，しかも直交する二軸に動力を伝達したいときである．ウォームギヤの寸法は二軸の中心距離など目的によって自由に決めることができる．しかし製作や使用の便利さを考えて，一般に伝動用として用いられる円筒ウォームギヤの寸法は，JIS B 1723で軸方向モジュール1〜25 mm，中心距離40〜500 mmのものについて規定している．円筒ウォームのねじ面には四種類があるが，そのうち1，2，3形の三種の形状について述べる．

（1）円筒ウォームギヤの形状（図6.28）

$d_1 = Qm$，$d_2' = 2a - d_1$，$d_2 = Z_2 m$，d_2'とd_2が等しくない場合，$d_2' - d_2 = 2xm$としxを転位係数と呼んでいる．mは軸直角モジュール，d_1，d_2はウォ

6.13 ウォームギヤ

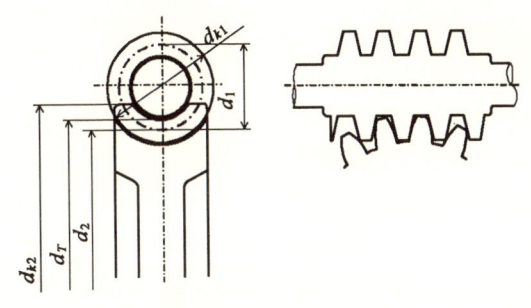

図6.28 ウォームギヤ

ームおよびウォームホイールの基準ピッチ円直径，d_2' はホイールのかみ合いピッチ円直径，Q は直径係数，a は中心距離，Z_2 はホイールの歯数である．進み角は $\tan\gamma = n/Q$ である．m と Q の値を表6.6に示す．

  ウォームの歯先円直径：$d_{k1} = d_1 + 2m$
  ウォームの長さ ：$l = 4.5\,\pi m$
  ウォームホイール
   のど円直径 ：$d_2 + 2xm + 2m$
   歯先円直径 ：$d_2 + 2xm + 3.5m$
   歯底円直径 ：$d_2 + 2xm - 2.4m$
   歯幅   ：$b_2 = \sqrt{7Q - 12.25}$

表6.6 軸方向モジュールの標準値と Q の値
(JIS B 1723 より)

m	Q	m	Q	m	Q
1	16	3.15	11.27	10	9
1.25	14.4	4	11.25	12.5	8.96
1.6	14	5	11.2	16	8.75
2	12.5	6.3	10	20	8
2.5	12.6	8	10	25	8

（2）ウォームホイールの許容荷重

 歯当たりをよくするためウォームホイールには軟質の材料を用いるので，歯の強さについてはウォームホイールの歯について考え，その曲げ強さの計算についてははすば歯車と同様に考える．一般産業用に使用される円筒ウォームギヤの許容荷重について，式が最も簡単なバッキンガムの式について述べる．

歯の曲げ強さは次式で計算する．

$$F_d = \sigma_b t_n b_2 y \tag{6.65}$$

F_d：円周方向にかかる荷重 [N]

σ_b：許容曲げ応力 [MPa]，[N/mm²] と同じ

t_n：歯直角ピッチ [mm]

b_2：ウォームホイールの歯幅 [mm]

y：歯形係数 0.125（圧力角 20°），0.15（25°），0.175（30°）

歯面の強さ

$$F_d = d_2 b_e K \tag{6.66}$$

d_2：ホイールのピッチ円直径 [mm]　b_e：有効歯幅 [mm]

K：耐摩耗係数 [MPa]（表 6.7），[N/mm²] と同じ

表 6.7　ウォームホイールの許容曲げ応力と耐摩耗係数

ウォームホイール（σ_b）	ウォーム	K [MPa]
りん青銅（167MPa）	鋼（HB250）	0.4
りん青銅砂型鋳物	焼入れ鋼	0.55
りん青銅鍛造品	焼入れ鋼	0.83
鋳鉄（83MPa）	焼入れ鋼	0.2
合成樹脂（29MPa）	鋼（HB250）	0.44

(参考文献14) B1-125より抜粋)

演習問題

【6.1】 図 6.29 のように半径 60 mm の円に 2 点 S_1，S_2 をとり，それぞれを始点とする相対するインボリュートを描き，交点を Q とする．∠$S_1 O S_2$ が 20° のとき OQ の長さを求めよ．また半径 70 mm の円とインボリュートの交点を P_1，P_2 とするとき円弧 P_1，P_2 の長さを求めよ．

【6.2】 モジュール m が 4 で歯数 Z_1 が 24 と Z_2 が 36 の標準歯車がかみ合っている．各々のピッチ円半径，中心間距離はいくらか．いま，中心間距離を 1 mm 増加させると，かみ合い圧力角は何度になるか．そのときのかみ合いピッチ円半径はいくらになるか．

【6.3】 モジュール 8，歯数 18 の標準歯車がある．図 6.30 における以下の諸量を求めよ．

① OP_2，　② OG_2，　③ $\overparen{P_2 P_3}$，　④ ∠$P_2 O P_3$，

⑤ ∠$G_2 O P_2$，　⑥ ∠$G_2 O G_3$，　⑦ OK_1，　⑧ ∠$K_1 O T_2$

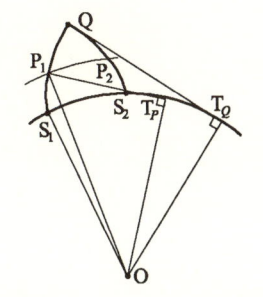

図 6.29 インボリュート歯形
の半径と歯厚

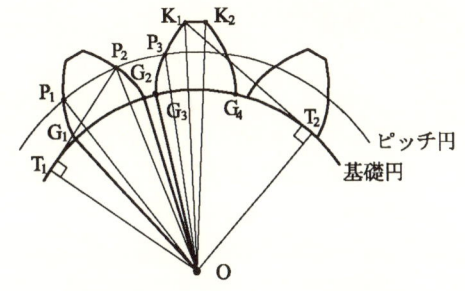

図 6.30 インボリュート歯形の歯厚

⑨ $\angle K_1OG_3$，　⑩ $\angle G_1OG_2$，　⑪ $\angle K_1OK_2$，　⑫ $\widehat{K_1K_2}$

【6.4】 歯数 Z_1 と Z_2 の標準歯車がかみ合っている．かみ合い率を求める式を導け．

【6.5】 図 6.31 において，点 Q_1 で接触していた歯車 1 が $d\theta_1$，歯車 2 が $d\theta_2$ 回転して，接触点が Q_2 に移動した．点 Q_1 は Q_1' に移動したから，すべりの長さは Q_2Q_1' である．以下（ ）に適切な記号を入れよ．（ただし $r_g, \theta, \beta, \alpha, y$ を用いたもの）

① $G_1G_1' = Q_1Q_2 = ($ ・ $)$　　② $\angle Q_1'Q_1Q_2 = ($ $)$

③ $Q_2Q_1' = Q_1Q_2 \tan($ $)$　　④ $= ($ ・ $) \cdot \tan($ $)$

⑤ $T_1Q_1/r_{g1} = \tan($ $)$　　⑥ ④と⑤より tan を消去すると

$\qquad\qquad\qquad\qquad Q_2Q_1' = ($ $) \cdot T_1Q_1$

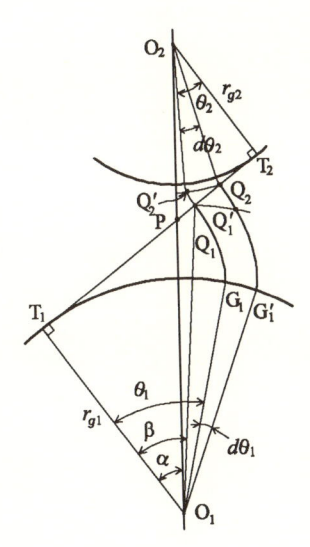

図 6.31 インボリュート歯形のすべり率

⑦ $PQ_1 = y$ とおくと

$T_1Q_1 = T_1P + y = (\quad \cdot \quad) + y$

⑧ 同様に $Q_1T_2 = (\quad \cdot \quad) - y$

$Q_2'Q_1 = (\quad) \cdot T_2Q_1$ となり，回転の関係から

⑨ $r_{g1} \cdot (\quad) = r_{g2} \cdot (\quad)$ が成立つ

⑩ すべり率を次式として σ_1，σ_2' を求めよ．

$\sigma_1 = (Q_2Q_1' - Q_2'Q_1)/Q_2Q_1'$

$\sigma_2' = (Q_2'Q_1 - Q_2Q_1')/Q_2'Q_1$

【6.6】 直交する二軸にかさ歯車で動力を伝達したい．かさ歯車は圧力角 20°，モジュール m は 3，歯幅は 16 mm，歯数は I が 20，II が 30 である．材料は S45C で歯車 I の回転数は 600 rpm である．以下の問に答えよ．
① ピッチ円直径 d_1, d_2　② ピッチ円すい角 δ_1, δ_2　③ 円すい距離 R
④ 相当平歯車歯数 Z_1, Z_2　⑤ 伝達動力を歯の曲げ強さから求めよ．

【6.7】 中心距離 40 mm のウォームギヤでウォームの軸直角モジュール $m = 1.25$，条数 2 で歯数比は 1/25 である．ウォームのピッチ円直径，歯先円直径と転位係数，ウォームホイールのピッチ円直径，のど円直径，歯先円直径，歯底円直径，歯幅を求めよ．

第7章
リンクおよびカム機構

　リンク機構(linkage mechanism)，カム機構(cam mechanism)は，等速な運動を不等速な運動に変換する代表的な不等速運動機構(nonuniform motion mechanism)であり，制御が容易なアクチュエータの普及が進んだ現在においても，確動性の高さ，製作費削減などの観点からしばしば用いられる．リンク，カム機構の設計は，複雑な機構学の知識を必要とし，ときとして設計者のアイディアを要するが，本章では，単純なリンク，カム機構に注目し，設計の全体像および要点を説明する．

7.1 リンク機構
7.1.1 リンク機構の概要

　リンク機構は，その単純な構造にもかかわらず，入力変位の拡大・縮小出力，また入出力運動が特定の関数関係を満たす不等速運動，間欠運動の創成，さらに，機械に有用な，曲線，直線など，さまざまな軌跡の出力が可能な，古くから利用されているメカニズムである．

　図7.1に簡単なリンク機構を示す．直線部は節(link)と呼ばれる棒状の剛体であり，〇で示された対偶(pair)と呼ばれる関節部分で連結される．対偶に

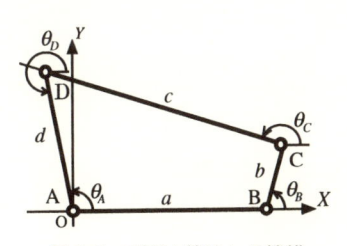

図7.1　平面4節リンク機構

おいて節どうしは互いに回転運動などが可能である．図7.1の機構では節AB を固定し，節BCを点B周りに回転させて，節ADに生じる運動または節 CD上の軌跡を出力として利用する．ここで，節ABを静止節(fixed link)， 静止節に連結されている節BCおよび節ADを腕節(arm)，静止節に連結さ れない節CDを中間節(coupler)と呼び，さらに，入力運動が与えられる腕節 BCを入力節(input link)または原動節(driving link)，もう一方の腕節ADを 出力節(output link)と呼ぶ．

リンク機構を構成する節，対偶の数はさまざまであり，通常，n本の節で構 成されるリンク機構をn節リンク機構(n-bar linkage mechanism)と呼ぶ． また，機構の運動が，平面内に限定される機構を平面リンク機構(planar linkage mechanism)，三次元空間内において行われる機構を空間リンク機構 (spatial linkage mechanism)と呼ぶ．図7.1の機構は，リンク機構として最 も単純で代表的な平面4節リンク機構である．

7.1.2 対　偶

前述のように，リンク機構は剛体とみなせる節(リンク)を対偶で連結して 構成される．対偶とは，ある剛体と他の剛体が相対的に運動が可能な接触部分 を介して連結された組み合わせを指す．図7.2に基本的な対偶の例を挙げる． 図7.2(a)，(b)および(c)は，回転対偶(revolute pair)，直進対偶(prismatic pair)およびねじ対偶(screw pair)であり，それぞれ面接触を利用した 相対運動として，一方向の回転，直進およびらせん運動を可能とする．

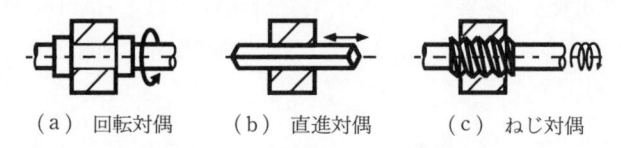

（a）回転対偶　　（b）直進対偶　　（c）ねじ対偶

図7.2　基本的な一自由度対偶

7.1.3　機構の自由度

ある剛体の位置・姿勢，または運動が，いくつかの独立な変数で表される場 合，その変数の数を自由度(degree of freedom)と呼ぶ．図7.2で示した対偶 はいずれも一自由度対偶である．また，図7.1に示した平面4節リンク機構の

出力運動は，通常，入力値となる節 BC の回転角を変数として表される．したがって，平面 4 節リンク機構は一自由度の機構である．

機構の自由度を知るための簡便式としては，次式が用いられる．

$$G = M(N-1) - \sum_{m=1}^{M-1}(M-m)j_m \tag{7.1}$$

ここで，G は機構の自由度，N は節の総数，M は，通常，空間機構で 6，平面機構では 3 である定数，m は用いられる対偶の自由度であり，j_m は自由度が m である対偶の総数である．上式はグリューブラー (Grübler) の式と呼ばれ，以下のように導かれる．

空間または平面内において N 個の剛体，すなわち節で構成される機構を考える．機構として用いるために，いずれかの節は固定する．もし，ほかの $(N-1)$ 個の節が互いに独立であれば自由度の総数は $M(N-1)$ である．これらの剛体を自由度 m である j_m 個の対偶で連結すれば，自由度の総和は $\sum_{m=1}^{5}(M-m)j_m$ だけ減少する．以上の考察より機構の自由度を求めれば式 (7.1) となる．なお，以下の例題に示すように M を 3 または 6 とするグリューブラーの式では自由度が求められない機構も存在する．

したがって，グリューブラーの式で機構の自由度を検討する場合は，対象とする機構のモデルなどにより実際の運動を確認する必要がある．

例題 7.1

○で示す一自由度回転対偶で連結された図 7.3 の機構の自由度をグリューブラーの式より求め，実際の自由度と比較・検討せよ．なお，節 AB，CD および EF は互いに平行とする．

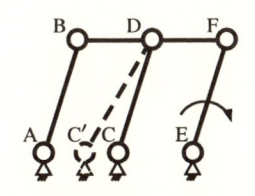

図 7.3　特殊条件で運動するリンク機構

解

節の数 N は図の太線部および静止節の数より 5 となり，一自由度の回転対偶の数が 6 であることからグリューブラーの式より

$$G = M(N-1) - \sum_{m=1}^{M-1}(M-m)j_m = 3(5-1) - 6(3-1) = 0 \tag{7.2}$$

したがって，図の機構は運動不可能である．しかし，実際には節 AB，CD および EF は互いに平行であることにより，一自由度の運動が可能となっている．たとえば点 C の位置を移動させ C′ とし，幾何学的条件を取り除けば，式が表すとおりに運動が不可能になる．

7.1.4 リンク機構の主な使用目的

リンク機構はその使用目的に応じて関数創成機構 (function generate mechanism) および経路創成機構 (path generate mechanism) に分類される．関数創成機構は，入力節の等速回転運動などに対する出力節対偶部の軸 (図 7.1 では点 A) の回転運動が所要の関数関係を満たす機構であり，たとえば，流量調節弁の開閉量を制御する機構などに用いられる．経路創成機構は，入力節の運動に対して，中間節上のある点が描く，直線や曲線，すなわち，中間節曲線を利用する機構であり，組立て装置，搬送機械などに用いられる．

目的に応じた運動を行うリンク機構の寸法を決定することはかなり困難であり，基本的には所要の運動の近似，または特定の位置のみを通過し，そのほかの経路は任意であるような機構を設計するか[15]，または，既存の機構を用いる場合が多い．本書では，リンク機構の寸法を決定した後に必要となる設計方法を中心に，平面 4 節リンク機構について解説する．なお，工業的に有用な軌跡，関数を創成する機構の寸法は文献[28]に紹介されている．

7.1.5 リンク機構の運動

リンク機構の寸法が決定されたならば，詳細な入出力関係を知る必要がある．リンク機構の入出力関係は，たとえば，機構上に想定される三角形などの幾何学的関係から，三角関数を利用すれば得られる．しかし，機構が複雑になるにつれ，幾何学的な関係をみいだすことは困難になる．そこで，リンク機構の入出力関係の解析では以下のようにベクトル解析がよく利用される．

(1) 入出力角関係の解析

関数創成機構の入・出力節の角変位関係を求める．図 7.1 に示すように，各節の長さおよび方向を成分とするベクトルを想定すれば，これらベクトル間に成り立つ次式が導かれる．

$$\overrightarrow{AB} + \overrightarrow{BC} + \overrightarrow{CD} + \overrightarrow{DA} = 0 \tag{7.3}$$

図 7.1 の節長，角度を用いてベクトルを複素平面で表示すれば次式となる．

$$ae^{i0} + be^{i\theta_B} + ce^{i\theta_C} + de^{i\theta_D} = 0 \tag{7.4}$$

さらに，$\theta_D = \theta_A + \pi$ であることを利用し，実部，虚部に関して方程式を導く．

$$\begin{aligned} a + b\cos\theta_B + c\cos\theta_C - d\cos\theta_A &= 0 \\ b\sin\theta_B + c\sin\theta_C - d\sin\theta_A &= 0 \end{aligned} \tag{7.5}$$

上式より θ_C を消去すれば θ_A と θ_B の関係，すなわち入出力関係が次式のように得られる．

$$\frac{a}{d}\cos\theta_B - \frac{a}{b}\cos\theta_A + \frac{a^2 + b^2 - c^2 + d^2}{2bd} = \cos(\theta_B - \theta_A) \tag{7.6}$$

さらに

$$\theta_A = \tan^{-1}\frac{b\sin\theta_B}{a + b\cos\theta_B} + \cos^{-1}\frac{a^2 + 2ab\cos\theta_B + b^2 - c^2 + d^2}{2d\sqrt{a^2 + 2ab\cos\theta_B + b^2}} \tag{7.7}$$

なお，上式を用いる場合，入力角，節長により，節どうしが連結不可能となる場合や，解が複数存在する場合があることに注意しなければならない．

(2) 中間節曲線の軌跡の解析

図 7.4 に示すように中間節 CD 上の点 P の軌跡である中間節曲線 (coupler curve) を利用する機構を前述のように経路創成機構と呼び，点 P を出力点と呼ぶ．経路創成機構の入力角変位 θ_B と中間節曲線の関係は以下のようにして得られる．

まず，三角形 ABC に注目してベクトル $\overrightarrow{AC}$ を求める．$\overrightarrow{AB} + \overrightarrow{BC} = \overrightarrow{AC}$ より

$$a + be^{i\theta_B} = qe^{i\theta_q} \tag{7.8}$$

さらに，平面三角形における次のような関係式を利用する．

$$q = \sqrt{a^2 + b^2 + 2ab\cos\theta_B}$$

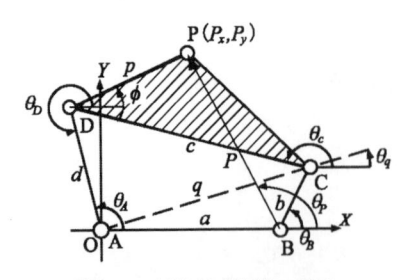

148　第7章　リンクおよびカム機構

図 7.4　経路創成機構の解析

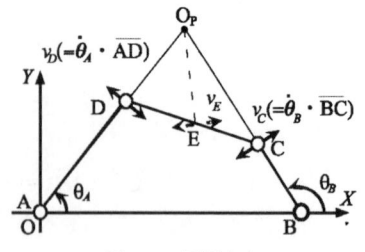

図 7.5　瞬間中心

$$\cos\theta_q = (a + b\cos\theta_B)/q \tag{7.9}$$
$$\sin\theta_q = b\sin\theta_B/q$$

次に，三角形 ACD に注目すれば

$$\theta_C = \theta_q + \cos^{-1}\left(\frac{d^2 - c^2 - q^2}{2cq}\right) \tag{7.10}$$

したがって，次式が導かれる．なお，θ_P は点 B と点 P を結ぶ直線が X 軸となす角である．

$$Pe^{i\theta_P} = be^{i\theta_B} + ce^{i\theta_C} + pe^{i(\phi + \theta_C - \pi)} \tag{7.11}$$

点 P の座標 (P_X, P_Y) は上式の実部，虚部より次式で表される．

$$\left.\begin{array}{l} P_X = b\cos\theta_B + c\cos\theta_C - p\cos(\phi + \theta_C) \\ P_Y = b\sin\theta_B + c\sin\theta_C - p\sin(\phi + \theta_C) \end{array}\right\} \tag{7.12}$$

(3)　瞬間中心を利用した速度解析

剛体の平面運動は，各瞬間において，ある点を中心とする回転運動とみなせる．たとえば図 7.5 の機構において節 AD および BC の延長線上の交点を O_P とすれば，点 C，D の瞬間的な運動方向は，O_P と C または O_P と D を結ぶ直線に対して直角方向となる．すなわち，瞬間的に中間節 CD は静止座標系に対し，点 O_P を中心として回転しているとみなせる．このような点 O_P を瞬間中心 (instantaneous center) と呼ぶ．対偶点 C，D を含む節 CD 上の一点の速度がわかれば，剛体上の任意点の速度は，点 O_P からの距離より容易に求められる．たとえば，図 7.5 において節 CD 上の点 E の運動方向は，O_P と E を結ぶ直線に対して直角方向であり，その大きさは点 A または点 B 周りの角速度を $\dot{\theta}_A$ または $\dot{\theta}_B$ とし次式で与えられる．

$$v_E = \frac{\overline{OE}}{\overline{OP_C}}\overline{BC}\cdot\dot{\theta}_B = \frac{\overline{OE}}{\overline{OP_D}}\overline{AD}\cdot\dot{\theta}_A \tag{7.13}$$

7.1.6 リンク機構に作用する力

リンク機構の各節,対偶部に作用する力は,図式解法により簡単に求められる.図式解法の重要なポイントは以下の三点である.

1) それぞれの節に作用する,各外力および対偶作用力の作用線は一点で交わる(平行な場合は無限遠で交わると考える).
2) 各節において,各対偶作用力および外力をベクトル表示すれば,これらによって閉じた三角形が構成される.
3) 節の両端が回転対偶であり,外力が作用しない節には節の長手方向にのみ作用力を生じる.

単純な平面リンク機構であれば,これらの点に留意して容易に力の解析が行えることを以下の例題で示す.

例題 7.2

図 7.6 に示すように節 AD に外力 F_P が作用するリンク機構の各対偶点の作用力および入力トルク T を求めよ.

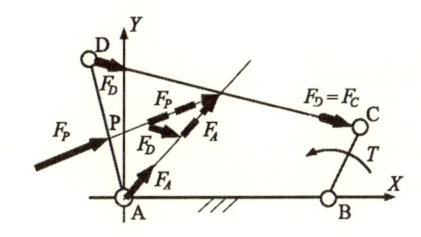

図 7.6 リンク機構に関する作用力の図式解法

解

はじめに節 AD に関する力のつり合いに注目する.点 D において,連結される節 CD の両端は回転対偶であるからポイント 3 より,同点における力の作用方向は節 CD 方向のみとなる.また,点 A に連結される静止節である節 AB は,両端が回転対偶であっても節全体が固定されているため,同点には任意方向の対偶作用力 F_A が作用する.その方向はポイント 1 より,図 7.6 に示すように対偶作用力 F_D の作用線と,外力 F_P の作用線の交点と,点 A を結ぶ方向となる.さらに,F_A および F_D の大きさは,ポイント 2 より,図中に破線で示す力のベクトルの三角形を描くことで求められる.また,点 C の対偶作用力は F_D と同一であり,トルクは F_D の節 BC に対する直角方向の成分と,節長より容易に得られる.

複数の力が作用する場合は，個々に対して作用力を求め，その和を求めればよい．また，節に作用するモーメントに対しては，各対偶点周りのモーメントのつり合い，前述の3）を考慮すれば，容易に各節，対偶点に作用する力が得られる．

7.1.7 リンク機構のトルク

リンク機構は，単純な等速回転入力から，複雑な運動を出力する．そのために必要な入力トルクは複雑に変化する．しかし，機構の入出力動力は機構内での損失がない場合，一定であることを利用すれば，出力される力 F（またはトルク T）と変位 dS（または角変位 $d\varphi$）から入力トルク T_I が次式で得られる．

$$T_I = F\frac{dS}{d\theta}, \quad \text{または}, \quad T_I = T\frac{d\varphi}{d\theta} \tag{7.14}$$

したがって，運動学解析の結果および機構の出力より，入力トルクも求められる．

なお，以上で述べたトルク，さらに対偶作用力の解析は，いずれも対偶部に摩擦，すきまなどがないとした場合の方法である．実際に生じる力は，以上で求めた解より大きくなることに留意してリンク機構の設計を行うべきである．

7.1.8 平面4節リンク機構の評価法

平面4節リンク機構が適切であることの評価は，以下に説明する圧力角（pressure angle）により簡便に行える．圧力角とは，図7.7に示すように，ある物体Aを力 F で押すときの F と物体の運動方向 V のなす角 α に相当する．角 α が小さいほど，力 F が実際の仕事に寄与する割合が大きい．平面4節リンク機構では，図7.8に示すように角 α が圧力角となる．通常，リンク機構では圧力角とともに対偶作用力が増加し，さらに圧力角が90度となるとき，出

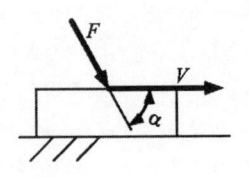

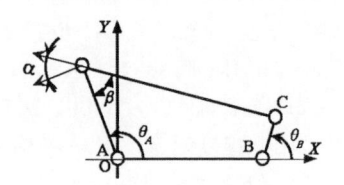

図7.7 圧力角の概念　　図7.8 リンク機構の圧力角

力節の運動方向と，中間節からの伝達力の方向が互いに直角となり，出力節の回転方向が定まらない状態となる．このような状態を，思案点(change point)と呼ぶ．思案点は，機構が作業する姿勢として避けなければならない状態であり，圧力角も小さい方が望ましく，通常は45度，高速な機構では30度，低速な機構でも60度程度以下とすべきである．なお，図の角 β を伝達角 (transmission angle) と呼び，同様に機構の評価に用いる場合がある．この場合は値が90度となる場合が最もよい．

リンク機構の設計時には，運動解析とともに，圧力角の解析を行い，その値が適切でない場合，寸法の見直しなどを行った方がよい．

7.2 カム機構

7.2.1 カム機構の特徴

図7.9に簡単なカム機構の概要を示す．カム機構は，特殊な形状をした入力節Aと，それに接触する比較的単純な従動節Bからなる．入力節Aをカムと呼ぶ．カム機構の設計は，基本的には従動節(follower)に要求される運動を行わせ，そのときの従動節とカムの接触点の軌跡からカムの形状を決定すればよく，リンク機構に比べ，目的とする運動を厳密に行う機構が容易に設計できる．特に間欠運動がリンク機構に比べて容易に行えるため，パーツの搬送機械，内燃機関におけるバルブの駆動などに利用される．ただし，カム機構は，加工が困難で，製作コストが割高であり，また，接触部の強度が問題となりやすい．

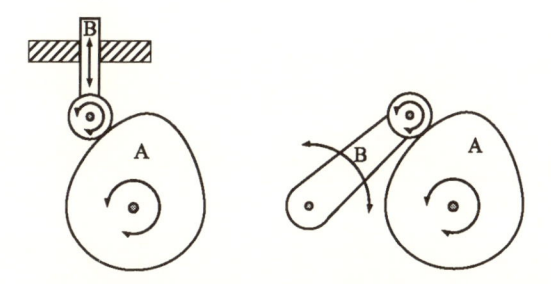

(a) 直進従動節をもつ板カム　(b) 揺動従動節をもつ板カム

図7.9 カム機構概略図

カム機構には，リンク機構と同じく，平面および空間機構が存在する．また，カムと組み合わせる従動節の種類，構造によりさまざまな形式が存在し，その設計方法も機構の種類により異なる[22),29)]．本書では最も基本的な図7.9（a）に示すローラを用いた直進従動節を有する平面板カム機構の，特に形状の決定法について説明する．なお，図（b）に示す揺動従動節をもつ板カム機構の設計もほぼ同様な手順で行える[22)]．

7.2.2 カム曲線

カム機構の設計では，まず，機械全体の時間または入出関係から，その一部としてのカム機構の入出力関係，すなわち，時間 t や入力変位 θ に対する，カム機構出力端の変位 h を求め，得られた関係を図7.10のようなタイミングチャートに表す．なお，本書ではカム入力回転速度が一定，すなわち，入力変位 θ が時間 t に比例するとして説明する．

カムの一周期 T（必ずしもカムの一回転に相当しない）の運動に対して，連続な動作がすべて与えられる場合，タイミングチャートは一意に決定される．しかし，通常は，ピストンの上下運動，搬送機の間欠運動など，変位の上下限が与えられ，その間の変位は任意となる場合が多い．すなわち，図7.10のようにカム機構のタイミングチャートとして，○および太実線部分が設計条件で与えられる条件となり，破線部分の決定は設計時に行わなければならない．破線部分は適当に連結すればよいわけでなく，機構全体が滑らかに，連続的に運動するように決定する．そのために，カム機構の入出力関係を線図に表して検討する．線図に表されたカム機構の運動特性を表す曲線をカム曲線（cam diagram）と呼ぶ．

カム曲線は，一般化表示のために，以下のように無次元化して表される．ま

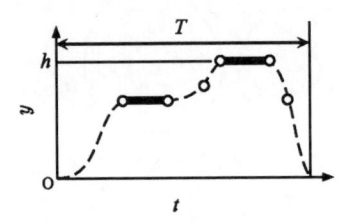

図7.10　タイミングチャート

ず，出力端の変位 y と時間 t との関係を明らかにする．
$$y = y(t) \tag{7.15}$$
次に，出力端の最大変位および最大変位に達するまでの時間を，それぞれ h および τ，すなわち，$0 \leqq t \leqq \tau$，$0 \leqq y \leqq h$ として無次元化する．
$$Y = \frac{y}{h}, \quad T = \frac{t}{\tau} \tag{7.16}$$
したがって，式 (7.15) は次式となる．
$$Y = Y(T), \quad 0 \leqq T \leqq 1, \quad 0 \leqq Y \leqq 1 \tag{7.17}$$
さらに，無次元化された速度，加速度および加速度の変化率を表す躍動（ジャーク）を次式のように表す．
$$Y' = \frac{dY}{dT} = \left(\frac{\tau}{h}\right)\dot{y}, \quad Y'' = \left(\frac{\tau^2}{h}\right)\ddot{y}, \quad Y''' = \left(\frac{\tau^3}{h}\right)\dddot{y} \tag{7.18}$$
実際の時間，変位，速度，加速度，躍動と，無次元化量の関係は次式となる．
$$t = \tau T, \quad y = hY, \quad \dot{y} = \left(\frac{h}{\tau}\right)Y', \quad \ddot{y} = \left(\frac{h^2}{\tau}\right)Y'', \quad \dddot{y} = \left(\frac{h^3}{\tau}\right)Y''' \tag{7.19}$$

カム曲線としては，始点および終点で速度，加速度ともに零となる両停留運動 (two-dwell motion) 用カム曲線が代表的である[30]．なお，始点または終点のいずれかにおいて，加速度が零でない，すなわち，停留しない片停留運動 (one-dwell motion) 用カム曲線，また，始点，終点ともに停留しない無停留運動 (no-dwell motion) 用カム曲線も用いられる[22]．これらの条件を有するカム曲線を複数連結するなどして，一周期にわたる変位 y と時間 t との関係を決める．なお，無停留状態におけるカム曲線の加速度の無次元量は任意であるが，カムの運動が高速である場合，曲線の接続点において加速度が連続するように始点，終点での Y'' を一致させる必要がある．

カム曲線の特性は，曲線全体にわたる Y', Y'', Y''' および $Y'Y''$ の最大値，V, A, J および Q で表される．これらの値は従動節，搬送物の運動のみならず，カム機構のサイズに影響する値であり，機構全体の特性を左右する．V は，従動節の運動量，搬送物の遠心力，さらに，カムのサイズに影響する．A は，従動節の慣性力を表し，従動節の振動および従動節とカム接触部に作用する力に影響する．J は，慣性力の変動を表し，従動節の振動に大きく影

する．Q は，慣性負荷とつり合うカムを駆動するために必要なトルク，または力に影響する．これらの値はいずれも小さい方がよいが，実際には，ある値を減少させれば，他の値は増加するといった傾向を示すことが多い．したがって，カム機構の設計時には目的に応じて，カム曲線の特性値を調整することになる．

参考までに，次式で表される両停留運動曲用カム曲線であるサイクロイド曲線(cycloidal)を図 7.11 に示す．なお，特性値も併記しておく．図 7.11 に示すように，無次元化された速度，加速度ともに始点，終点において零となっている．

$$Y = T - \frac{1}{2\pi}\sin 2\pi T \tag{7.20}$$

［特性値：$V=2.0$, $A=6.28$, $J=39.5$, $Q=8.16$］

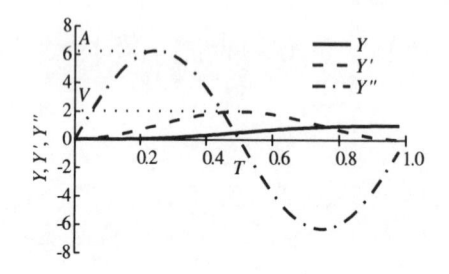

図 7.11 サイクロイド曲線

7.2.3 カム機構の形状

図 7.12 に示すように，カム機構運動時のローラ中心の軌跡はピッチ曲線と呼ばれる．この軌跡に沿ってローラが移動したときの，ローラ外周の包絡線がカムの輪郭となる．さらに，カムの支点を中心として，ピッチ曲線およびカムの輪郭に内接する円を，それぞれ，ピッチ曲線の基礎円およびカムの基礎円と呼ぶ．図は直進従動節(translating follower)の場合であるが，揺動従動節(oscillating follower)の場合も同一である．これらの曲線は，いずれもカム機構の設計を行う上で重要である．

また，図 7.12 中に示すローラとカムの共通法線 mn と，ローラの移動変位方向がなす角 α は圧力角，ローラの移動線とカムの回転中心とのずれ e はオフセット，さらに，ローラ中心の最大変位量は行程(リフト)と，それぞれ呼

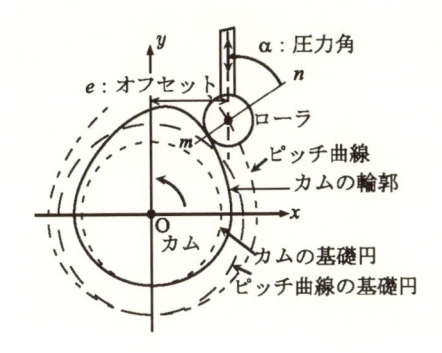

図7.12 カム機構の形状を表す曲線

ばれ，以下に述べるように，カム機構の設計を行う上で重要な変数となる．

7.2.4 カム機構における圧力角とその影響

リンク機構の説明で述べたように，力の作用方向と運動方向とがなす圧力角は小さいほどよい．カムと従動節における圧力角は，カムから受動節への作用力と，受動節の運動方向がなす角であり，押し進め角とも呼ばれる．一般に直進従動節をもつ板カムの場合，その許容最大値は 30°，揺動従動節の場合で，45° が目安である．カム機構の圧力角は，カムの径，行程，カム曲線の速度に大きく依存する．カムの行程およびカム曲線の速度はカム機構の入出力関係として与えられるので，カムの径は，その許容圧力角で決定されることが多い．

直進従動節をもつ板カムの圧力角と諸寸法との関係を図 7.13 に示す．同図に破線で示す従動節の運動方向と，ローラ中心位置におけるピッチ曲線への法

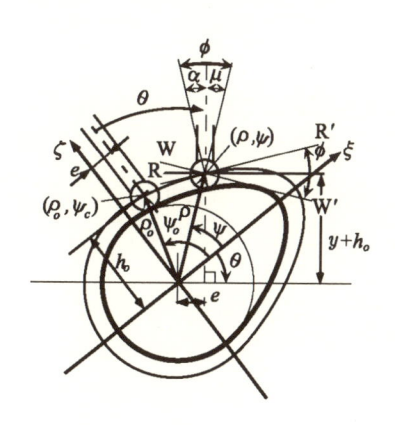

図7.13 直進従動節をもつカム機構の圧力角

線とがなす角 α が圧力角となる．α は図に示すようにピッチ曲線の接線である RR′ とカム中心とローラ中心を結ぶ線分に垂直な直線 WW′ とがなす角 ϕ と μ から求められる．ここでは，オフセット e が零の場合を示す．初歩的な微分幾何より次式が導かれる．

$$\phi = \tan^{-1} \frac{\rho'}{\rho} \tag{7.21}$$

なお，

$$\rho = y + h_o (\because\ e=0), \quad \rho' = dy/d\theta \tag{7.22}$$

であり，また，e が零より μ も零となり，α は ϕ に等しい．したがって

$$\alpha = \tan^{-1} \frac{1}{y + h_o} \frac{dy}{d\theta} \tag{7.23}$$

y は従動節に連結する出力節端の変位を示す．h_o は従動節の初期位置におけるローラ中心位置であり，e が零の場合，ピッチ曲線の基礎円半径となる．設計時に問題となるのは圧力角の最大値である．圧力角が最大となる入力変位，すなわち，カムの回転角 θ は，式 (7.23) より $d\alpha/d\theta$ を零として導かれる次式で決定される．

$$\frac{dy/d\theta}{[h_o + y(\theta)]} = \frac{d^2y/d\theta^2}{dy/d\theta} \tag{7.24}$$

式 (7.24) を満たすカムの回転角を θ_α とすれば，圧力角の最大値 $\alpha_{\max}$ は次式より得られる．

$$\alpha_{\max} = \tan^{-1} \frac{dy/d\theta}{[h_o + y(\theta_\alpha)]} \tag{7.25}$$

ここで，$\alpha_{\max}$ が許容値を超える場合は，h_o の値を増加させる，または，運動曲線 $y(\theta)$ を変更するなどして再検討する．

なお，図 7.13 から予想されるようにオフセット e により，圧力角，h_o などを調整し，機構の最適化などが図れる[22]．その場合の基本的な関係式は，図 7.13 より得られるが，ϕ，α および μ などの関係はカムの回転方向，オフセットの方向などにより変わる[22]ので注意が必要である．具体的な解法にはベクトルを用いた方法が便利である[29],[30]．

7.2.5 ピッチ曲線と輪郭の決定

カム機構の入出力関係，ピッチ曲線の基礎円の径が決定されれば，直進従動節のローラ中心軌跡であるピッチ曲線が決定される．すなわち，図 7.13 に示すように，θ が零の位置において，ζ 軸が直進従動節に平行で，カムの回転中心を原点とする ξ–ζ 座標系をカムに固定し設定する．さらに，ローラ中心位置を ξ 軸からの回転角およびカム中心からローラ中心までの距離を用いた極座標系で表示する．なお，直交座標系上の位置 (ξ, ζ) と極座標系上の位置 (ρ, ψ) の関係は次式で表される．

$$\xi = \rho\cos\psi, \quad \zeta = \rho\sin\psi \tag{7.26}$$

ローラ中心の初期位置を (ξ_o, ζ_o) とし，従動節端の運動（出力節端の運動に一致）をカム回転角の関数 $y(\theta)$ とすれば，ピッチ曲線は，オフセット e も考慮して，次式で表される．

$$\rho = \sqrt{[y(\theta)+h_o]^2 + e^2}, \quad \psi = -\theta + \cos^{-1}(e/\sqrt{[y(\theta)+h_o]^2 + e^2}) \tag{7.27}$$

さらに，ピッチ曲線と，カムの輪郭との関係は図 7.14 に示すとおりである．したがって，ローラとカムの接点であり，カムの輪郭の形状を表す座標 (ρ_c, ψ_c) は，ローラの半径を r として次式で表される．

$$\rho_c = [\rho^2 - 2\rho r\sin(\psi - \beta) + r^2]^{1/2}, \quad \psi_c = \tan^{-1}\frac{\rho\sin\psi - r\cos\beta}{\rho\cos\psi + r\sin\beta} \tag{7.28}$$

なお，角 β はカムとローラの接触点における接線の傾きであり，ローラ中

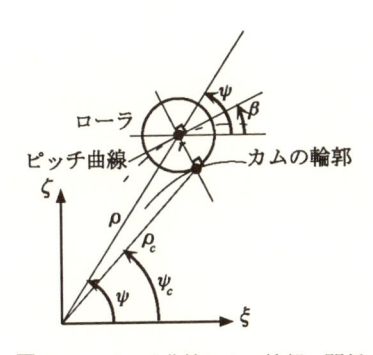

図 7.14 ピッチ曲線とカム輪郭の関係

心におけるピッチ曲線の接線の傾きに一致する．β は次式より得られる．

$$\beta = \tan^{-1}\left[\frac{(d\zeta/d\psi)}{(d\xi/d\psi)}\right] = \tan^{-1}\left[\frac{(d\rho/d\psi)\sin\psi + \rho\cos\psi}{(d\rho/d\psi)\cos\psi - \rho\sin\psi}\right] \quad (7.29)$$

したがって，カム輪郭の $\xi-\zeta$ 座標系における値 (ξ_c, ζ_c) は次式で表される．

$$\xi_c = \rho_c \cos\psi_c, \quad \zeta_c = \rho_c \sin\psi_c \quad (7.30)$$

7.2.6 カム機構の静力学

カム機構の入力トルクも，リンク機構と同じく，複雑に変化する．おおよその傾向は，リンク機構と同じく，入出力一定条件より得られるが，カム機構の場合，カムと従動節との接触部の摩擦，従動節支持部に作用する負荷の影響が大きく，実際のトルクはかなり大きくなりやすい．また，最初に述べたように，カムと従動節の接触部は，破損を生じやすい．したがって，高負荷・高速な条件で用いられるカム機構では，カムとローラ接触部の摩擦，負荷，支持部に作用する負荷を考慮した静力学解析に基づく，トルクの予測，強度設計が必要である．これらの詳細に関しては文献を参照されたい[22),30)]．

演 習 問 題

【7.1】 図 7.15 に示す，一自由度の回転対偶で構成される平面 5 節リンク機構および平面 6 節リンク機構の自由度を求めよ．

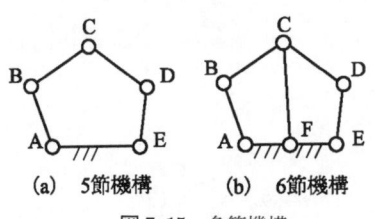

(a) 5節機構　　(b) 6節機構

図 7.15　多節機構

【7.2】 図 7.16 に示す機構（スライダクランク機構）の出力点 P と，入力角 θ の関係について，ベクトルを利用して求めよ．

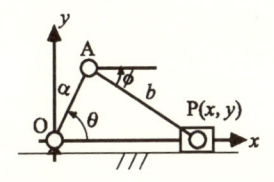

図 **7.16**　スライダクランク機構

【7.3】 図7.16の機構が常時，先端に F の抵抗力を出力点移動方向に対して受けながら $\dot{\theta}=\omega$ の速度で運動するために必要な点O周りの入力トルクを示せ．

【7.4】 図7.17に示す平面4節リンク機構において，いずれの節を入力節とした場合に機構は思案点となるか．

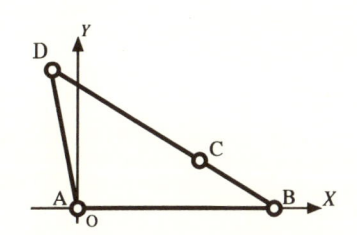

図 **7.17**　平面4節リンク機構の思案点

【7.5】 次式で示されるカム曲線（単弦曲線）の特性値を求めよ．
$$Y=\frac{1}{2}(1-\cos \pi T)$$

【7.6】 カムとローラ接触部に生じる応力値を表す式をヘルツの理論より導け．

第8章
巻き掛け伝動装置

8.1 ベルト伝動

ベルト伝動 (belt drive) は原動軸および従動軸におのおの取り付けたベルト車 (プーリ；pully) とその間に張り渡したベルト (belt) との間の摩擦力を利用した伝動である．ベルトの素材は大部分，ゴム等の高分子材料である．このため，ベルト伝動をほかの伝動方法 (たとえば歯車による伝動やチェーン伝動) と比べると次のような特長をもつ．

1) 軸間距離の制約が少ない．
2) 簡単に大きな速度比が得られる．
3) 振動や衝撃的な負荷を吸収しやすい．
4) 騒音が小さい．
5) 潤滑の必要がない．
6) 構造が簡単である．
7) 安価である．

逆に，

8) ベルト素材が軟化あるいは燃焼するような高温では使用できない．
9) 帯電による爆発の危険のあるところでは使用できない．
10) 伝動時に多少のすべりを伴う．
11) 常にベルトを緊張させておかなければならない (初張力を与える) ので，軸受けに負担がかかりやすい．

などの欠点もある．ただし8) にはスチールベルト，9) には帯電防止ベルト，…といった解決策もある．

伝動用ベルトには多数の種類があるので，チェーン伝動等，ほかの伝動形式も視野に入れて，使用目的や使用環境に応じて最適の伝動方法を選択すること

が重要である．以下に代表的なベルト伝動方式について紹介するが，JIS規格[32),33)]だけではカバーしきれないほど多種多様なベルトがあるので，実際の設計にあたってはメーカのカタログ等の設計資料も有力な情報源となる．

8.1.1　平ベルト伝動

(1)　平ベルト

複数個の平プーリに帯状の平ベルトを巻き掛けて，プーリとベルト間の摩擦を利用した伝動は従来から多く用いられてきた，最も基本的な伝動方法であるが，最近では「すべり」の影響が嫌われて，従動軸の速度にあまり正確さを要求されず，軸間距離が長い場合に用いられている．平ベルトは各メーカにより，種々の材質，形状，寸法のものが作られている．ベルトの張力を大きくする場合には図8.1に示すように，ベルトの中に心体（抗張体）を入れる．また，伝動面の摩擦力を増すために，ゴム，特殊織物等を付加することもある．

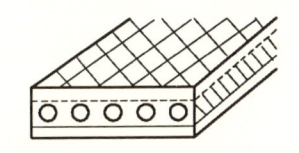

図8.1　平ベルトの構造

(2)　ベルトの掛け方

平ベルトの掛け方には図8.2に示すように，オープン掛け（平行掛け，けさ掛け；open belt）とクロス掛け（十字掛け，たすき掛け；cross belt）がある．オープン掛けの場合，原動軸と従動軸は同じ方向に回転し，ベルトのプーリへの巻掛け角はやや小さくなる．クロス掛けでは原動軸と従動軸は逆方向に回転し，ベルトのプーリへの巻掛け角はやや大きくなる．図8.2(a)のように，オープン掛けでベルトが水平に走行する場合は，一般にゆるみ側を上にして，接触角を多くとる．

平ベルト伝動独特の使い方として，図8.3に示すような多軸伝動があげられる．図は紡績機械の場合で，1個の原動プーリにより約30 mの長さの平ベルトを駆動し，その1本のベルトによって120個の従動軸（紡績用スピンドル）を駆動している．図の場合では，大きな原動プーリによって細い従動軸を回転させ，約10倍の増速伝動を行っている．

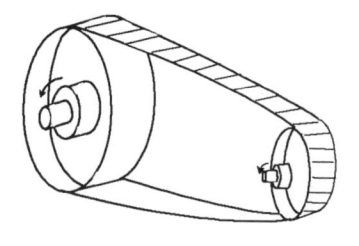

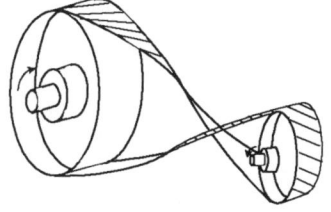

(a) けさ掛け(オープンベルト)　　**(b) たすき掛け(クロスベルト)**

図 8.2　ベルトの掛け方

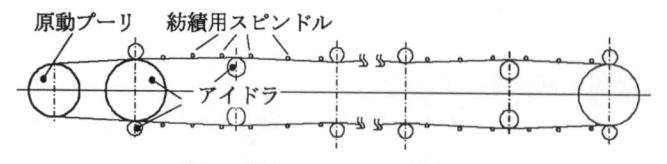

図 8.3　平ベルトによる多軸伝動

(3) ベルトの長さ

図 8.4 (a) において軸間距離を L，各プーリ径を D_A，D_B，軸間の中心線とベルトのなす角を γ とすると，ベルトの長さ L_B は以下のように表される．

$$L_B = 2L\cos\gamma + \frac{\pi}{2}(D_A + D_B) + \gamma(D_A - D_B) \tag{8.1}$$

式 (8.1) において γ が十分小さければ，

$$\sin\gamma \fallingdotseq \gamma = (D_A - D_B)/2L$$

であるから，

$$\cos\gamma = \sqrt{1-\sin^2\gamma} = \sqrt{1-\left(\frac{D_A-D_B}{2L}\right)^2} \fallingdotseq 1 - \frac{1}{2}\frac{(D_A-D_B)^2}{4L^2}$$

(a) オープン掛け　　**(b) クロス掛け**

図 8.4　ベルトの長さ

となり，式(8.2)を得る．

$$L_B = 2L + \frac{\pi}{2}(D_A + D_B) + \frac{(D_A - D_B)^2}{4L} \tag{8.2}$$

同様に，図8.4（b）に示すクロス掛けの場合も，

$$L_B = 2L\cos\gamma + \frac{\pi}{2}(D_A + D_B) + \gamma(D_A + D_B) \tag{8.3}$$

となり，γ が十分小さい場合には式(8.4)を得る．

$$L_B = 2L + \frac{\pi}{2}(D_A + D_B) + \frac{(D_A + D_B)^2}{4L} \tag{8.4}$$

例題 8.1

図8.4において $L=3200$ mm，$D_A=800$ mm，$D_B=320$ mm とした場合，図（a），（b）それぞれの場合のベルトの長さを求めよ．

解

D_A，D_B に比べて L が十分大きいので，式(8.2)，(8.4)を用いる．

オープンベルトの場合：

$$\begin{aligned}L_B &= 2L + \frac{\pi}{2}(D_A + D_B) + \frac{(D_A - D_B)^2}{4L}\\&= 2\times 3200 + \frac{\pi}{2}(800+320) + \frac{(800-320)^2}{(4\times 3200)} = 8177 \text{ mm}\end{aligned}$$

クロスベルトの場合：

$$\begin{aligned}L_B &= 2L + \frac{\pi}{2}(D_A + D_B) + \frac{(D_A + D_B)^2}{4L}\\&= 2\times 3200 + \frac{\pi}{2}(800+320) + \frac{(800+320)^2}{(4\times 3200)} = 8257 \text{ mm}\end{aligned}$$

（4） 減速比

原動軸の回転数を N_A，従動軸の回転数を N_B とすると，減速比 i は次式によって求められる．

$$i = \frac{N_A}{N_B} = \frac{D_B}{D_A} \tag{8.5}$$

厳密にはすべりを考えたり，ベルトの厚みを考慮したりする必要があるが，式(8.5)が一応の目安となる．

（5） ベルトの張力

動力伝達時に従動プーリを回転させようとする力（有効張力 T_e）はベルトの張り側張力 T_t とゆるみ側張力 T_s の差によるので，この張力について検討する．図8.5に示すように，半径 r のプーリに巻掛け角 θ でベルトが掛かり，ベルトとの摩擦力によりプーリが速度 v で駆動される場合を考える．プーリに接触しているベルトの任意の微小部分 ds に対し，引張り側の張力を $T+dT$，ゆるみ側の張力を T とすると，ds 部をプーリが押している力 Q は式(8.6)となる．

$$Q=(T+dT)\sin(d\theta/2)+T\sin(d\theta/2)-C \tag{8.6}$$

ここで C は ds 部に働く遠心力，$d\theta$ は ds/r である．m を単位長さあたりのベルトの質量とすれば，

$$C=mrd\theta \cdot v^2/r=mv^2d\theta$$

ここで，$\sin(d\theta/2)\fallingdotseq d\theta/2$ とすれば $dT\sin(d\theta/2)\fallingdotseq 0$ とおけるので

$$Q=(T-mv^2)d\theta \tag{8.7}$$

ベルトとプーリの摩擦係数を μ とすると円周方向には μQ の摩擦力が働くので，

$$\mu Q=dT$$

これを(8.7)式に代入すれば，

$$\mu d\theta=dT/(T-mv^2)$$

これを巻掛け角について積分すれば，

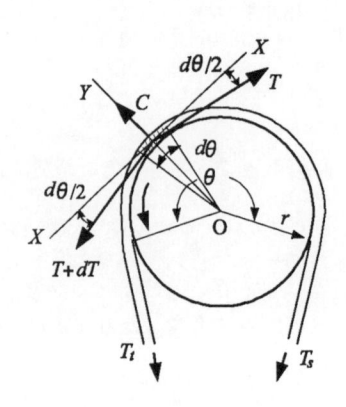

図8.5 ベルトの張力

$$\int_0^\theta \mu d\theta = \int_{T_s}^{T_t} \frac{dT}{T-mv^2}$$

$$\therefore \quad \mu\theta = \log_e \frac{T_t - mv^2}{T_s - mv^2}$$

であるから，ベルトに作用する張力は次のようになる．

$$T_t = mv^2 + (T_s - mv^2)\exp[\mu\theta]$$
$$T_s = mv^2 + (T_t - mv^2)/\exp[\mu\theta]$$
$$\therefore \quad T_e = T_t - T_s = (T_s - mv^2)(\exp[\mu\theta] - 1)$$
$$= (T_t - mv^2)(\exp[\mu\theta] - 1)/\exp[\mu\theta] \tag{8.8}$$

式 (8.8) において $T_t = mv^2$ となると $T_e = 0$，すなわちプーリを駆動する力がなくなってしまう．これより，高速で平ベルトを駆動するためには初張力を大きくする必要がある．

(6) ベルトの伝達動力

ベルトが駆動できる動力 H は式 (8.9) によって求められる．

$$H = T_e v \tag{8.9}$$

例題 8.2

7.2 kW の動力を伝達する平ベルト伝動装置において，ベルト車の直径 $D = 220$ mm，回転数 $N = 1600$ rpm，巻付け角 $\theta = 150°$，ベルトとプーリとの摩擦係数 $\mu = 0.24$，ベルトの許容引張応力 $\sigma_{al} = 2.5$ MPa，ベルトの密度 $\rho = 1100$ kg/m³ として，ベルトの寸法を算出せよ．

解

有効張力 T_e は式 (8.9) より

$$T_e = \frac{H}{v} = 7.2 \times \frac{10^3}{(0.22 \times \pi \times 1600/60)} = 391 \text{ N}$$

ベルトの断面積を A とすると，張り側の張力 T_t は式 (8.8) より，

$$T_t = T_e \exp[\mu\theta]/(\exp[\mu\theta] - 1) + \rho A v^2$$
$$= 390.6 \times 1.874/0.874 + 1100 \times 18.43^2 \times A$$

ただし，$\exp[0.24 \cdot 150 \cdot 3.14/180] = 1.874$，$0.22 \times \pi \times 1600/60 = 18.43$

この T_t が許容引張力を超えてはいけないので $T_t \leq A\sigma_{al} = 2.5 \times 10^6 A$

以上より

$$2.5 \times 10^6 A - 0.37 \times 10^6 A \geq 837.5$$

$$A \geqq 393 \times 10^{-6} \mathrm{m}^2 = 393 \ \mathrm{mm}^2$$

たとえば，厚さ $t=5$ mm のベルトならば，幅 78.6 mm 以上のものをカタログより選定する．

（7） 平プーリ

図 8.6 に示すように，平プーリはリム部，アーム部，ボス部からなっている．主に鋳鉄で作られる．平プーリについては JIS B 1852 に一応の規格が定められている．ベルトは駆動中に張力の高い方にずれる性質があるので，ベルトがはずれないようにリム中央部を中高にする（クラウン：crown）ことが一般的である．

プーリにクラウンを設けない場合には何らかの方法で駆動中にベルトがずれないように，ベルトの経路を規制する必要がある．ただし，クラウンを大きく取りすぎるとベルトの屈曲により，寿命を低下させる恐れもある．クラウンの設定量の一例を表 8.1 に示す．

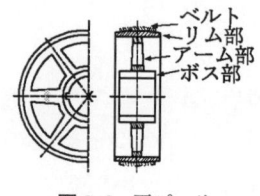

図 8.6 平プーリ

表 8.1 平プーリの呼び径

（JIS B1852-1980 より）

呼び径 D	クラウン h^*	呼び径 D	クラウン h^*
40 ～ 112	0.3	200, 224	0.6
125, 140	0.4	250, 280	0.8
160, 180	0.5	315, 355	1.0

* 垂直軸に用いる平プーリのクラウンは上表より大きいほうが望ましい

8.1.2 V ベルト伝動

図 8.7 に示すようにくさび形の断面をもった V ベルトによって，同じく V 字形の溝をもった 2 個の V プーリの間の伝動を行うものである．JIS には標準 V ベルト（JIS K 6323）と V プーリ（JIS B 1854）および細幅 V ベルト（JIS K 6368）と V プーリ（JIS B 1855）が規定されているが，そのほか，種々の特長をもった V ベルトおよびプーリが市販されている．

ベルトの側面が V プーリの溝にくい込んで伝動が行われるため，平ベルトと比べて①すべりが少ない．②小さな張力で大きな伝動ができる．といった特長をもつ．さらに，③必要に応じて複数本の V ベルトを用いることができる．

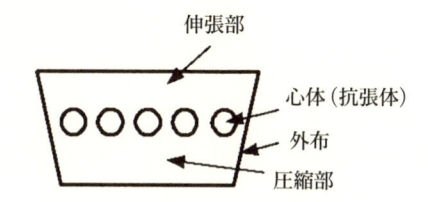

図 8.7　Vベルトの構造

④継ぎ目がないので回転が滑らかである．ことも特長の一つである．

(1) 標準Vベルト

JIS K 6232 には表 8.2 に示すように，六種類の標準Vベルトが規定されている．Vベルトはあらかじめ長さの決まった，継ぎ目のない環状の製品として供給されるので，ベルトの指定に際しては断面形状と長さを指定する必要がある．長さはその有効周（M形では外周）のインチで表す．たとえばB形 50 番のVベルトは外幅 16.5 mm，厚さ 11 mm，有効周 1270 mm (50 in) の環状ベルトになる．

表 8.2 より，標準Vベルトの台形の角度はどれも 40°であることがわかるが，JIS B 1854 に規定されているVプーリの溝の角度はこれよりも小さく設定されている．すなわち小径のもので 34°，大径のもので 38°である．この角度の違いによるくさび作用により，平ベルトよりも大きな摩擦力を得ることができ，前述の①，②のような特長をもつことになる．

Vベルトの長さや回転比，張力，伝達動力等は式 (8.1)～(8.9) と同様に計算できるが，Vベルト伝動においては，①クロス掛けはしない，②くさび効果により「見かけの摩擦係数」が大きくなる，③複数本のベルトを平行に並べて大きな伝動を行うことがある，等の点に注意を要する．

表 8.2　標準Vベルトの形状と寸法

	種　類	M	A	B	C	D	E
基準寸法	a　mm	10.0	12.5	16.5	22.0	31.5	38.0
	b　mm	5.5	9.0	11.0	14.0	19.0	24.0
	2ϕ　度	40	40	40	40	40	40
機械的性質	1本あたりの引張強さ (kN)	1.2 以上	2.4 以上	3.5 以上	5.9 以上	10.8 以上	14.7 以上
	下記負荷時の伸び (%)	7 以下	7 以下	7 以下	8 以下	8 以下	8 以下
	伸び測定時の力 (kN)	0.8	1.4	2.4	3.9	7.8	11.8

(2) 細幅 V ベルト

JIS K 6368 には表 8.3 に示すように，三種類の細幅 V ベルトが規定されている．標準 V ベルトでは，ベルトとプーリ溝の断面形状の差が大きいため，ベルトの側面部付近の心体に大きな張力が集中し，ベルト側面から順次破断する場合がある．細幅 V ベルトはこのような現象を避けるため，ベルトの幅と厚さの比を標準 V ベルトに比べて 30 % 程度大きくし，心体に一様な張力がかかるようにしてある．このため，同じ伝動条件ならば，標準 V ベルトよりもコンパクトなベルト系を用いることができ，また，寿命も長くなる．細幅 V ベルトの長さはその有効周のインチを 10 倍したもので表す．

表 8.3 より，細幅 V ベルトの台形の角度も 40° である．JIS B 1855 に規定されている細幅 V プーリの溝の角度は小径のもので 36°，大径のもので 42° である．

表 8.3 細幅 V ベルトの形状と寸法

種 類		3 V	5 V	8 V
基準寸法	a mm	9.5	16.0	22.5
	b mm	8.0	13.5	23.0
	2ϕ 度	40	40	40
機械的性質	1 本あたりの引張強さ (kN)	2.3 以上	5.4 以上	12.7 以上
	下記負荷時の伸び (%)	4 以下	4 以下	4 以下
	伸び測定時の力 (kN)	0.8	2.0	5.0

例題 8.3

V プーリの溝の角度が 36° であり，ベルトとプーリの摩擦係数を 0.22 とする．巻き付け角度を 160° として，遠心力の影響を無視した場合，V ベルトの張り側とゆるみ側の張力の比を求めよ．

解

V ベルト伝動においては図 8.8 に示すように，ベルト側面の摩擦力によって回転を伝達する．V ベルトをプーリの溝に押しつける力を Q，ベルトが溝の側面から押される力を N，ベルトとプーリの摩擦係数を μ とすると，図 8.8 において垂直方向の力のつり合いから，

$$Q = 2(N\sin\phi + \mu N\cos\phi)$$

これより，V プーリの円周方向に作用する摩擦力は

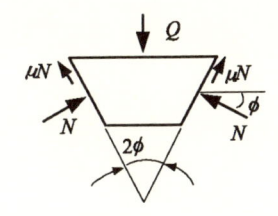

図 8.8　V ベルトの摩擦力

$$2\mu N = \mu Q/(\sin\phi + \mu\cos\phi) \tag{8.10}$$

となる．平ベルトにおける摩擦係数 μ に対応して，V ベルトにおいては

$$\mu' = \mu/(\sin\phi + \mu\cos\phi) \tag{8.11}$$

がみかけの摩擦係数 μ' になることを示している．

式 (8.11) に $\phi=18°$，$\mu=0.22$ を代入すると，$\mu'=0.424$ が得られる．
式 (8.8) の μ を μ' に置き換え，$v=0$，$\theta=160°=2.791$ rad を代入して

$$T_t/T_s = \exp[0.424 \times 2.791] = 3.16$$

例題 8.4

モータ容量 5 PS (3.75 kW)，900 rpm で回転するモータによって工作機械の主軸速度を 300 rpm で駆動する場合の V ベルト伝動の緒元を設計してみよう．V ベルトは B 形を用い，ベルトとプーリの摩擦係数を 0.25，原動プーリの径を 150 mm，軸間距離は約 750 mm とする[34]．

解

① ベルトの速度：

$$v = \pi D_A N_A = 3.14 \times \frac{150}{1000} \times \frac{900}{60} = 7.07 \text{ m/s}$$

② 減速比：式 (8.5) より　$i = N_A/N_B = 900/300 = 3.0$

③ 従動プーリの径：式 (8.5) より

$$D_B = iD_A = 3.0 \times 150 = 450 \text{ mm}$$

④ ベルトの長さ：V ベルトはオープン掛けだから，式 (8.2) より

$$L_B = 2L + \frac{\pi}{2}(D_A + D_B) + \frac{(D_A - D_B)^2}{4L}$$

$$= 2 \times 750 + \frac{\pi}{2}(150 + 450) + \frac{(450 - 150)^2}{(4 \times 750)}$$

$$= 2472.4 \fallingdotseq 2489 \text{ mm}　(=25.4 \times 98) \rightarrow 呼び番号 98 を使用$$

⑤ 小プーリの巻掛け角 θ：図 8.4 (a) の幾何学的関係から

$$\sin\gamma = \frac{(D_A - D_B)}{2L}$$

$$\theta = \pi - 2\sin\gamma = \pi - 2\sin^{-1}\left\{\frac{(D_A - D_B)}{2L}\right\}$$
$$= \pi - 2\sin^{-1} 0.2 = 3.14 - 0.40 = 2.74 \,\text{rad} = 157°$$

⑥ みかけの摩擦係数：V プーリの溝の角度 $2\phi = 36°$ とすると，式 (8.11) より
$$\mu' = \mu/(\sin\phi + \mu\cos\phi) = \frac{0.25}{(\sin 18° + 0.25\cos 18°)} = 0.457$$

⑦ V ベルトの張り側張力：ベルトの許容引張応力 σ_A を 2.5 MPa，継ぎ手効率 η を 0.9 とすると，表 8.2 より B 形ベルトの断面積 A は 137.5 mm² となり，
$$T_t = \eta\sigma_A A = 0.9 \times 2.5 \times 10^6 \times 137.5 \times 10^{-6} = 309.4 \,\text{N}$$
を得る．

⑧ V ベルト 1 本の伝達動力 H_I：(8.8)，(8.9) 式に ⑤ ～ ⑦ の結果を代入し，
$$H_I = T_t v \,(\exp[\mu'\theta] - 1)/\exp[\mu'\theta]$$
$$= 309.4 \times 7.07 \times (\exp[0.457 \times 2.74] - 1)/\exp[0.457 \times 2.74] = 1.56 \,\text{kW}$$

ただし，衝撃的負荷による修正 (70 %)，ベルトの長さによる補正 (100 %)，接触角による補正 (94 %) 等を考慮して V ベルト 1 本あたりの補正伝達動力 P_C を 1.02 kW とする．

⑨ V ベルトの本数：⑧の検討結果，V ベルト 1 本あたりの伝達動力 H_c は 1.02 kW と見積られたので，3.75 kW の動力を伝達するためにはベルトは 4 本必要である．

(3) その他の V ベルト

(a) 広角 V ベルト

V ベルトの台形の角度を大きくしたベルトで，くさびの効果は減少するが，ベルトのプーリ離れがよくなるので駆動系をコンパクトにでき，高速駆動にも適する．また，心体の割合を増やすことができるので強度的に有利となる．ただし側面方向の圧縮に弱いので，図 8.9 に示すようにベルト上面の横方向に補強のリブをつける．

(b) 結合 V ベルト

図 8.10 に示すように，同一形状の V ベルト (標準，細幅，広角) の上面を幅方向に連結して一体化したベルトで，負荷変動の激しい機械，ベルトを水平にかけるときなどに適している．また，平ベルトと同様，上面での搬送も可能である．

(c) コグベルト

コグベルトは図 8.11 に示すように，V ベルトの底面を波形にすることによってベルトの曲げ剛性を減少させ，より小径のプーリを用いることができるの

図 8.9　広角 V ベルト

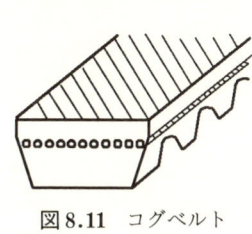

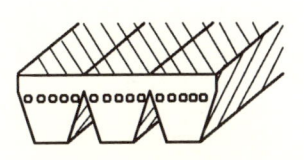

図 8.10　結合 V ベルト

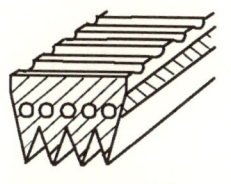

図 8.11　コグベルト

図 8.12　V リブベルト

でコンパクトな伝動系を構成することができる．

8.1.3　その他のベルト

（1）V リブベルト

V リブベルトは図 8.12 に示すように，平ベルトの進行方向に V 形のリブをつけ，平ベルトと同様の柔軟性をもたせながら，V ベルトのような摩擦力をもたせたもので，結合 V ベルトとの違いは心体が V 溝の上にあるか中に入り込むかになる．V リブベルトは心体が溝との接触部よりも上に配置されているため，張力が均一となり，大きなトルクを伝達できる．

（2）丸ベルト

断面が直径 1.5 mm～15 mm 程度の円形のベルトで，断面形状が等方性なので，立体的な伝動が可能である．負荷が小さい場合に用いることが多い．

以上のほかに種々の特長をもったベルトがメーカ各社から供給されている．

8.2　チェーン伝動

チェーン伝動(chain drive)では，原動軸および従動軸に各々取り付けたスプロケット(sprocket wheel, chain wheel)にチェーンをかみ合わせて力や運動を伝達する．ベルト伝動と比べると次のような特長をもつ．

1）すべりがないので一定の回転比で伝達できる．

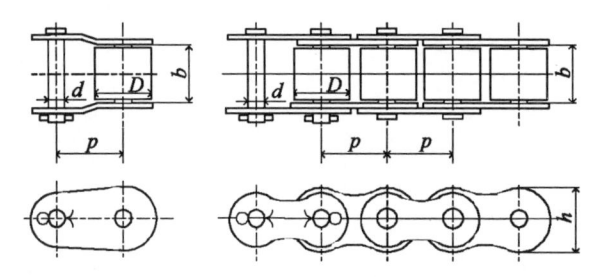

図 8.13　ローラチェーンの構造

表 8.4　伝動用ローラチェーン(A系1種)の諸元(寸法単位 mm)

呼び番号	ピッチ p (基準値)	ローラ外径 D (最大)	内リンク内幅 b (最大)	ピン外径 d (最大)	内プレート高さ h (最大)	横ピッチ (多列の場合) (最大)	引張強さ [kN] (最小) 1列	2列	3列
25	6.35	3.3*	3.1	2.31	6.1	6.4	3.6	7.2	10.8
35	9.525	5.08*	4.68	3.59	9.1	10.1	8.7	17.4	26.1
41**	12.7	7.77	6.25	3.58	10	—	7.4	—	—
40	12.7	7.92	7.85	3.98	12.1	14.4	15.2	30.4	45.6
50	15.875	10.16	9.4	5.09	15.1	18.1	24	48	72
60	19.05	11.91	12.57	5.96	18.1	22.8	32.4	68.4	102.6
80	25.4	15.88	15.75	7.94	24.2	29.3	61.2	122.4	183.6
100	31.75	19.05	18.9	9.54	30.2	35.8	95.4	190.8	286.2
120	38.1	22.23	25.22	11.11	36.2	45.4	137.1	274.2	411.3
140	44.45	25.4	25.22	12.71	42.3	48.9	185.9	371.8	557.7
160	50.8	28.58	31.55	14.29	48.3	58.5	244.6	489.2	733.8
180	57.15	35.71	35.48	17.46	54.4	65.8	308.2	616.4	924.6
200	63.5	39.68	37.85	19.85	60.4	71.6	381.7	763.4	1145
240	76.2	47.63	47.35	23.81	72.4	87.5	550.4	1101	1651

チェーンのローラ数が奇数になる場合にはオフセットリンクを用いる.
　*：この場合のDはブッシュ外径を表す.
　**：呼び番号41は軽負荷用であり，1列のみが規定されている.

2) 大きな動力が伝達でき，伝動効率も優れている.
3) 初張力が必要ないので軸受けへの負担が少ない.
4) 熱，湿気，油類の影響を受けにくい.
5) 巻掛け角が少なくてすむ.
6) 一つの原動軸から多くの従動軸へ運動を伝達できる.
　しかし，
7) 振動や騒音を発生しやすい.

8) スプロケット一回転中での回転むらを生じる.
9) 潤滑に注意が必要である.

といった欠点を有するため，どちらかというと低速で大きなトルクを伝達する場合に使われる．チェーン伝動にはおもにローラチェーンが用いられている．また，騒音防止を目的としたサイレントチェーンもある．ローラチェーンは JIS B 1801 に規定されている．図8.13 にローラチェーンの形状を，表8.4 にローラチェーンの諸元を示す．なお，伝動用については規格改正によってA系（従来の強力形に相当）とB系に分けられている．

スプロケットの歯形にはU歯形（ASA 1形），S歯形（ASA 2形）およびISO歯形があり，U歯形は歯と歯の間のピッチがわずかに広く，その分歯の厚さを薄くしている．現状ではU歯形とS歯形がよく用いられている．

例題 8.5

ローラチェーンのピッチが 25.4 mm，原動スプロケットの歯数が 15 で，430 rpm で回転しているとき，チェーンの最大速度と最小速度を求めよ[35]．

解

図8.14 においてチェーンのピンの中心間距離をピッチ p と呼び，チェーンがスプロケットに巻き付いたときのピンの中心を通る円をピッチ円と呼ぶ．スプロケットの中心を O，隣り合うピンの中心を A，B，O から AB に下ろした垂線の足を C，スプロケットの歯数を Z とすると，ピッチ円直径 D_P は

$$D_P = \frac{p}{\sin(\pi/Z)} \tag{8.12}$$

となる．ここで原動側スプロケットの回転角速度 ω が一定でも，チェーンの速度は，スプロケット OA の位置で駆動されるとき最大となり，OC の位置で駆動されるとき最小となって，常に変動している．すなわち，チェーンの最大速度 v_{max} は

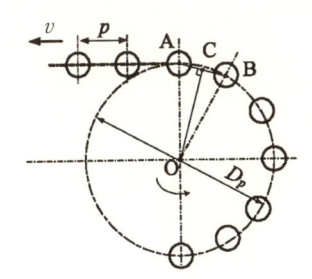

図 8.14 スプロケットの回転によるチェーン伝動

$$v_{\max}=\frac{D_P\omega}{2}=\frac{p\omega}{2\sin(\pi/Z)} \tag{8.13}$$

となり，チェーンの最小速度 $v_{\min}$ は図8.14の幾何学的関係から，

$$v_{\min}=\frac{D_P\omega}{2}\cdot\cos(\pi/Z)=\frac{p\omega}{2\tan(\pi/Z)} \tag{8.14}$$

本例題の場合には $p=25.4$ mm, $Z=15$, $\omega=430/60\times2\pi=45.0$ rad/s を代入して, $v_{\max}=2.75$ m/s, $v_{\min}=2.69$ m/s を得る．

8.3 歯付ベルト伝動[31]

歯付ベルト伝動 (synchronous drive) はタイミングベルト (timing belt), シンクロベルト (synchronous belt) などとも呼ばれるベルトの伝動面に歯付プーリ (synchronous belt pully, timing belt pully) とかみ合う歯をつけたもので，ベルト伝動の種々の特長を有しながら，チェーン伝動最大の利点である「一定の回転比」を得ることのできる伝動方式である．歯付ベルトはJIS K 6372およびK 6372に，歯付プーリはJIS B 1856に規定されている．図8.15に歯付ベルトの概観を示す．

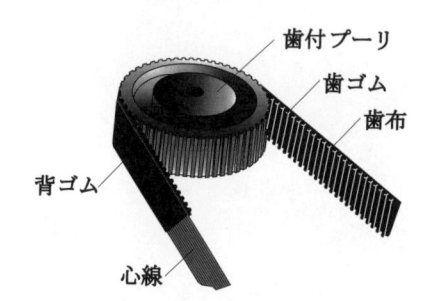

図 8.15 歯付ベルト

8.4 ロープ伝動

ロープ (rope) とロープ車 (sheave) を用いたロープ伝動 (rope drive) は古くから行われてきた．現在，最も特長を生かして用いられているのがワイヤロープによる伝動である．すなわち，ワイヤロープは

1) 柔軟性に富むので綱車による正逆転動，力の方向変換などが容易にできる．
2) 大きな張力に耐え，自重が小さいので高速運転時でも慣性の影響が少

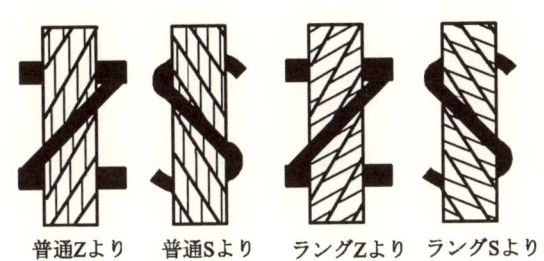

普通Zより　　普通Sより　　ラングZより　　ラングSより

図8.16 ロープのより方

表8.5 ワイヤロープの構成および断面

呼　称	7本線6より	12本線6より	19本線6より	24本線6より
構成記号	6×7	6×12	6×19	6×24
断　面				

表8.6 6×19ロープの破断荷重

ロープ径 [mm]	破断荷重 [kN] 普通より めっき G種	破断荷重 [kN] 普通より 裸・めっき A種	破断荷重 [kN] 普通より 裸 B種	(参考) 概算 単位質量 [kg/m]
4	8.03	8.64	9.22	0.058
5	12.5	13.5	14.4	0.091
6.3	19.9	21.4	22.9	0.144
8	32.1	34.6	36.9	0.233
9	40.7	43.8	46.7	0.295
10	50.2	54	57.6	0.364
11.2	63	67.8	72.3	0.457
(12)	(72.3)	(77.8)	(83.0)	(0.524)
12.5	78.4	84.4	90	0.569
14	98.4	106	113	0.713
16	128	138	148	0.932
18	163	175	187	1.18
20	201	216	230	1.46
22.4	252	271	289	1.83
25	314	338	360	2.28
28	393	424	452	2.85
30	452	486	519	3.28

（　）付きのロープ径は使用しない方が望ましい

ない．ことを特長とする．このため，相当長距離間の伝動も可能で，クレーン，エレベータ，リフト，そのほかの荷役用に広く使われている．

ワイヤロープは JIS G 3525 に規定されている．ワイヤロープは鋼の素線をより合わせてストランドを作り，さらにこれらをより合わせてロープを作る．ロープのより方には図 8.16 に示すように，ロープとストランドのより方向を反対にした普通よりと，同じ方向により合わせたラングよりがある．ロープのより方向によって S よりと Z よりがあるが，原則として Z よりを用いることになっている．ワイヤロープの構成と断面形状の一例を表 8.5 に，その破断荷重を表 8.6 に示す．

演習問題

【8.1】 平プーリにクラウンをつける理由を説明せよ．

【8.2】 二軸間の中心距離 2 m，プーリの直径がそれぞれ 360 mm，660 mm の平ベルト伝動機構においてオープンベルト，クロスベルト，それぞれの場合のベルトの長さを求めよ．

【8.3】 1200 rpm で回転する直径 600 mm の原動車が直径 1.2 m の従動車に 2.25 kW の動力を伝達する平ベルト伝達装置がある．オープンベルトの張り側およびゆるみ側の張力を求めよ．ただし軸間距離 3 m，ベルトの幅 320 mm，厚さ 5 mm，ベルトとプーリの摩擦係数 0.3 とし，ベルトの密度を 1100 kg/m^3 とする．

【8.4】 3.75 kW を伝達する V ベルト伝達装置がある．ベルト車の呼び径 150 mm，回転数 1700 rpm，ベルトの巻掛け角 135°，ベルトとプーリ間の摩擦係数 0.25 とすれば，V ベルトは何本必要か．ただし，ベルト 1 本の許容引張力を 150 N，単位長さあたりのベルトの質量を 0.1 kg/m とする．

【8.5】 ローラチェーンのピッチが 38.1 mm，原動スプロケットの歯数が 15 で，430 rpm で回転しているとき，歯数 45 の従動側スプロケットの毎分回転数の最大値と最小値を求めよ．

第9章
制 動 装 置

9.1 ブレーキ

　機械の動いている部分を停止させたり，可動部分を動かないように固定させている要素がブレーキ(brake)である．一般にブレーキは運動している部品の運動エネルギーを大地に固定されている部品との摩擦によって吸収して制動する．速度のみを減速するものに電気ブレーキ，流体摩擦を利用したブレーキがある．摩擦ブレーキは最も多く使用されており，その構造はブレーキ片とそれが作用する部分にブレーキ胴が付いた回転軸からなっている．ブレーキ片の作動方向が回転軸の半径方向のものと軸方向のものがある．前者にはブロックブレーキ，帯ブレーキ，内側ブレーキがあり，後者には円板ブレーキ，円すいブレーキがある．そのほか自動的にブレーキが作動するものがある．

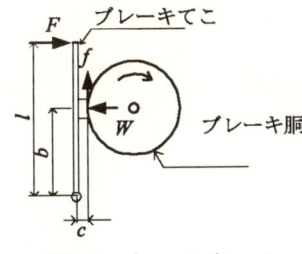

（1）ブロックブレーキ

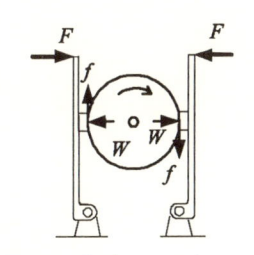

　ブレーキ片が1個のものを単ブロックブレーキといい図9.1に示す．2個のものを複ブロックブレーキという．複ブロックブレーキには図9.2のように外側と内側ブレーキがある．図9.1でブレーキに加える力をF，ブレーキ胴ブレーキ片をを押す力をW，摩擦係数をμ，ブレーキてこの長さをl，支点から

図9.1　ブロックブレーキ　　　　図9.2　複ブロックブレーキ

ブレーキ片の作用点までの垂直長さを b，支点からブレーキ片の作用点までの水平長さを c とするとモーメントのつり合いから

$$f = \mu W$$
$$Fl - fc - Wb = 0$$
$$\therefore \quad F = W\frac{(b + \mu c)}{l} \tag{9.1}$$

となる．回転方向が逆の場合，支点がブレーキ作用点より右方にくる場合は f，c の符号が負になる．l/b は 3～6 が多く，最大でも 10 までとする．F は 100 N から 150 N，最大でも 200 N までとする．ブレーキ胴とブレーキ片のすき間は 2～3 mm とする．

複ブロックブレーキは回転軸に対称に配置された 2 個のブレーキで軸を両側から締め付けるため軸にモーメントが働かない．ブレーキトルク T は，ブレーキ胴の直径を d，摩擦係数を μ とすると，

$$T = \mu W d, \quad F = \frac{b}{l} W \tag{9.2}$$

となる．

（2）ブレーキ容量

ブレーキを作動させると摩擦熱が発生する．この放散を考慮してブレーキ片の寸法を決定する．ブレーキ片が胴を押す力を W，ブレーキ胴の周速度を v とすれば，摩擦による単位時間あたりの仕事は $\mu W v$ で表され，これに相当する熱が発生する．図9.1のようなブレーキ片のブレーキ圧力は $W/(ht)$ で，h および t が小さいと局所的に熱が発生するので適度に分散させる必要がある．すなわち

$$\frac{\mu W v}{ht} \leq C \tag{9.3}$$

としなければならない．式 (9.3) の C をブレーキ容量といって周囲の条件によってブレーキ寸法を決める目安とし以下の値が用いられている．

頻繁使用　　　0.6　（MPa・m/s）
自然冷却　　　1
放射状態良好　3

ブレーキ胴としては鋳鉄や鋳鋼を用い，ブレーキ片として表 9.1 に示す材料

表 9.1 ブレーキ材料の摩擦係数

使用材料	許容ブレーキ圧 [MPa]	摩擦係数 μ	潤滑状態
鋳鉄	1.0 以下	0.1～0.2	乾 燥
〃		0.08～0.12	潤 滑
鋼鉄帯		0.15～0.20	乾 燥
〃		0.10～0.15	潤 滑
軟 鋼		0.15	乾,燥
黄 銅		0.1～0.2	潤滑・乾燥
青 銅	0.4～0.8	0.1～0.2	潤滑・乾燥
木 材	0.2～0.3	0.15～0.25	少量の油
ファイバー		0.05～0.10	潤滑・乾燥

(参考文献 9) p200 より抜粋)

と特性値を用いる.

(3) 帯ブレーキ

ブレーキ胴に鋼製の帯,またはファイバーや皮を裏張りした鋼帯を巻き付けたもので,帯に張力をかけ,帯とブレーキ胴の間に生じる摩擦力によって制動を行うものである.図 9.3 に示す帯ブレーキで,帯の両端の引張力を T_1, T_2, ブレーキ胴と帯が接触している中心角を θ,ブレーキをかける力を F,摩擦係数を μ とし F, T_1, T_2 が作用する点と中心の距離を l, a, b とし図のようにブレーキ胴が時計針方向回りの場合,ブレーキ力 f, T_1 および T_2 の関係は

$$f = T_1 - T_2, \quad T_1 = T_2 e^{\mu\theta}$$

となる.この結果は 8 章の図 8.5 で,$v=0$ の場合に相当し,同図で $T_s = T_2$, $T_t = T_1$ と置き換えた場合である.

モーメントのつり合いは

$$Fl + T_1 a = T_2 b$$

であるから,

$$F = \frac{f(b - ae^{\mu\theta})}{l(e^{\mu\theta} - 1)} \tag{9.4}$$

となる.ブレーキ胴が逆時計回りの場合

$$F = \frac{f(be^{\mu\theta} - a)}{l(e^{\mu\theta} - 1)} \tag{9.5}$$

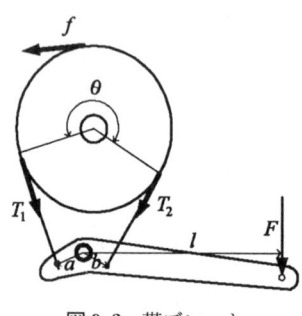

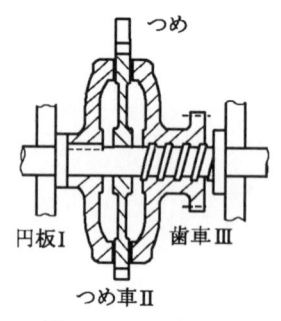

図 9.3　帯ブレーキ　　　　　図 9.4　ねじブレーキ

となる．a または b が 0 の場合は単式帯ブレーキ，T_1，T_2 が同じ位置にあるものを両方向回転ブレーキと呼ぶ．b が 0 のときは F の方向は逆になる．このようにブレーキのてこの支点やブレーキ帯の取付け位置によって F が違ってくる．

　ブレーキドラムの径を D，ブレーキトルクを M とするとブレーキ力 f は

$$f = \frac{2M}{D} \tag{9.6}$$

であり，接触角と摩擦係数から帯の張力 T_1 は

$$T_1 = \frac{2Me^{\mu\theta}}{D(e^{\mu\theta}-1)} \tag{9.7}$$

で計算する．帯の許容引張応力 σ_{al}，帯の厚さを t とすると帯の幅 b は

$$b = T_1/(t\sigma_{al}) \tag{9.8}$$

で求められる．θ は $180 \sim 270°$ にとる．鋼帯の σ_{al} は $60 \sim 80$ MPa にとるが，特に摩耗を考慮する場合，$50 \sim 60$ MPa にする．帯の厚さは $2 \sim 4$ mm，幅 150 mm 以下にし，胴との隙間は $1 \sim 5$ mm にする．

（4）自動ブレーキ

　ウインチなどの場合，手動ブレーキでは速度の調節や停止をさせることは困難である．このようなとき自動荷重ブレーキを用いると便利である．自動ブレーキの一例としてねじブレーキを図 9.4 に示す．これは軸上自由に回転できるつめ車Ⅱを設置したもので，巻き上げのときはⅠ，Ⅱ，Ⅲの機素が圧着して一体となって回る．下ろすときは，つめがつめ車にかかりⅠ，Ⅱ，Ⅲの間に隙間ができ歯車は回る．歯車の回転が軸の回転より速くなると，ねじの働きでⅠ，

Ⅱ，Ⅲは圧着して，ブレーキがかかり軸の回転数と同じになる．
　ねじがⅢをとおしてⅡを押す力 W とねじの回転トルク P_1 の関係は

$$P_1 = rW\tan(\beta+\rho) \tag{9.9}$$

ここで，r はねじの有効半径，β はねじのリード角，ρ は摩擦角である．
ⅡとⅢの間のブレーキトルク P_2 は

$$P_2 = \mu W R_0 \tag{9.10}$$

である．ただし μ は摩擦円板の摩擦係数，R_0 は摩擦円板の平均半径である．
　　　　$P_2 > P_1$
であれば荷重による自由落下を防ぐことができる．

9.2　つ め 車

　図 9.5 (a) のような，円のまわりにつめのように片方に傾いた歯をつけたつめ車 (ratchet wheel) とつめ (pawl) を組み合わせて使用するもので，その目的は

1) 逆回転の防止．
2) 一回転方向にトルクや力を伝達する．
3) 割り出しとしてつめ車のピッチの歯数倍正確に送る．
4) その他，調速機構など間欠回転を得る．

である．
　つめの中心はつめ車の外径の接線方向に配置すれば，つめの軸にかかる荷重は最小になるが，つめと歯面の摩擦を考慮して，つめ車の接線となす角 θ は摩擦角 ρ より大きくなるよう外側にとる．普通 $\tan\rho$ は 0.3 位とする．つめの

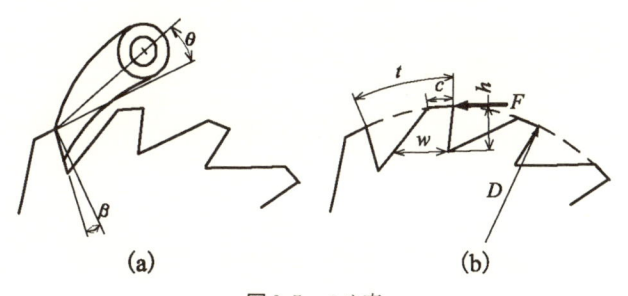

図 9.5　つめ車

中心を接線方向かこれより内側にとる場合は，つめ車の歯形を半径線に対して傾ける．

つめ車の歯の強度計算は歯の曲げ強さと面圧強さについて行う．重荷重用の歯の寸法はおおむね図 9.5 (b) のような歯形とする．つめ車に作用する接線力 F，つめ車の外径 D，つめ車の歯のたけ h，つめ車の厚さ b，つめ車の歯根元の長さ w，つめ車の許容曲げ応力 σ_b，1枚の歯にかかる曲げモーメント M_b とすると

$$M_b = \frac{bw^2}{6}\sigma_b \tag{9.11}$$

である．σ_b は鋳鉄で $20 \sim 30$ MPa，鋳鋼，鍛鋼では 40 MPa とする．また面圧は

$$\sigma = \frac{F}{bh} \tag{9.12}$$

であり σ は鋳鉄で $5 \sim 10$ MPa，鋳鋼，鍛鋼では $15 \sim 30$ MPa とする．外径 D は歯数を Z とすると $D = Zt/\pi$ であり，Z は $6 \sim 25$ ぐらいとする．歯数を少なくするとつめ車の遊ぶ角度が大きくなる．遊ぶ距離が大きいと困る場合はつめを複数枚用いるなど工夫が必要となる．つめのほうがつめ車より早く摩耗するからつめは硬い材料を用いる．つめにかかる力 F はつめ車の回転モーメントを M とすると $F = 2M/D$ である．

つめ車の寸法は t を基準として，

$$h = 0.35t, \quad b = kt, \quad w = 0.5t \tag{9.13}$$

とし，k と σ_b の値を表 9.2 に示す．

表9.2 つめ車の歯幅と許容曲げ応力

	FC材	SC・SF材
歯幅 b	$(0.5 \sim 1.0)t$	$(0.3 \sim 0.5)t$
許容曲げ応力 σ_b	$20 \sim 30$ MPa	40 MPa

(参考文献 9) p214 より抜粋)

例題 9.1

$M = 300$ Nm の回転モーメントを受けるつめ車を設計せよ．

解

$FD=2M=FZt/\pi$ より，$M_b=\dfrac{bw^2}{6}\sigma_b=Fh=\dfrac{2M\pi h}{Zt}$，$h=0.35\,t$，$b=kt$，$w=0.5\,t$ を代入し，整理すると $t^3=\dfrac{6\times0.35\times2\times\pi}{0.25}\dfrac{M}{kZ\sigma_b}$ となる．$t=3.75\sqrt[3]{\dfrac{M}{kZ\sigma_b}}$，材料を SC，$Z=18$ として，$k=0.4$，$\sigma_b=40$ MPa を代入して 3.80 cm を得る．$D=218$ mm となるが 216 mm とする．以下，式 (9.13) より，$t=37.7$ mm，$b=16$ mm，$h=13.2$ mm，$w=18.9$ mm とする．

9.3 はずみ車

はずみ車 (flywheel) は，回転する軸系に対して，大きな慣性モーメントを有する円板状の機械要素を付加することによって運動エネルギーを蓄え，回転を安定させることを目的としたもので，フライホイールとも呼ばれる．織機やプレス機械のように，比較的短い時間内に大きな出力を必要とする機械を駆動する場合や，内燃機関のクランク軸などのようにトルク変動の大きな回転軸系の回転を平滑化する場合に用いる．

（1）はずみ車の慣性モーメント

はずみ車は図 9.6 に示すように一般に，リム部，アーム部，ボス部からなる．はずみ車の目的は，大きな慣性モーメントを付加することであるから，慣性モーメントの計算にあたっては，回転の中心（重心）からの距離の大きなリム部の慣性モーメントのみを考慮し，アーム部やボス部は無視することが多い．

すなわち，図 9.7 において，リムの内半径を r_1，外半径を r_2，軸方向の幅を b，材料の密度を ρ とし，リム半径 r に位置する微小な輪を考え，その半径方向の微小な厚さを dr，輪の質量を dm とすれば，はずみ車の慣性モーメント

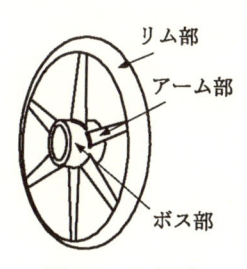

図 9.6 はずみ車

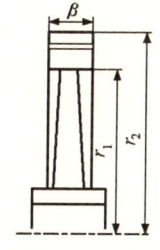

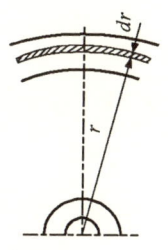

図 9.7 はずみ車の慣性モーメント

J は式 (9.14) となる．

$$J = \int r^2 dm = \frac{\pi b \rho}{2}(r_2^4 - r_1^4) \tag{9.14}$$

リム全体の質量を m，リムの回転半径を r_k とすれば，J は次式となる．

$$J = m r_k^2 \tag{9.15}$$

（2） はずみ車の強さ

はずみ車が角速度 ω で回転した場合，リム部には遠心力が働き，これが図 9.8 に示すように，円周方向への引張応力となる．リム部を薄肉円筒とみなした場合の円周方向応力 σ_t は式 (9.16) となる．

$$\sigma_t = \rho r_m^2 \omega^2 \tag{9.16}$$

ただし，$r_m = (r_2 + r_1)/2$ はリム部の平均半径である．

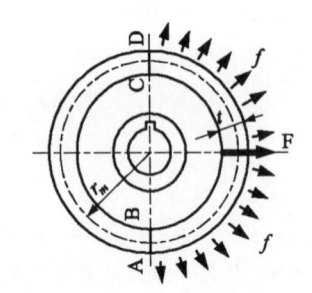

図 9.8　リムに働く遠心力

例題 9.2

式 (9.16) を導出せよ．

解

図 9.8 において $t = r_2 - r_1$，リムの単位長さあたりに働く遠心力を f とすれば，遠心力＝質量×半径×角速度^2 であるから，

$$f = \rho b t r_m \omega^2 \tag{9.17}$$

図 9.8 の A－D 面に垂直な方向の合力を F とすると，

$$F = \int_{-\pi/2}^{\pi/2} r_m f \cos\theta d\theta = 2 r_m f \tag{9.18}$$

この力をリムの断面 AB および CD でささえるので，応力 σ_t は次式となる．

$$\sigma_t = \frac{F}{2bt} = \rho r_m^2 \omega^2$$

9.3 はずみ車

（3）エネルギー貯蔵を目的としたはずみ車

織機やプレス機械のように短い時間内に間欠的に大きな荷重がかかるものや，発電機の水車のように急に荷重がなくなっても，軸の駆動力を急になくすことができない場合には，回転力の急変動を起こさせないためにはずみ車を用いる．

角速度 ω_2 で回転している慣性モーメント J のはずみ車が，外部に仕事をして角速度 ω_1 に減速したとき，このはずみ車のした仕事 ΔE は次式で表される．

$$\Delta E = J\frac{(\omega_2{}^2 - \omega_1{}^2)}{2} \tag{9.19}$$

はずみ車は加勢時に増速し，放勢時に減速する．すなわち，動作中に回転数が変化し，出力エネルギーの特性が変化するため，貯蔵されたエネルギーのすべてが利用されるのではなく，出力エネルギー特性が均一とみなされる範囲内で利用される．

（4）回転軸系の平滑化を目的としたはずみ車[14]

内燃機関などのピストン式原動機はクランク角の位置によって周期的に発生する回転力が変動する．また，往復式の圧縮機のクランク軸などでは駆動に必要な回転力がクランク角の位置によって周期的に変化する．このようにトルク変動の大きな回転軸系の回転を平滑化するためにはずみ車を用いる．

図9.9は原動機のそれぞれの回転角における回転力の変化をモデル的に表した図で，必要回転力よりも発生回転力が大きいときは軸の角速度は増加し，必要回転力の方が大きいときには軸の角速度は減少する．二つの回転力を表す曲線に囲まれた面積ははずみ車により吸収または放出されるエネルギーを表す．すなわち，＋の部分はエネルギーが余っているので，軸系の増速によってはずみ車がこれを吸収し，－の部分はエネルギーが不足しているので，軸系の減速によってはずみ車がこれを放出する．

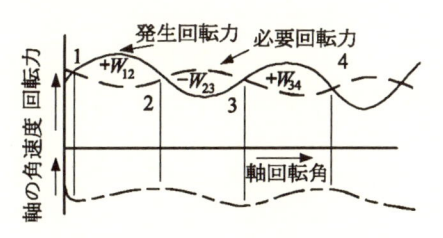

図9.9 軸の回転による回転力の変化

(5) はずみ車の設計

図9.9において吸収されたエネルギーが最大値 E_2(すなわち軸系の角速度が最大)のときの角速度を ω_2, 放出されたエネルギーが最小値 E_1(すなわち軸系の角速度が最小)のときの角速度を ω_1 とすると,軸系の平均角速度 ω_m および角速度変化係数 δ はそれぞれ次式によって与えられる.

$$\omega_m = \frac{\omega_1 + \omega_2}{2} \tag{9.20}$$

$$\delta = \frac{\omega_2 - \omega_1}{\omega_m} \tag{9.21}$$

はずみ車に要求される慣性モーメント J は式(9.17)によって求められるが,式(9.20)および(9.21)を用いて,以下のようにも表現できる.

$$\begin{aligned} E_2 - E_1 &= J(\omega_2{}^2 - \omega_1{}^2)/2 \\ &= J\omega_m{}^2 \delta \\ &= JN^2 \delta \left(\frac{\pi}{30}\right)^2 \end{aligned} \tag{9.22}$$

ただし,N は軸系の毎分回転数である.軸系の回転むらを小さくして,滑らかに回転させたいときには δ の値は小さく設定しなければならない.すなわち式(9.22)より,J を大きくしなければならないことがわかる.

種々の軸系に対する δ の許容値の一例を表9.3に示す.

表9.3 角速度変化係数 δ の一例

空気圧縮機,往復ポンプその他一般工場動力用機械	1/30 ～ 1/40
直結直流発電機運転用内燃機関	1/100 ～ 1/120
直結交流発電機運転用内燃機関	1/175 ～ 1/200

(参考文献 14) p149 より抜粋)

演習問題

【9.1】 図9.10のようなシートを巻き付けたビームがある.片側にブレーキをかけるための円板がついている.シートが送り出されてシート巻量を示す半径 r が減少していく.帯ブレーキを引張るレバーに錘 W がかかっている.シートを引き出す張力 P と W の関係を求めよ.P を一定に保つにはどうすればよいか論じよ.なお記号は図のとおりとする.

演習問題　187

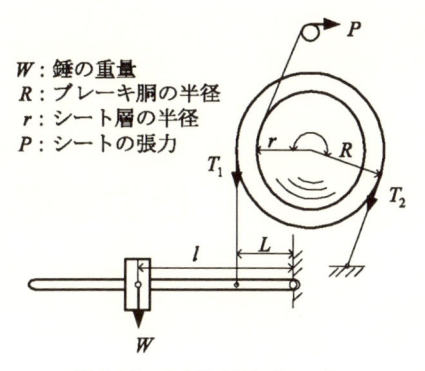

W：錘の重量
R：ブレーキ胴の半径
r：シート層の半径
P：シートの張力

図 **9.10**　送出し手動ブレーキ

【9.2】 前問9.1でPが900 N，$r=0.2$ m，$R=0.3$ m，$l=0.8$ m，$L=0.1$ m でブレーキ胴と帯の摩擦係数0.2，θがπのときWはいくらになるか．

【9.3】 図9.11のような帯ブレーキのFを求めよ．
[ヒント]　図9.3のT_1と支点の関係を比べよ．

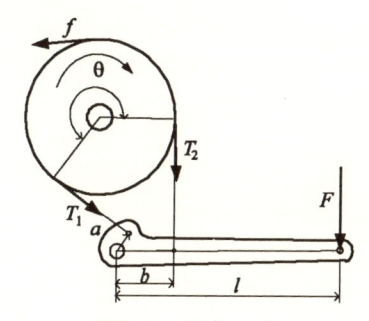

図 **9.11**　帯ブレーキ

【9.4】 図9.4のようなねじブレーキにおいて，ねじの有効径25.5 mm，ピッチ5 mm 二条ねじとし，ねじ面の摩擦係数0.16，摩擦円板の外径125 mm，内径75 mm，摩擦円板の摩擦係数0.3，許容ブレーキ圧力0.2 MPaとすれば最大のブレーキトルクはどれほどか，自重で落下するかどうか

【9.5】 慣性モーメント 2.5 kgm^2 を要するはずみ車のリムの外半径を320 mm，内半径を 280 mm とした場合，幅はどれだけにすればよいか．ただしはずみ車の材料の密度を7800 kg/m^3 とする．

第10章
圧力容器, 管, 弁

10.1 圧力容器

高い圧力が内圧または外圧として働く圧力容器(pressure vessel)には, 円筒形あるいは球形容器が用いられる. いずれの場合も容器の肉厚が直径の10％程度以下の薄肉容器とそれ以上の厚肉の場合に分けられる.

図10.1のような内径 D, 肉厚 t の両端閉じの薄肉円筒形容器に内圧 p が働けば円筒側壁の円周方向応力 σ_θ, 軸方向応力 σ_z は次式となる.

$$\sigma_\theta = \frac{pD}{2t}, \qquad \sigma_z = \frac{\sigma_\theta}{2} = \frac{pD}{4t} \tag{10.1}$$

また, 球形容器の円周方向応力は次式となる.

$$\sigma_\theta = \sigma_\phi = \frac{pD}{4t} \tag{10.2}$$

薄肉容器では, これらの円周方向応力 σ_θ が材料の許容応力以下になるよう

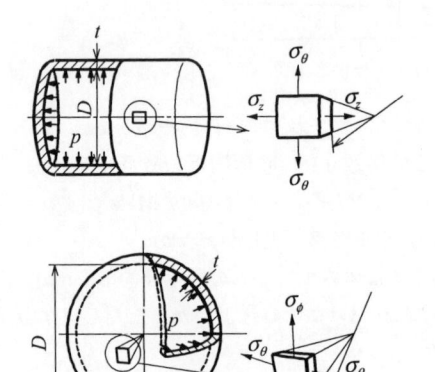

図10.1 薄肉円筒容器およひ球形容器の応力

10.1 圧力容器

に肉厚 t を決めればよい．式(10.1)の第一式の場合には，容器の腐食しろ，強度に対する安全率 S や，継手効率 η 等を考慮した次のような設計式が用いられる．

$$t=\frac{pD}{2\sigma\eta S^{-1}-Kp}+\alpha \tag{10.3}$$

ここで，σ は容器材料の強度，S，K は使用状態等による係数であり，K，S，α については表10.1のような値が決められている．

表10.1 圧力容器の設計数値

		K		S	α [mm]	
ボイラ内圧胴 JISB8201		1.2		4	リベット継手 継目なし溶接継手	1 2.5
節炭器用鋳鉄管 JISB8201		1.2		10	ひれなし ひれ付	4 2
蒸気管 JISB8201	炭素鋼		−0.8	図10.2	$D\leq34$[mm]	1.25
	フェライト特殊鋼	≦480℃ 480~510℃ 510<	−0.8 −1.0 −1.4			
	オーステナイト鋼	≦565℃ 565~590℃ 590<	−0.8 −1.0 −1.4		$D>34$[mm]	1.65
火なし圧力容器 の内圧胴 JISB8243		1.2		鋼材 4 鋳鋼 6 または 図10.3	炭素鋼,低合金鋼 1 以上 ステンレス鋼 0 でもよい	
火なし圧力容器 用管 JISB8243		−0.8		鋼材 4 鋳鋼 6 または 図10.2	炭素鋼,低合金鋼 1 以上 ステンレス鋼 0 でもよい	

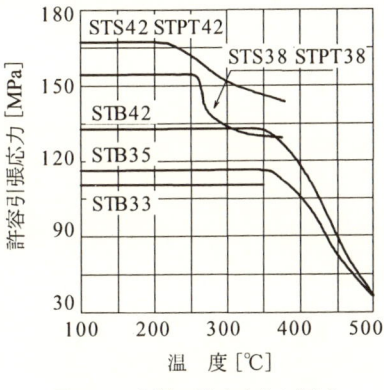

図10.2 鋼管の許容応力と温度
(JIS G 3461, 3455, 3456 より)

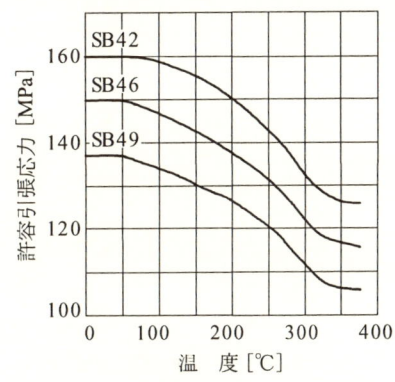

図10.3 炭素鋼の許容応力と温度
(JIS G 3103 より)

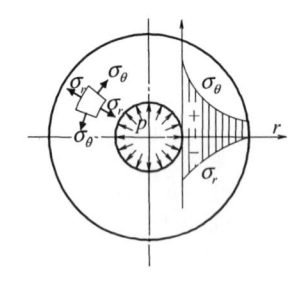

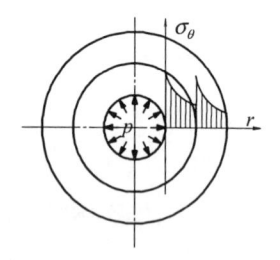

図 10.4 厚肉円筒 図 10.5 組み合わせ円筒

表 10.2 厚肉円筒の応力

$$\sigma_\theta|_{r=r_1} = \frac{p_1(r_1^2 + r_2^2) - 2p_2 r_2^2}{r_2^2 - r_1^2}$$

$$\sigma_r|_{r=r_1} = -p_1,\ \sigma_r|_{r=r_2} = -p_2$$

$$\tau_1|_{r=r_1} = \frac{(p_1 - p_2)r_2^2}{r_2^2 - r_1^2}$$

内圧 p を受ける円筒容器の肉厚が厚くなれば,応力は断面上で一様には分布せず図 10.4 のように内側で大きな値になる。内圧 p_1 と外圧 p_2 を同時に受ける内半径 r_1,外半径 r_2 の円筒の場合,円周方向応力 σ_θ,半径方向応力 σ_r,最大せん断応力 τ_1 は表 10.2 のようになる[3]。設計に際しては,これらの応力が材料の許容応力以下になるように内半径および外半径を決めねばならない。同表の結果から,容器内周の応力は外圧が作用すれば小さくなるので,内圧が特に大きい場合には図 10.5 のような組み合わせ円筒を用いて容器内周の応力を下げることが有効である。外円筒と内円筒の材料が同じ場合,しめしろを δ とすれば,両円筒の接触圧力 p_m は

$$p_m = \frac{E(r_3^2 - r_2^2)(r_2^2 - r_1^2)}{2r_2^2(r_3^2 - r_1^2)} \frac{\delta}{2r_2} \tag{10.4}$$

となり,ここで E はヤング率,r_1 と r_3 は内円筒の,r_3 と r_2 は外円筒の内半径と外半径である。すなわち,内側の円筒には p_m の外圧が作用し,その分内周の応力が小さくなる。

圧力容器のふたは通常円板でできている。図 10.6 のように圧力 p を受ける肉厚 t の円板には円周方向および半径方向の曲げが加わり,半径 r における

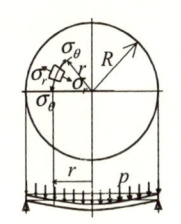

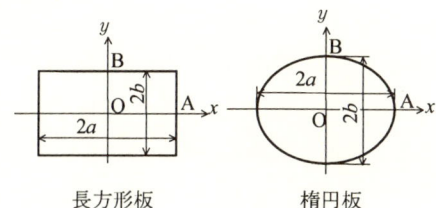

図 10.6 圧力を受ける円板　　**図 10.7** 長方形板およびだ円板

表 10.3 円板の応力

		円周自由	円周固定
最大値		$\sigma_\theta\|_{r=0} = \dfrac{3(3+\nu)}{8}\dfrac{R^2}{t^2}p$	$\sigma_\theta\|_{r=0} = \dfrac{3(1+\nu)}{8}\dfrac{R^2}{t^2}p$
		$\sigma_r\|_{r=0} = \dfrac{3(3+\nu)}{8}\dfrac{R^2}{t^2}p\,(=\sigma_\theta\|_{r=0})$	$\sigma_r\|_{r=R} = \dfrac{3}{4}\dfrac{R^2}{t^2}p$
		$\delta\|_{r=0} = \dfrac{3(1-\nu)(5+\nu)}{16}\dfrac{pR^4}{Et^3}$	$\delta\|_{r=0} = \dfrac{3(1-\nu^2)}{16}\dfrac{pR^4}{Et^3}$

板表面の円周方向応力 σ_θ, 半径方向応力 σ_r およびたわみ δ の最大値は表 10.3 のようになる. また, 長方形や楕円板のふたについては, 寸法を図 10.7 のようにとった場合の最大応力およびたわみは次式で与えられている.

$$\sigma_{y\max} = \alpha_1\frac{pb^2}{t^2}, \quad \sigma_{x\max} = \alpha_2\frac{pb^2}{t^2}, \quad \delta_{\max} = \beta\frac{pb^4}{Et^3} \quad (10.5)$$

ここで, 係数 α_1, α_2, β の値は表 10.4 のようであり, ν はポアソン比である.

表 10.4 長方形板, 楕円板の応力の係数

(a) 長方形板（$\nu=0.3$）

	最大応力点	a/b	1.00	1.25	1.50	1.75	2.00	∞
周辺固定	B 点	α_1	1.231	1.596	1.817	1.960	1.990	2.000
		β	0.221	0.318	0.384	0.422	0.443	0.454
		a/b	1.0	1.2	1.4	1.6	1.8	2.0	4.0	∞
周辺自由	O 点	α_1	1.150	1.502	1.800	2.070	2.280	2.440	2.960	3.000
		α_2	1.150	1.202	1.214	1.183	1.150	1.114	0.922	0.900
		β	0.709	0.986	1.232	1.450	1.630	1.770	2.240	2.282

(b) 楕円板（$\nu=0.3$）

	最大応力点	a/b	0	0.5	0.6	0.7	0.8	0.9	1.0
周辺固定	B 点	α_1	2.00	1.63	1.46	1.28	1.09	0.91	0.75
周辺自由	O 点	α_1	3.00	2.34	2.12	1.89	1.65	1.44	1.24

なお,例として,同表(b)で a/b が 1.0 の O 点の場合が,図 10.6 に該当する表 10.3 の結果に一致することが確認できる.

以上の結果は外周が完全に自由な場合と,完全に固定されている両極端の場合である.実際はこれらの中間であるが,これを厳密に解析するのは困難であるので,同表の値を参考にして肉厚を決めればよい[10].

例題 10.1

式 (10.1) を導け.

解

図 10.1 の内圧 p を受ける薄肉円筒容器を図 10.8(a)のように直径を含む断面で圧力媒体ごと仮想切断する.圧力 p による合力は,円筒の長さを l として,図の上向きに

$$pDl$$

である.一方,円周方向引張応力 σ_θ の合力は,円筒の切断面が二箇所になる事に注意して,図の下向きに

$$2\sigma_\theta t l$$

となる.これらがつり合うから

$$pDl = 2\sigma_\theta t l \qquad \therefore \quad \sigma_\theta = \frac{pD}{2t} \tag{10.6}$$

次に,円筒容器を同図(b)のように軸に直角な断面で仮想切断すれば,圧力 p は直径 D の円全面に作用するから,これによる合力は図の右方向に

$$p \frac{\pi D^2}{4}$$

一方,軸方向引張応力 σ_z が作用する円筒断面は内径 D,厚さ t の薄肉リング状であるから,これによる合力は図の左方向に,

$$\sigma_z \pi D t$$

となり,これらがつり合うから

$$p \frac{\pi D^2}{4} = \sigma_z \pi D t \qquad \therefore \quad \sigma_z = \frac{pD}{4t} = \frac{\sigma_\theta}{2} \tag{10.7}$$

図 10.8 薄肉円筒容器に作用する圧力と応力

となる．

例題 10.2

使用圧力が 1.2 MPa である内径 800 mm のボイラ圧力容器の銅版の厚さ t を決めよ．ただし，板の引張強さは 380 MPa であり，継手はリベット継手とし，その効率は 95 % とする．

解

表 10.1 より，K, S および α を，それぞれ 1.2, 4 および 1 mm とすれば，式 (10.3) より

$$t = \frac{pD}{2\sigma\eta S^{-1} - Kp} + \alpha = \frac{1.2 \times 800}{2 \times 380 \times 0.95 \times 4^{-1} - 1.2 \times 1.2} + 1 = 6.36 \text{ mm}$$

よって，$t = 7.0$ mm とする．

10.2 管

管 (pipe) は主に液体やガスの輸送に用いられるが，断面二次モーメントが大きく曲げやねじりに強いので構造用部材としても用いられ，材料には用途により種々のものが使用される．

鋳鉄管は安価で耐食性もあるので地下に埋設する水道，ガス，下水用に用いられ，使用圧力は 1 MPa 以下であり JIS には G 5511, G 5525 の規格がある．炭素鋼鋼管は蒸気，水，ガス石油等の配管用として最も一般的に利用され，使

表 10.5 炭素鋼管に関する主な JIS

規格番号	項　目	使用圧力・温度	
G3452	一般配管用	0~1.5 MPa	350 ℃ 以下
G3454	圧力配管用	1.5~10 MPa	350 ℃ 以下
G3455	高圧配管用	10~20 MPa	350 ℃ 以下
G3456	高温配管用	0~20 MPa	350~450 ℃
G3460	低温配管用	0~20 MPa	-100~15 ℃
G3461	ボイラ，熱交換器用		
G3464	低温熱交換器用		

表 10.6 ステンレス，合金鋼管に関する主な JIS

規格番号	項　目	使用圧力・温度	
G3459	配管用ステンレス鋼管	0~10 MPa	最高 650~800 ℃ 最低 -200~-100 ℃
G3458	配管用合金鋼管	0~20 MPa	450~650 ℃
G3462	ボイラ・熱交換器用合金鋼管	0~20 MPa	450~650 ℃

用圧力と温度により表10.5のように分類される．ステンレス鋼管，合金鋼管は主に耐熱，耐食性を必要とする用途に使用され表10.6の規格がある．銅管，銅合金管は耐食性，屈典性があり熱および電気の良導体であるので熱交換機などに用いられ，継目なし銅管 (JIS H 3300)，ニッケル銅合金管 (JIS H 4552) などがある．

流体の流量を Q，流速を V とすれば，必要な管の内径 D は次式となる．

$$D = 2\sqrt{\frac{Q}{\pi V}} \tag{10.8}$$

流速を大きくすれば必要な内径は小さくなるが，あまり大きくすると圧力損失が増し，所要動力も大きくなるので，基準は表10.7のように決められている．管の厚さは薄肉円筒容器と同様に考えて式 (10.3) で求めればよいが，その他に次式も用いられる[11]．

表10.7 管内流速の基準

流体	用途		流速[m/s]	流体	用途	流速[m/s]
水	上水道(長距離)		0.5~0.7	水	暖房湯管	0.1~3
	上水道(短距離)		~1		圧縮機吸入管	10~20
	上水道(近距離)	径 3~15 mm	~0.5	空気	圧縮機低圧吐出管	20~30
		径 ~30 mm	~1		圧縮機高圧吐出管	10~20
		径 >100 mm	~2		送風機吸入管	10~15
	水力発電所導水管		2~5		送風機吐出管	15~20
	消火用ホース		6~10		内燃機関吸入管	10~20
	低水頭うず巻ポンプ吸入吐出管		1~2	ガス	内燃機関排気管	10~25
	高水頭うず巻ポンプ吸入吐出管		2~4		石炭ガス管	2~6
	往復ポンプ吸入(長管)		0.5~0.7		飽和蒸気	12~40
	往復ポンプ吸入(短管)		0.7~1		加熱蒸気	40~80
	往復ポンプ吐出管(長管)		1	蒸気	加熱蒸気(小型タービン用)	30~40
	往復ポンプ吐出管(短管)		2		加熱蒸気(大型タービン用)	40~80

表10.8 管の設計数値

		継目効率	許容応力 σ_a [MPa]	腐食しろ α [mm]
鋼管	継目無管	1.0		
	鍛接管	0.8	80	
	長手一列リベット継手管	0.57~0.63	100	1
銅管			20~25	0~1.5

$$t = \frac{pD}{2\sigma_{al}\eta} + \alpha \tag{10.9}$$

ここで，σ_{al} は許容応力，η は継手の効率，α は腐食しろであり，表 10.8 のような値を用いればよい．

10.3 管 継 手

管と管あるいは管とその他の要素とのつなぎを管継手といい，フランジ継手，ねじ込み型継手，伸縮型継手がある[9]．

フランジ継手は管径，内圧が比較的大きい場合に用いられるもので，管末に図 10.9 のようなフランジを取り付け，これをボルトでつなぐ継手である．フランジと管との固定方法には図のような一体型，ねじこみ，溶接，リベットなどが用いられる．フランジの材料には鋳鉄，鋳鋼，鋼板，青銅などが用いられ，使用圧力と形状寸法が JIS B 2238，2239 に決められている．

ねじ込み型継手は比較的低圧のガス管等に用いられる部品で管用テーパねじを用いて管と管をつなぐ．その形状は図 10.10 に示すものが JIS B 2301 に規定されてあり，これらを組み合わせることにより種々の配管ができる．

伸縮型継手は温度変化等による管路の伸縮を吸収するために使われもので，伸縮が小さい場合は鋼製ベロース，伸縮が大きい場合には図 10.11 のような伸縮型ベンドが用いられる．

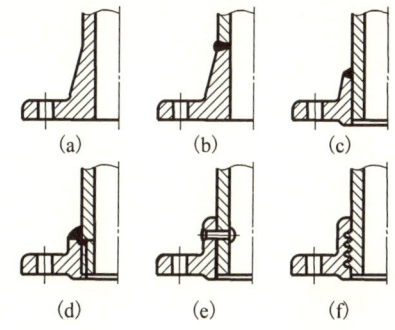

(a) 一体式フランジ　　(b) 竿継ぎ溶接フランジ
(c) 管さし込み溶接フランジ　(d) ねじ込み式フランジ
(e) リベット継手フランジ　　(f) 転圧フランジ

図 10.9　管フランジ継手

第10章 圧力容器，管，弁

エルボ	45°エルボ	めすおすエルボ	径違いエルボ	T
径違いT	めすおすT	45°Y	90°Y	十字
ベンド	おすベンド	45°めすおすベンド	返しベンド	
ソケット	ニップル	ブッシュ	ユニオン	

図 10.10　ねじ込み型継手

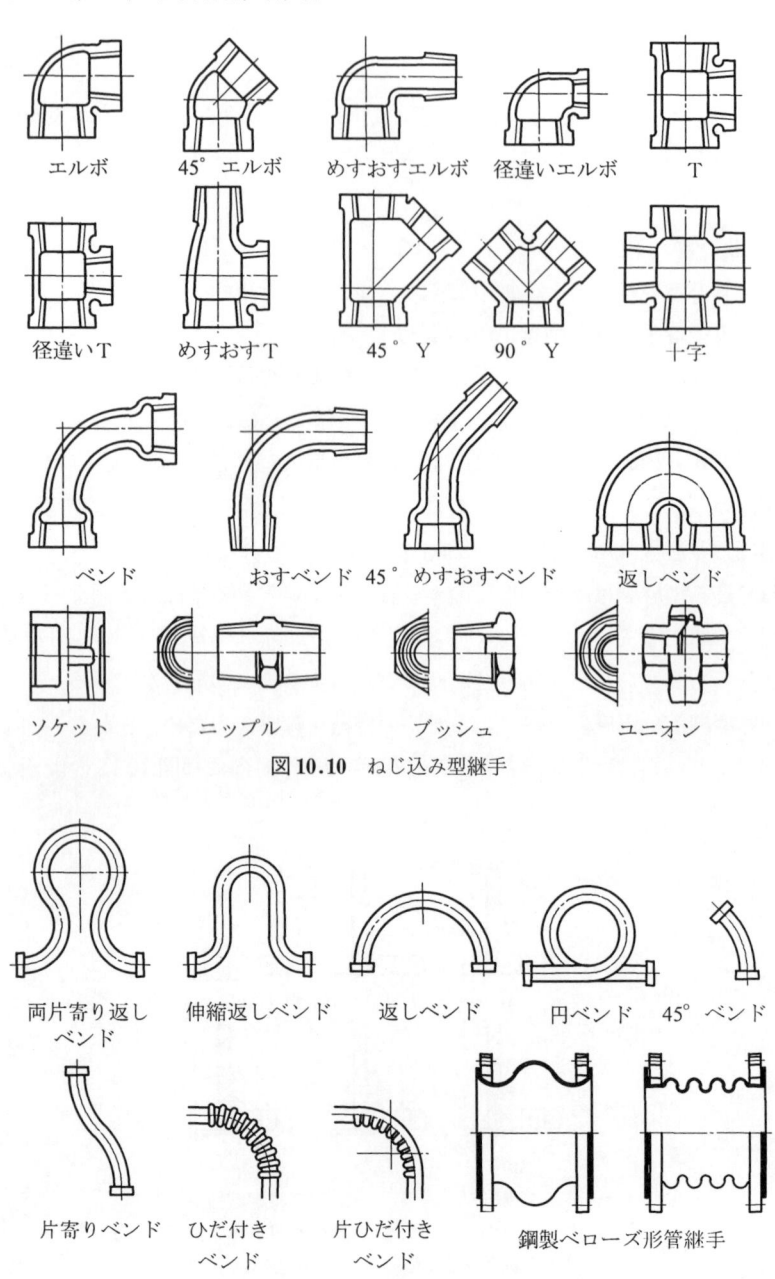

両片寄り返しベンド	伸縮返しベンド	返しベンド	円ベンド	45°ベンド
片寄りベンド	ひだ付きベンド	片ひだ付きベンド	鋼製ベローズ形管継手	

図 10.11　伸縮型継手

10.4 弁

流体の流量を調節する部品が弁(valve)であり，特に小型で簡便なものをコックと呼ぶ．

玉型弁は図10.12に示すように，弁体を弁座に対して垂直方向にねじ込んで弁体を押し上げる方向に流れる流体を遮断するものであり，流路が直角のものをアングル弁という．

一方，図10.13のように弁座が流路に対して直角の位置にあり弁板がこれに沿って摺動するものを仕切弁という．全開した場合は流れを遮断するものがないので圧力損失が少ないが半開きではうずが発生し弁が振動する欠点がある．

逆止弁は流体が流れる方向を規制し逆流しないようにしたもので，図10.14のように弁板をちょうつがいでスイングするようにしたものや玉型弁を改良したものがある．

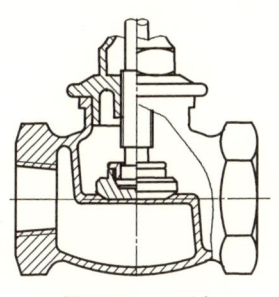

図 10.12 玉型弁

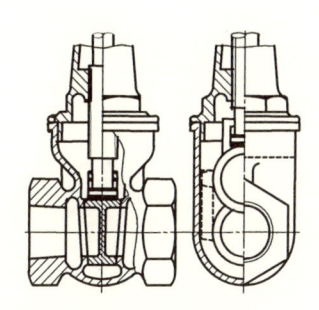

図 10.13 仕切弁

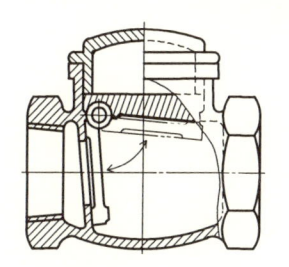

図 10.14 逆止弁

演習問題

【10.1】 内圧 $p=0.7\,\mathrm{MPa}$ を受ける,直径 $D=1500\,\mathrm{mm}$ の圧力容器側壁の厚さ t を決定せよ.ただし,円筒容器の基準強さは $\sigma=350\,\mathrm{MPa}$ とし,安全率 $S=4$,継手効率等は $\eta=0.7$,$K=1.2$,$\alpha=1\,\mathrm{mm}$ とせよ.

【10.2】 内半径 r_1 外半径 r_2 接触部の半径 r_3 で内圧を受ける組合せ厚肉円筒容器を作りたい.両円筒を同一材料とするとき,$r_3=\sqrt{r_1 r_2}$,焼きばめ圧力を,$p_0=p(r_2-r_1)/2(r_1+r_2)$ とすれば内側および外側円筒内壁に生ずる最大せん断応力は等しくかつ最小となる事がわかっている.

$r_1=150\,\mathrm{mm}$,$r_2=300\,\mathrm{mm}$ で内圧 $p=200\,\mathrm{MPa}$ を受ける組合せ厚肉容器において,r_3,p_0 を求めよ.また,内側円筒内壁の最大せん断応力を求め,単一円筒とした場合と比較せよ.

【10.3】 直径 $D=400\,\mathrm{mm}$,$p=0.7\,\mathrm{MPa}$ の空気圧タンクの蓋の厚さを決定せよ.ただし,ポアソン比は $v=0.3$,許容引張応力は $\sigma_{a1}=80\,\mathrm{MPa}$ とする.

【10.4】 流量 $Q=2\,\mathrm{m^3/min}$,圧力 $p=200\times10^4\,\mathrm{Pa}$ の水を流すのに必要な長距離用鋼管の直径および肉厚を求めよ.

第11章 ばね

11.1 ばねの種類と用途

弾性変形によって生じる力やエネルギーを利用してさまざまな用途に使用される機械要素がばね(spring)である．その利用法としては，荷重と変形の関係を利用するばね秤や安全弁のばね，エネルギーを利用するぜんまいや車両の緩衝装置，固有振動数を利用する防震装置などがある．ばねを形状によって分類すれば図 11.1 に示すように，コイルばね，板ばね，重ね板ばね，うず巻ばね，トーションバーがある．

コイルばねは素線をつる巻状に巻き上げたもので製作が容易・安価であり，圧縮コイルばね，引張コイルばねあるいはねじりコイルばねとして広く用いられている．皿ばねは構造が単純で小さくできるので簡便に用いられる．重ね板

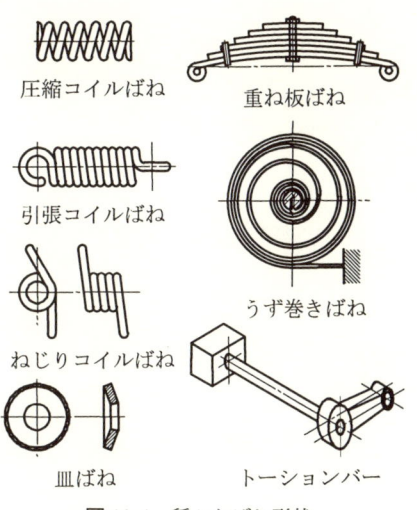

図 11.1　種々なばね形状

ばねはその大きさに比較して大きな荷重を支えることができるので，ばねの働きのほかに構造部材としての機能も兼ねさせることができる．うず巻ばねは比較的コンパクトに大きなエネルギを蓄えられるので玩具などの動力源として用いられる．トーションバーは棒のねじりによる変形をそのまま利用したもので，コンパクトに大きな力を発生させ得る．ばねおよびばね材料に関する主な規格を表11.1，11.2に示す．

表 11.1　ばねに関する主な JIS

材　質	規格番号	記号	横弾性係数 G [GPa]	縦弾性係数 E [GPa]	主な用途
ばね鋼	G4801	SUP	80	210	一般大型用，車両用懸架ばね，ガバナー用
硬鋼線	G3521	SW	80	210	一般小型用，シートばね
ピアノ線	G3522	SWP	80	210	一般小型用，クラッチばね，弁ばね，ガバナー用
オイルテンパ線	G3560	SWO	80	210	弁ばね，クラッチばね，ガバナー用，耐熱用
ステンレス鋼線	G4309	SUS-WH	75	185	耐食用，耐熱用，非磁性用
黄銅線	H3260	C2***W	40	100	耐食用，導電用，非磁性用
洋白線	H3270	C7***W	40	110	
りん青銅線	H3270	C5***W	45	110	
ベリリウム線		C1720W	50	120	

表 11.2　ばね材料に関する主な JIS

規格番号	項　目
B2704	圧縮，引張コイルばね設計基準
B2706	さらばね
B2709	ねじりコイルばね設計基準
B2710	重ね板ばね設計法

11.2 コイルばね

11.2.1 引張圧縮コイルばね

図 11.2 に示すようにコイルばね (coiled spring) の軸方向に荷重 P が加われば素線の横断面には次式の力が生じる．

$$T=PR\cos\alpha, \quad M=PR\sin\alpha, \quad F=P\cos\alpha, \quad Q=P\sin\alpha \quad (11.1)$$

ここで，R はばねの平均半径，α はピッチ角であり，T はねじりモーメント，M は曲げモーメント，F はせん断力，Q は軸力である．コイルの巻き方が密であり α が十分小さい場合は

$$\left.\begin{array}{l} T=PR, \ F=P \\ M=0, \ Q=0 \end{array}\right\} \quad (11.2)$$

である．このとき，コイル素線単位長さあたり蓄えられるひずみエネルギーは $T^2/2GI_P$ であるから，コイルの巻数を N とすればコイル全長に蓄えられるエネルギーは次式となる．

$$U=\int_0^{2\pi N} \frac{P^2 R^3}{2GI_P} d\theta \quad (11.3)$$

$I_P=\dfrac{\pi d^4}{32}$：断面極二次モーメント，d：素線直径

そして，ばねのたわみは $\delta=dU/dP$ であたえられるから δ およびばね定数 K は次式となる．

$$\delta=\frac{\partial U}{\partial P}=P\int_0^{2\pi N} \frac{R^3}{GI_P}d\theta, \quad K=\frac{P}{\delta}=\frac{1}{\int_0^{2\pi N} \dfrac{R^3}{GI_P}d\theta} \quad (11.4)$$

円筒形コイルばねでは R は一定であるから，

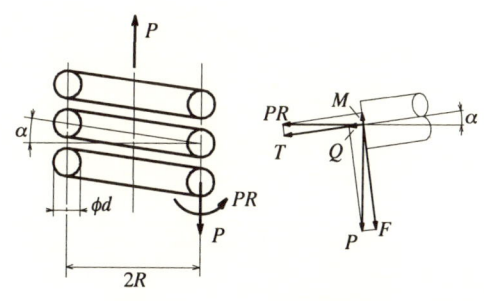

図 11.2 コイルばねの断面力

$$\delta = \frac{2\pi NR^3}{GI_P} = \frac{64NR^3}{Gd^4}P, \quad K = \frac{Gd^4}{64NR^3} \tag{11.5}$$

円筒コイルばねのばね定数と巻き数の関係は原理的には式(11.5)によればよいが，実際には，荷重を伝達するために端部をいろいろと加工する必要があり，この影響を考える必要がある．圧縮コイルばねの場合には N のかわりに $N_a = N-2$ で与えられる有効巻数を用いる．引張コイルばねでは $N_a = N$ としてよい．

コイルばねの素線断面には，式(11.2)のトルクとせん断力が作用するから最大せん断応力は内側の外表に生じ，

$$\tau = \frac{16PR}{\pi d^3} + \frac{4P}{\pi d^2} = \tau_0 \chi \tag{11.6}$$

ここで，$\tau_0 = \dfrac{8PD}{\pi d^3}$, $\chi = 1 + \dfrac{0.5}{c}$, $c = \dfrac{D}{d}$

となる．ここで，$D=2R$ はコイルばねの平均直径であり，c をばね指数と呼ぶ．上式の χ は素線の曲がりを無視し F によるせん断応力は平均値を用いた場合である．そこで，これらを考慮したワール(Wahl)の修正式がよく用いられている．

$$\chi = \frac{4c-1}{4c-4} + \frac{0.615}{c} \tag{11.7}$$

実用上，式(11.7)による χc^3 と c の関係を示した図11.3のような計算図表があると便利である．

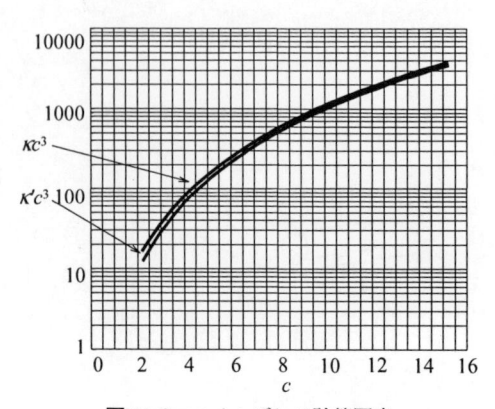

図 **11.3** コイルばねの計算図表

設計に際しては式(11.6)によるせん断応力がばね材料の許容応力を越えないようにする必要がある。荷重が静的に作用する場合のばね材料の許容応力は図11.4のようである。これは最大応力であり通常のばねではτはこれらの80％以下となるようにし、動的荷重が繰り返し作用する場合にはさらに小さくなるようにする。また、ばね指数cは$4 \sim 10$、縦横比は$0.8 \sim 4$ 有効巻数N_aは3以上、ピッチは$0.5D$以下とする。

以上より、荷重P、たわみδあるいはばね定数$K = P/\delta$、コイルばねの平均径D、許容せん断応力τ_{al}を与えて素線径dと有効巻数N_aを求めるには、次のようにすればよい。

1) 式(11.6)より $\tau = \varkappa c^3 \dfrac{8P}{\pi D^2} \leq \tau_{al} \rightarrow \varkappa c^3 \leq \tau_{al} \dfrac{\pi D^2}{8P}$ を満たす $\varkappa c^3$ を決める。

2) $\varkappa c^3$ と図11.3または式(11.7)よりcを求める。

3) そして $d = \dfrac{D}{c}, \ N_a = \dfrac{GD\delta}{8c^4 P} = \dfrac{GD}{8c^4 K}$

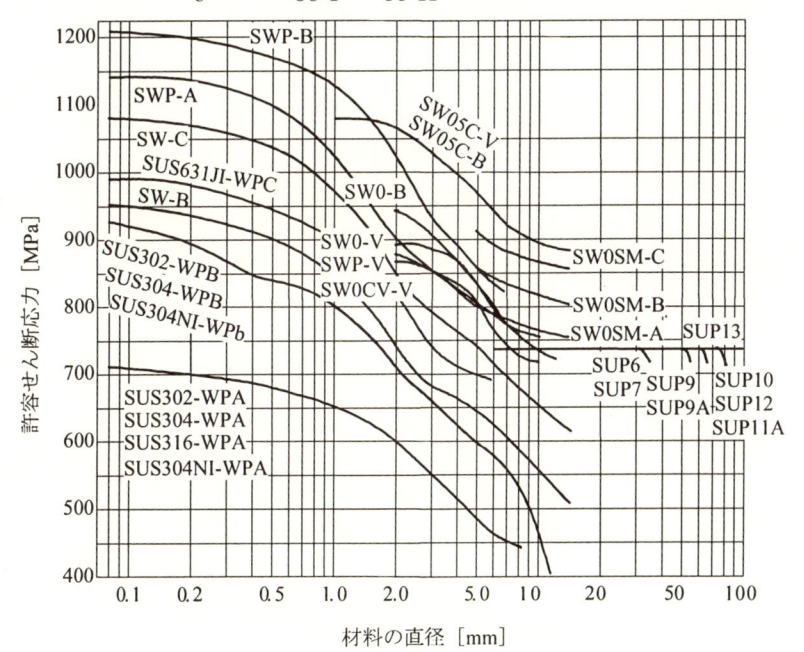

(11.8)

図11.4 コイルばね材料の許容応力(JIS B 2704による)

例題 11.1

カスティリアノの定理（ひずみエネルギーを負荷で微分すれば負荷方向の変位がえられる）を用いずに，式 (11.5) の関係を導け．

解

前述のように，直径 d のばね素線はねじりモーメント $T=PR$ を受けている．図 11.5 は微小長さ Δl の部分を示したもので，この両端間のねじれ角 $\Delta\varphi$ は，長さ Δl のまっすぐな丸棒をねじったものと考えれば，

$$\Delta\varphi = \frac{T}{GI_P}\Delta l = \frac{PR}{GI_P}\Delta l \tag{11.9}$$

である．一方，両端間の微小巻き角を $\Delta\theta$ とすれば，ばねの平均半径 R より

$$\Delta l = R\Delta\theta \tag{11.10}$$

となるから

$$\Delta\varphi = \frac{PR^2}{GI_P}\Delta\theta \tag{11.11}$$

である．このねじれ角によってばね中心軸に沿って作用する荷重点 P は

$$\Delta\delta = R\Delta\varphi \tag{11.12}$$

変位すると考えられるから，結局ばね素線微小部分 Δl の変形による荷重点の変位すなわちばねのたわみは

$$\Delta\delta = \frac{PR^3}{GI_P}\Delta\theta \tag{11.13}$$

である．したがって，$\Delta \to 0$ の極限をとり積分すれば，巻き数を N として，

$$d\delta = \frac{PR^3}{GI_P}d\theta \to \delta = \int_0^{2\pi N}\frac{PR^3}{GI_P}d\theta \tag{11.14}$$

となり，式 (11.5) が得られる．

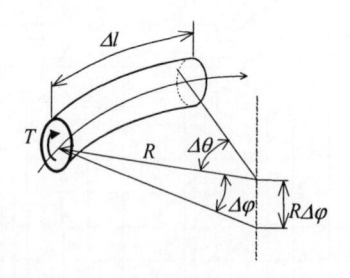

図 11.5 コイルばねの変形

11.2.2 ねじりコイルばね

図 11.6 のように，コイルばねにトルクが作用するように使用するのがねじ

りコイルばねである．ねじりコイルばねに加えるトルク T はコイル素線に対しては曲げモーメントとして作用するから，素線に生じる曲げ応力は，次式となる．

$$\sigma = \chi' \frac{T}{Z} = \chi' \frac{32T}{\pi d^3} \tag{11.15}$$

ただし，$Z = \pi d^3/32$：素線の断面係数

$$\chi' = \frac{4c^2 - c - 1}{4c(c-1)} : 修正係数 \tag{11.16}$$

式 (11.16) による $\chi' c^3$ と c の関係を図 11.3 に示す．
そして，ばねに蓄えられるひずみエネルギーは

$$U = \int_0^{2\pi N_a} \frac{T^2}{2EI} R d\phi = \int_0^{2\pi N_a} \frac{64T^2}{2E\pi d^4} R d\phi = \frac{32T^2}{E\pi d^4} \int_0^{2\pi N_a} R d\phi$$

N_a：ばねの有効巻数，E：素線ヤング率，$R = D/2$：ばねの平均半径
となる．円筒ばねでは R は一定であるから，ばねのねじれ角 θ およびばね定数 K は

$$\theta = \frac{\partial U}{\partial T} = \frac{64 T D N_a}{E d^4}, \quad K = \frac{T}{\theta} = \frac{E d^4}{64 D N_a} \tag{11.17}$$

となる．引張圧縮コイルばねと同様に，作用トルク T，ねじれ角 θ あるいはばね定数 $K = T/\theta$，コイルばねの平均径 D，曲げ許容応力 σ_{a1} を与えて素線径 d と有効巻数 N_a を求めるには，次のようにすればよい．

1) 式 (11.15) より $\chi' c^3 \leq \dfrac{\pi D^3}{32 T} \sigma_{a1}$ となるからこれを満たす $\chi' c^3$ を決める．
2) $\chi' c^3$ と図 11.3 または式 (11.16) より c を求める．
3) そして $d = \dfrac{D}{c}$, $N_a = \dfrac{E D^3 \theta}{64 c^4 T} = \dfrac{E D^3}{64 c^4 K}$

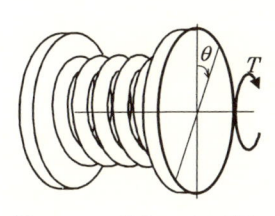

$$\left.\begin{array}{l}\\\\\\\end{array}\right\} \tag{11.18}$$

図 11.6 ねじりコイルばね

例題 11.2

50 Nm のねじりモーメントに対して約 30° のねじれ角を生ずるねじりコイルばねの素線径，有効巻数を決定せよ．ただし，ばねの平均直径 D を 50 mm，許容曲げ応力 σ_{al} を 400 MPa，ヤング率を 210 GPa とする．

解

まず，強度を満足するばねの素線径を決定する．

$$\chi' c^3 \leq \frac{\pi D^3}{32 T} \sigma_{al} = \frac{\pi \times 50^3}{32 \times 50 \times 1000} \times \frac{400 \times 10^6}{1000^2} = 98.2$$

図 11.3 を参照または式 (11.6) を解き，$c = 4.3$ とする．したがって，

$$d = \frac{D}{c} = \frac{50}{4.3} = 11.6 \text{ mm}$$

よって，ばね素線径を 12 mm とする．また，ばねの有効巻数 N_a は

$$N_a = \frac{ED^3 \theta}{64 c^4 T} = \frac{2100000 \times 50^3 \times \frac{\pi}{6}}{64 \times \left(\frac{50}{12}\right)^4 \times 50000} = 14.25$$

より，14 巻とする．

11.3 重ね板ばね

図 11.7(a) のような長さ l の単純支持はり中央に荷重 P が加われば支点から x の位置の曲げモーメントは $Px/2$ となり x に比例する．そこで図のように，はりを幅が x に比例して増加する板とすれば外表の曲げ応力は一定となり，応力 σ および，はり中央のたわみ δ は次式となる．

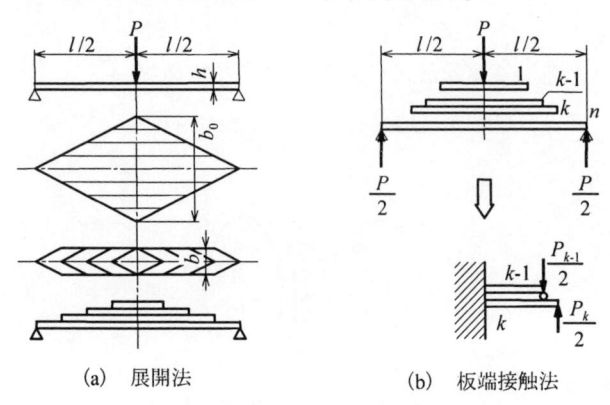

図 11.7 重ね板ばね原理図

(a) 展開法 　　(b) 板端接触法

$$\sigma = \frac{3Pl}{2b_0 h^2}, \qquad \delta = \frac{3Pl^3}{8Eb_0 h^3} \tag{11.19}$$

l：はりの長さ，h：はりの高さ，b_0：はり中央の幅
E：はり材料のヤング率

この原理を応用して板を数枚に分割して重ね合わせたのが重ね板ばねである．板の分割数を n，分割後の幅を $b=b_0/n$ とすれば上式は次のようになる．

$$\sigma = \frac{3Pl}{2nbh^2}, \qquad \delta = \frac{3Pl^3}{8nbEh^3} \tag{11.20}$$

以上の計算式は展開法と呼ばれるもので，隣接する板が全長にわたって接触し，同じ位置における曲率が等しい場合に限り成立する近似式であるが，計算が簡単であるのでばねの概略寸法を決定するのに便利である．

一方，同図(b)のように各板が先端で接触すると考えるのが板端接触法である[10]．図のように最短の板を $k=1$ として，曲げ剛さはすべて等しく EI である n 枚の板を重ねたスパン l の重ね板ばねに，荷重 P が加わる場合を考える．k 番目の板のスパンを l_k 先端の荷重を $P_k/2$ とすれば，先端のたわみは

$$16w_k = \frac{P_k l_k^3}{3EI} - \frac{P_{k-1} l_{k-1}^3}{3EI} - \frac{P_{k-1} l_{k-1}^2 (l_k - l_{k-1})}{2EI}$$

$$= \frac{P_k l_k^3}{3EI}(1 - \alpha_{k-1} C_{k-1}) \tag{11.21}$$

ただし，$\alpha_{k-1} = \dfrac{P_{k-1}}{P_k}$，$\beta_{k-1} = \dfrac{l_{k-1}}{l_k}$，$C_{k-1} = \dfrac{\beta_{k-1}^2 (3 - \beta_{k-1})}{2}$

一方，$k-1$ 番目の板との接触部のたわみは

$$16\delta_k = \frac{P_k (3l_k - l_{k-1}) l_{k-1}^2}{6EI} - \frac{P_{k-1} l_{k-1}^3}{3EI}$$

$$= \frac{P_k l_k^3}{3EI}(C_{k-1} - \alpha_{k-1} \beta_{k-1}^3) \tag{11.22}$$

そして，$w_k = \delta_{k+1}$ が成立するから，

$$\beta_k^3 = \frac{C_k}{\alpha_k (1 - \alpha_{k-1} C_{k-1}) + \alpha_k} \qquad k=1,\ 2,\ \cdots,\ n-1 \tag{11.23}$$

この重ね板ばねのばね定数は，$l_n = l$，$P_n = P$ であるから，次式で与えられる．

$$K = \frac{P}{w_n} = \frac{48EI}{l^3 (1 - \alpha_{n-1} C_{n-1})} \tag{11.24}$$

式(11.24)を満足し板の応力が最適となるようにα_k, β_kを決めればよいが，これは極めて困難である．そこで$\alpha_k=1$とすれば，明らかに$\beta_0=0$であるから，式(11.23)より次式を得る．

$$\left.\begin{array}{l}\beta_k=\dfrac{3}{5-\beta_{k-1}^2(3-\beta_{k-1})} \\ C_k=\beta_k^2(3-\beta_k)/2\end{array}\right\} \quad \begin{array}{l}k=1,\ 2,\ \cdots,\ n-1 \\ \text{ただし } \beta_0=0\end{array} \qquad (11.25)$$

$$K=\frac{48EI}{l^3}\cdot\frac{1}{1-C_{n-1}} \qquad (11.26)$$

また，このときk番目の板に加わる最大曲げモーメントは$M_k=Pl_k(1-\beta_{k-1})/4$であるから，曲げ応力の平均値は

$$\bar{\sigma}=\frac{1}{n}\sum_1^n\frac{Pl_k(1-\beta_{k-1})}{4Z}=\frac{Pl}{4nZ} \qquad (11.27)$$

ただし，$Z=bh^2/6 \quad b\times h$：板幅×板厚
である．

β_kおよびC_kの値を表11.3に示す．一般に，板の断面寸法，ばね定数および許容応力が与えられれば，式(11.26)，(11.27)を満足するように，n, lを決めればよい．

表11.3 板端接触法による重ね板ばねのスパン長比

k	β_k	C_k	k	β_k	C_k
1	0.60000	0.43200	11	0.92357	0.88558
2	0.72534	0.59837	12	0.92913	0.89387
3	0.78880	0.68790	13	0.93392	0.90103
4	0.82777	0.74421	14	0.93810	0.90727
5	0.85432	0.78302	15	0.94178	0.91277
6	0.87363	0.81145	16	0.94504	0.91765
7	0.88834	0.83320	17	0.94795	0.92200
8	0.89993	0.85039	18	0.95057	0.92592
9	0.90931	0.86433	19	0.95294	0.92946
10	0.91706	0.87587	20	0.95508	0.93267

11.4 トーションバー

トーションバーは丸棒のねじりによるトルクをそのまま利用するものであり単純な形状であるが，力をトルクに変換するためのレバーが必要となる．この

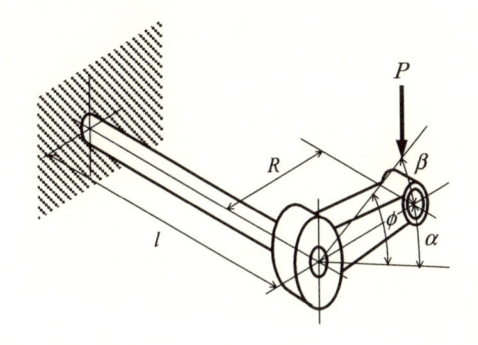

図 11.8 トーションバー

場合レバーの取付け角によってトルクと荷重の関係が変化するから，設計時には使用時のレバーの取付け位置も考慮する必要がある．

図 11.8 のように，水平線を基準として無荷重時のレバーの取付け角を β，荷重 P を負荷した時のそれを α とすれば，トーションバーのねじれ角 ϕ およびせん断応力 τ は

$$\phi = \frac{32l}{\pi d^4 G} PR \cos\alpha, \quad \tau = \frac{16}{\pi d^3} PR \cos\alpha \tag{11.28}$$

ここで，$\phi = \alpha + \beta$ であるから

$$P = \frac{k_T}{R} \frac{\alpha+\beta}{\cos\alpha} \quad \text{ただし，} k_T = \frac{\pi d^4 G}{32l} \tag{11.29}$$

一方，荷重点の変位は $\delta = R\sin\alpha$ であるから，負荷時のばね定数は

$$k = \frac{dP}{d\delta} = \frac{dP}{d\alpha}\frac{d\alpha}{d\delta} = \frac{k_T}{R^2}\frac{1+(\alpha+\beta)\tan\alpha}{\cos^2\alpha} \tag{11.30}$$

$$\frac{P}{k} = R\frac{(\alpha+\beta)\cos\alpha}{1+(\alpha+\beta)\tan\alpha} \tag{11.31}$$

となる．

P, k, α, R が与えられれば，上の二式から，β, k_T が決まり，許容応力を考慮して，d, l が決まる．

演習問題

【11.1】 最大荷重 $P=3\,\mathrm{kN}$ のとき，たわみ $\delta=30\,\mathrm{mm}$ となる平均直径 $D=50\,\mathrm{mm}$ の圧縮円筒コイルばねを設計せよ．ただし，$\tau_{al}=500\,\mathrm{MPa}$，$G=80\,\mathrm{GPa}$ とする．

【11.2】 質量 $M=2$ kg の物体を初速度 $V=10$ m/s で飛ばすことのできる圧縮コイルばねを設計せよ．ただし，最大たわみは $\delta=200$ mm，ばねの平均直径は $D=50$ mm とし，$\tau_{al}=500$ MPa，$G=80$ GPa とする．

【11.3】 トルク $T=5$ Nm のときねじれ角 $\theta=45°$ となるねじりこいるばねを設計せよ．ただし，ばねの外径は $D=40$ mm とし，許容曲げ応力 $\sigma_{al}=800$ MPa とせよ．

【11.4】 最大荷重 $P=5$ kN のときたわみ $\delta=100$ mm となる，スパン $l=1$ m 幅 $b=50$ mm の重ね板ばねを展開法により設計せよ．ただし，許容曲げ応力 $\sigma_{al}=600$ MPa ヤング率 $E=200$ GPa とする．

【11.5】 荷重 $P=5$ kN，ばね定数 $K=50$ kN/m となる重ね板ばねのスパン l および板の枚数 n を板端接触法により決定せよ．ただし，板厚および板幅は $h=7$ mm，$b=50$ mm とし，許容応力およびヤング率を $\sigma_{al}=600$ MPa，$E=200$ GPa とする．

【11.6】 両端部の平均直径が D_1，中央の平均直径が D_2，有効巻数 N の算盤玉形状のばねのばね定数を求めよ．ただし，素線直径が d，横弾性係数が G である．

【11.7】 荷重 $P=20$ kN，使用時のばね定数 $k=100$ kNm^{-1}，荷重方向たわみ $\delta=200$ mm となるトーションバーを設計せよ．ただし，レバーの長さは $R=400$ mm，許容応力は $\tau_{al}=800$ MPa，横弾性係数は $G=80$ GPa とする．

付　録

付表1　金属材料の機械的性質

材料*	密度 [g/cm^3]	縦弾性係数 E [GPa]	降伏強さ σ_y [MPa]	引張強さ σ_B [MPa]	線膨張係数 ×10^{-6}/K
一般構造用鋼 SS400	7.9	206	＞245	400〜510	11〜12
炭素鋼 S20C(N)	7.9	206	＞245	＞400	11〜12
S45C(N)	7.9	206	＞245	＞470	11〜12
S55C(N)	7.9	206	＞390	＞650	11〜12
S45C(Q)	7.9	206	590〜780	740〜910	11〜12
鋳鉄 FC150	7.1	78.4〜103	-	150〜200	10〜11
FC300	7.2	103〜123	-	300〜350	10〜11
ばね鋼 SUP6(Q)	7.9	206		＞1270	7.7
純銅(タフピッチ銅-0)	8.9	117	72.4	230	17〜19
7/3黄銅-0	8.5	103	89.2	320	17〜19
7/3黄銅-H	8.5	103	395	471	17〜19
6/4黄銅-1/2H	8.4	103	278	416	17〜19
りん青銅-1/4H	8.8	110	176	382	17〜19
りん青銅-1/4H	8.8	110	447	470	17〜19
純アルミニウム	2.7	69	29	69	23
アルミニウム合金2024-0	3.0	73.5	73.5	186	23
2024-T4	3.0	73.5	428	578	23
5083-0	2.7	70.5	147	289	23
5083-H112	2.7	70.5	221	372	23
7075-0	2.8	71.5	103	230	23
7075-T6	2.8	71.5	613	671	23
純チタン	4.5	106		＞294	8.8
チタン合金Ti-5Al-2.5Sn	4.5	106	813	850	8.8
Ti-6Al-4V(ann.)	4.5	106	909	990	8.8
Ti-6Al-4V	4.5	106	1100	1170	8.8

*(N):焼ならし,(Q):焼入れ,-0:焼なまし軟質,-H:加工硬化,-T4:焼入れ自然時効,-T6:焼入れ人工時効

付表2　プラスチックの機械的性質

材料	密度 [g/cm^3]	縦弾性係数 E [GPa]	引張強さ σ_B [MPa]
ポリプロピレン	0.91	1.10〜1.55	29〜38
ポリエチレン(高密度)	0.95	0.41〜1.24	21〜38
硬質塩化ビニール	1.4	2.4〜4.1	39〜52
ポリカーボネイト	1.2	2.1〜2.4	55〜66
ポリアセタール	1.4	3.6	69
フェノール	1.4	5.5〜11.7	
エポキシ	1.3	2.4	27〜89
不飽和ポリエステル	1.3	2.1〜4.4	41〜89
平織クロスFRP (不飽和ポリエステル板)	1.68	15.9	240
ロービングクロスFRP (不飽和ポリエステル板)	1.53	12.2	172

付表3　木材の強さ[37]

樹種	比重	含水率 [%]	縦引張強さ [MPa]	縦圧縮強さ [MPa]	横圧縮強さ [MPa]	曲げ強さ [MPa]
スギ	0.39	15	94	34	2.0〜4.0	66
ヒノキ	0.38	16	121	33	3.5〜4.5	67
アカマツ	0.54	14	141	45	5.1	91
ブナ	0.64	14	129	44	8.9	87
ケヤキ	0.59	13	130	45	15.5〜18.0	102
アカガシ	0.96	14	176	73	16.7	143
バルサ*	0.15	12	14	11	6.9	23

*これのみエクアドル産，他は国内産

演習問題解答

1章
- 【1.1】 ある程度以上の需要が見込まれることを前提にメーカ：大量生産，コストダウン，精度保証　ユーザ：製品の互換性，入手の容易さ．
- 【1.2】 図 1.3 より $\alpha=1.26$, $\tau_{\max}=96.2$ MPa
- 【1.3】 修正グッドマン線図より $2\sigma_a = 247$ MPa
- 【1.4】 式 (1.6) より $\beta=1.6$
- 【1.5】 式 (1.9), (1.10) より $f=1.016$, $K=1.14$ MPa$\sqrt{\text{m}}$
- 【1.6】 $2a=41.4$ mm
- 【1.7】 $S=3.31$
- 【1.8】 省略
- 【1.9】 穴 $60^{+0.03}_{-0.0}$，軸 $60^{+0.0}_{-0.019}$

2章
- 【2.1】 締付け力 20 kN，引張応力 84.4 MPa，せん断応力 49.6 MPa，ゆるめるときのトルク 83.4 Nm
- 【2.2】 ボルトの締付け力 6.74 kN　バネ座金を用いるとこれより減少．
- 【2.3】 内圧 p が加わるときの締付け力の減少を ΔR とすれば

$$\frac{\Delta R}{K_g} = \frac{1}{K_b} \frac{\pi D^2}{4} p - \frac{\Delta R}{K_b}$$

K_g：ガスケットばね定数，K_b：ボルトばね定数より $\Delta R = \dfrac{K_g}{K_b+K_g} \dfrac{\pi D^2}{4} p$

∴ 初期締付け力を P_0 とすれば，締付け力が 0 になる内圧 $p_{\max}$ は

$$P_0 = \frac{K_g}{K_b+K_g} \frac{\pi D^2}{4} p_{\max}$$

内圧 p のときの締付け力は

$$P = P_0 - \Delta R = \frac{K_g}{K_b+K_g} \frac{\pi D^2}{4} (p_{\max} - p)$$

このときボルトに加わる引張力は

$$P_b = P_0 + \frac{\pi D^2}{4} p - \Delta R = \frac{K_g}{K_b+K_g} \frac{\pi D^2}{4} p_{\max} + \frac{\pi D^2}{4} p - \frac{K_g}{K_b+K_g} \frac{\pi D^2}{4} p$$

$$\frac{K_g}{K_b+K_g} \frac{\pi D^2}{4} p_{\max} + \frac{K_b}{K_b+K_g} \frac{\pi D^2}{4} p = \frac{p_{\max} K_g + p K_b}{K_b+K_g} \frac{\pi D^2}{4}$$

- 【2.4】 ボルトの直径 >11.28 mm より，M14

【2.5】 表 2.7 より，$b=10$ mm，$h=8$ mm，$l=80$ mm
【2.6】 板効率 0.683，リベット効率 0.803
【2.7】 リベット 1，3 では $\dfrac{P}{4}\sqrt{\dfrac{2(L+a)^2+2(L-b)^2-b(b+2a)}{a^2+b^2}}$ リベット 2，4 では $\dfrac{P}{4}\sqrt{\dfrac{2(L+a)^2+2(L+b)^2-b(b-2a)}{a^2+b^2}}$
【2.8】 ピン直径：$d\geq 2\sqrt{P/\pi\tau_{pa}}$，板厚 $t>d\,(\pi\tau_{pa}/4\sigma_{Ta})$，板幅 $B-d\geq P/t\sigma_{Ta}$ より $B\geq 2d$ 縁幅 $h>P/2t\tau_{Ta}$ より $h\geq d$，ピンと板が同一材 $t>(\pi\tau_{pa}/4\sigma_{Ta})d=0.4d$

3 章

【3.1】 省略
【3.2】 $\sigma_{al}=P/tl$ ∴ $l=125$ mm
【3.3】 溶接棒，ホールダ，ケーブル，電源，各種治具，遮光マスク，皮手袋．
【3.4】 $\sigma_b=\sqrt{2}PL/hl(t+h)$，$\tau=P/\sqrt{2}hl$
【3.5】 $\sigma_{al}=0.8\dfrac{P}{hl}\sqrt{36(L/l)^2+1.5}$
【3.6】 式 (3.4) より，$\theta=\sqrt{\sin^{-1}(\sigma_B/S\sigma_0)}=46.9°$

4 章

【4.1】 $d>65$ mm
【4.2】 外径 $D>72.2$ mm，内径 $D_{\text{In}}>56$ mm
【4.3】 $d>\sqrt[3]{\dfrac{16}{\pi\sigma_{al}}(M+\sqrt{M^2+T^2})}=37$ mm
【4.4】 $d=42$ mm
【4.5】 図 1.3 より $\sigma_{al}\geq \sigma_{\max}=94.5$ MPa
【4.6】 中央部は許容応力以下であるが，R 部は許容応力を越えるので，R 部をなくして細い方の軸径に合せる．応力＝44.2 MPa $(<\sigma_{al})$
【4.7】 摩擦トルクと許容圧力の関係に注目して $\alpha=15°$ とすれば $R_1=120$ mm，押付力は 2.72 kN．

5章

【5.1】

	すべり	転がり	
規格化	×	○	需要もあり精度も保証
寿命	○	△	転がりの場合疲労破壊する
保守	×	○	すべりの場合精度保障のため特に潤滑系要注意
高速回転	○	△	転がりの場合，dn 値の限界
スラスト	○	×	すべりの場合軸伸びは自由
騒音	○	△	転がりでは保持器と転動体の摩擦有

【5.2】 省略

【5.3】 $P_a V = 7.54$ MPa·m/s（やや高め）

【5.4】 $S = 0.375$, $\varepsilon = 0.33$ より $h_{\min} = 20\ \mu$m（ただし $l/d = 1$ の場合）

【5.5】 $P = 123$ N（$E = 200$ GPa の場合）

【5.6】 $L_n = 4.63$, $L_h = 39.6$ h

【5.7】 $C = 47$ kN より，N_0 6310

6章

【6.1】 OQ $= 81.38$ mm, $\overarc{P_1 P_2} = 16.06$ mm

【6.2】 中心間距離 120 mm，圧力角 21.26°，ピッチ円半径 48.4 mm と 72.6 mm

【6.3】 ① $mZ/2 = 72$ mm, ② $72\cos 20° = 67.658$ mm, ③ $m\pi/2 = 12.566$ mm, ④ $\pi/Z = 0.17453$ rad, ⑤ $\text{inv}\,20° = 0.014904$, ⑥ $\pi/Z - 2\,\text{inv}\,20° = 0.144725$, ⑦ $mZ/2 + m = 80$ mm, ⑧ $\cos^{-1}(67.658/80) = 32.25°$, ⑨ $\text{inv}\,32.25° = 0.068084$, ⑩ $\pi/Z + 2\,\text{inv}\,20° = 0.204343$, ⑪ $2\,\text{inv}\,32.25° = 0.136168$, ⑫ $80\,(0.204343 - 0.136168) = 5.454$ mm

【6.4】 歯数 Z のピッチ点から歯先円までのかみ合い率を ε とすると
$$\varepsilon = \frac{\sqrt{(Z+2)^2 - (Z\cos\alpha)^2} - Z\sin\alpha}{2\pi\cos\alpha}$$
となり，ε_1 と ε_2 の和が歯車対のかみ合い率となる．

【6.5】 ① $r_{g1} \cdot d\theta_1$, ② β, ③ β, ④ $r_{g1} \cdot d\theta_1$, β, ⑤ β, ⑥ $d\theta_1$, ⑦ $r_{g1} \cdot \tan\alpha$, ⑧ $r_{g2} \cdot \tan\alpha$, $d\theta_2$, ⑨ $d\theta_1$, $d\theta_2$, ⑩ $\dfrac{y}{(r_{g1}\tan\alpha + y)}\left(1 + \dfrac{r_{g1}}{r_{g2}}\right)$, $\dfrac{-y}{(r_{g2}\tan\alpha - y)}\left(1 + \dfrac{r_{g2}}{r_{g1}}\right)$

【6.6】 ① $d = mZ$ より，$d_1 = 60$ mm, $d_2 = 90$ mm ② $\tan^{-1} = 20/30$ より，$\delta_1 = 33.69°$, $\tan^{-1} 30/20$ より $\delta_2 = 56.31°$ ③ $R = (mZ_1/2\sin\delta_1) = 54.08$ mm ④ 式 (6.62) より，$Z_{v1} = 24.04$, $Z_{v2} = 54.08$ ⑤ 歯幅の中央におけるモジュールを m_m とすると，$m_m = d_{mv}/Z_v = d_m/Z = (mZ_1 - b\sin\delta_1)/Z_1 = 2.56$, 式 (6.64) より F を求める．$\sigma_b = 300$ MPa, $b = 16$,

$t=2.56\pi$, $y=0.107$, $300\text{ MPa}\times16\text{ mm}\times2.56\pi\text{ mm}\times0.107=4130\text{ N}$. 歯幅の中央における周速度は $2\pi(54.08-16/2)\sin33.69°\text{mm}\times600/60(1/\text{s})\times10^{-3}$ m/mm$=0.804$ m/s, $4130\times0.804\times10^{-3}=3.32$ kW

【6.7】 ウォーム：ピッチ円直径 $d_1=14.4\times1.25=18$ mm, 歯先円直径 $d_{k1}=18+2\times1.25=20.5$ mm, $l=4.5\times\pi\times1.25=17.7$ mm, ウォームホィール：歯数 $Z_2=25\times2=50$, $d'_2=2\times40-18=62$, $d_2=Z_2m=50\times1.25=62.5$, 転位係数 $=(62-62.5)/2m=-0.2$, のどの直径 64.5 mm, 歯先円直径 66.375, 歯底円直径 59, 歯幅 11.76 を 15 mm とする. 進み角 $\gamma=\tan^{-1}n/Q=7.907°$.

7章

【7.1】（a）グリューブラーの式 (7.1) より $G=3(5-1)-(3-1)5=2$, すなわち二自由度.
（b）節の総数 N は 6, 対偶の総数は 7 となり $G=3(6-1)-(3-1)7=1$, すなわち一自由度.

【7.2】点 OAP からなる三角形を利用し幾何学的に x および y 方向の変位を求める方法もあるが, ベクトル方程式 $ae^{j\theta}+be^{j(-\phi)}=xe^{j0}$ を用いれば, その実部と虚部より $x=\sqrt{b^2-a^2\sin^2\theta}+a\cos\theta$, $y=0$

【7.3】$Fdx/dt=Td\theta/dt=T\omega$ より $T=\left(-a\sin\theta-\dfrac{a^2\sin\theta\cos\theta}{\sqrt{b^2-a^2\sin^2\theta}}\right)F$

【7.4】節 AD が入力節となる場合, 節 DC と節 BC のなす角, すなわち圧力角は零で, 節 BC の回転方向は不定となり, 思案点となる. なお, 節 BC が入力節の場合, 節 AD が停止状態となる. このような状態を死点と呼ぶ. 死点は, 高負荷の支持や間欠運動などに利用される.

【7.5】$V=1.57$, $A=4.93$, $J=15.5$, $Q=3.88$

【7.6】ヘルツの式より $\sigma=\sqrt{\dfrac{N}{\pi b}\left(\dfrac{1}{r_r}\pm\dfrac{1}{r_c}\right)\bigg/\left(\dfrac{1-v_r^2}{E_r}\pm\dfrac{1-v_c^2}{E_c}\right)}$, N, b, r, E, v は, それぞれ, カムとローラの接触面法線方向の負荷, 接触長さ, 曲率半径, ヤング率, ポアソン比, 下付け添え字 r および c はそれぞれ, ローラおよびカムに関する量.

8章

【8.1】ベルトは走行中の張力の高い方へずれる性質があるから.

【8.2】オープンベルトの場合；$L_B=5613$ mm, クロスベルトの場合；$L_B=5732$ mm

【8.3】$T_e=P/v=59.7$ N, $\theta=168.5°(=2.94\text{ rad})$ より $T_s=2.54$ kN, $T_t=2.60$ kN

【8.4】ベルトの速度 13.35 m/s, 見かけの摩擦係数 $\mu'=0.45$ よりベルト 1 本あたりの伝動力は 1164 W. このため, 負荷の状態等が平坦ならばベルトは 4 本, 負荷の状態等によってはこれをさらに増やす必要がある.

【8.5】 $v_{max}=4.123$ m/s, $v_{min}=4.033$ m/s, $D_p=546.2$ mm より最大回転速度 144.2 rpm, 最小回転数 141.4 rpm

9 章

【9.1】 $P=\dfrac{Rl}{rL}W(1-e^{-\mu\theta})$, ここで r の減少に対して P を一定に保つには, l または W を変化させることが考えられるが, W を交換するよりも l を小さくするのが便利である.

【9.2】 $W=160$ N

【9.3】 $F=\dfrac{f(b+ae^{\mu\theta})}{l(e^{\mu\theta}-1)}$

【9.4】 摩擦角 $\rho=9.09°$, ねじのリード角 $\beta=7.12°$, スラスト $W=1571$ N, 摩擦円板の平均半径 $R_0=50$ mm, ねじの有効半径 $r=12.75$ mm より負荷トルク $P_1=rW\tan(\beta+\rho)=5.82$ Nm, 摩擦トルク $P_2=\mu WR_0=23.6$ Nm, $P_2>P_1$ であるから, 自重で落下しない. また, 最大ブレーキトルクは 29.4 Nm となる.

【9.5】 式 (9.14) より, $b=47.0$ mm

10 章

【10.1】 式 (10.3) より $t=9.63$ mm よって $t=10.0$ mm とする.

【10.2】 題意より数値を代入, $r_3=212$ mm, $p_0=33.3$ MPa, 内側円筒壁の最大せん断応力は, 表 10.2 より $\tau_1'=\dfrac{P}{r_3^2-r_1^2}r_3^2+\dfrac{P}{r_2^2-r_1^2}r_2^2=200$ MPa, 組み合わせ円筒の場合, 強度は 33.3 % 増加.

【10.3】 表 10.3 より板厚 t は, 周辺自由の場合, $t\geqq 20.8$ mm, 周辺固定の場合, $t\geqq 16.2$ mm, ∴ $t=20$ mm

【10.4】 表 10.7 より, 流速 $V=0.5$ m/sec で管直径 D は式 (10.6) より, $D\geqq 0.3$ m, ∴ $D=300$ mm 表 10.8 より, $\sigma_{al}=80$ MPa, $\eta=0.8$, $a=1$ mm で, 式 (10.7) より $t=0.00569$ m, ∴ $t=6.0$ mm

11 章

【11.1】 式 (11.8) より, $xc^3<163.6$, $\dfrac{4c^4-c}{4c-4}+0.615c^2=163.6$ より $c=5$ とする. 素線のせん断応力 $\tau=8Pc^3/\pi D^2=382$ MPa $<\tau_a$ となり許容応力以下である. ∴ 素線径 $d=D/c=10$ mm, 巻数は $N=GD\delta/8c^4P=8$, 有効巻数は $N_a=N+2=10$ とする. 密着時の高さ $H=d\cdot N=100$ mm, 自由高さ $H_0=H+\delta=130$ mm とする. ピッチ $p=H_0/N_a=13$ mm, ピッチ角 $\theta=\tan^{-1}(p/\pi D)=4.73°$

【11.2】 ばね定数 K, このばねが蓄えるべきエネルギーは $K\delta^2/2=MV^2/2$ であるから, $K=5\times10^3$ Nm^{-1}, よって, ばねに加わる荷重 $P=K\delta=1000$ N. 前問と同様にして $c=7.42$, $d=6.74$ mm, よって, $d=7$ mm, $c=D/d=7.143$ とする. 素線のせん断応力は, $\tau=8Pc^3/\pi D^2=371$ MPa$<\tau_a$ となり許容応力以下. 有効巻数 $N_a=GD\delta/8c^4P=38.4$

【11.3】 式(11.12)から, $\kappa'c^3\leq 1.005\times 10^3$, $\dfrac{4c^4-c^3-c}{4(c-1)}=1000.5$ より $c\approx 9.73$. $c=10$ とおけば, $d=4\times 10^{-3}$ m, 素線応力 $\sigma=32T/\pi d^3=796$ MPa$<\sigma_{al}$ となり許容応力以下. したがって, $d=4$ mm とする. 有効巻数 $N_a=ED^3\theta/64c^4T=3.3$

【11.4】 $\sigma=\dfrac{4Eh}{l^2}\delta\leq\sigma_{al}$ より $h<7.5$ mm, よって $h=7$ mm とすれば, $N=6$

【11.5】 $I=1429$ mm^4, $Z=408$ mm^3, $l/N\leq 0.196$, $K=48EI/l^3(1-CN-1)$ より, $C_{N-1}=\dfrac{K(0.19N)^3-48EI}{K(0.19N)^3}=\dfrac{343\times N^3-13720}{343\times N^3}$, $N=6$ とすれば, $C_{N-1}=0.815$ となり, 表11.3 の $C_5=0.78302$ に近い. そこで, $N=6$ とすると $l=1.081$ m, よって $N=6$, $l=1100$ mm. 平均応力は $\sigma=Pl/2NZ=561$ MPa となって許容応力以下.

ばね定数 $K=\dfrac{48EI}{l^3}\dfrac{1}{1-C_N}=50.7$ kN/m

【11.6】 巻き角 θ でのばねの平均半径 $R=\dfrac{D_1}{2}+\dfrac{D_2-D_1}{2}\dfrac{\theta}{\pi N}$ ただし $0\leq\theta\leq N\pi$,

$\therefore K=\dfrac{P}{\delta}=\dfrac{d^4G}{2N(D_2+D_1)(D_2^2+D_1^2)}$

【11.7】 題意より $\sin\alpha=\delta/R=0.5$ $\therefore \alpha=\pi/6$, $P/kR=0.5$

$\therefore \dfrac{(\alpha+\beta)}{1+(\alpha+\beta)\tan\alpha}$ より $\beta=19.62°$, $K_T=8000$ Nm/rad. トーションバーの直径 d は, $d\geq 35.3\times 10^{-3}$ m, よって $d=36$ mm とすれば, トーションバーの有効長さ $l=1.65$ m.

参 考 文 献

1) 強度設計データブック編集委員会編：強度設計データブック（修正版），裳華房，1965．
2) 中原一郎：材料力学（上巻），p. 303，養賢堂，1965．
3) 中原一郎：材料力学（下巻），p. 116，養賢堂，1966．
4) 中沢 一・小泉 堯：固体の力学，P. 256，養賢堂，1967．
5) 小林英男：破壊力学，共立出版，1993．
6) 岡村弘之：線形破壊力学入門，培風館，1976．
7) Y. Murakami (editor in chief), Stress Intensity Factors Handbook, JSMS, 1986.
8) 電気製鋼研究会編：特殊鋼便覧，理工学社，1972．
9) 林 則行・冨坂兼嗣・平賀英資：機械設計法（改訂・SI版），森北出版，1988．
10) 吉沢武男：大学演習機械要素設計（改訂版），裳華房，1966．
11) 日本機械学会編：機械実用便覧（第5版），丸善，1981．
12) 日本機械学会編：機械実用便覧（第6版），丸善，1990．
13) 日本機械学会編：機械実用便覧（第6版），p. 353，丸善，1990．
14) 日本機械学会編：機械工学便覧 B1 機械要素設計・トライボロジ，p. 1-37，丸善，1985．
15) 日本機械学会編：機械工学便覧（第6版），7．機械の要素，p. 144-151，日本機械学会，1975．
16) 鈴木春義：最新溶接工学ハンドブック，p. 313，山海堂，1975．
17) 溶接学会編：溶接工学の基礎，p. 160，丸善，1982．
18) 日本接着協会編：接着ハンドブック，日刊工業新聞社，1996．
19) 池上皓三：機械学会論文集A，50-457，p. 1557，1984．
20) 服部敏雄：機械学会論文集A，56-523，p. 618，1989．
21) 機械システム設計便覧編集委員会編：JISに基づく機械システム設計便覧，日本規格協会，p. 644，1986．
22) 機械システム設計便覧編集委員会編：JISに基づく機械システム設計便覧，p. 993-1017，1986．
23) 小川 潔・加藤 功：機構学（SI併記），p. 116-118，森北出版，1983．
24) 吉村元一：機構学，p. 59，山海堂，1968．
25) 酒井高男：機構学大要，養賢堂，1967．

26)　林　国一：機構学，p. 17，朝倉書店，1984．
27)　津村利光他：機械設計2（改訂版），実教出版，1977．
28)　アルトボレフスキー（藤川健治・澤登　健　訳）：現代機械技術の実例機構便覧（上・下巻），現代工学社，1985．
29)　牧野　洋：自動機械機構学，日刊工業新聞社，1976．
30)　高野政晴・遠山茂樹：演習機械運動学，p. 85-103，サイエンス社，1984．
31)　大西　清：JISにもとづく機械設計製図便覧（第8版），p. 11-55，理工学社，1993．
32)　日本規格協会：JISハンドブック5，機械要素，1999．
33)　日本規格協会：JISハンドブック19，ゴム，1999．
34)　富家知道：パソコンで学ぶ機械設計，p. 54，森北出版，1996．
35)　森田　鈞：機構学，p. 141，サイエンス社，1984．
36)　渡辺　彬：機械設計概論，p. 39，パワー社，1979．
37)　中戸　亮二：木材工学，p. 208，養賢堂，1985．
38)　西田　正孝：応力集中，森北出版，1971．

さくいん

〈欧文〉

- ASA ……… 3
- BS ……… 3
- CAD ……… 1
- CAM ……… 1
- DIN ……… 3
- FEM ……… 6
- Grübler ……… 145
- HAZ ……… 55
- Herz ……… 97
- JIS ……… 3
- ISO ……… 3
- Lewis ……… 128

〈あ行〉

- ISO ねじ ……… 27
- アーク溶接法 ……… 55
- 圧縮コイルばね ……… 202
- 圧力角 ……… 116, 150, 155
- 圧力速度係数 ……… 88
- 圧力容器 ……… 188
- 当て金継手 ……… 55
- 穴基準はめあい ……… 20
- アンギュラ玉軸受 ……… 93
- 安全率 ……… 6, 7, 14
- 板ばね ……… 199
- インボリュート ……… 115
  - ――関数 ……… 116
  - ――曲線 ……… 115
  - ――歯車 ……… 122
- 植込みボルト ……… 37
- 上の寸法許容差 ……… 18
- ウォームギヤ ……… 111
- 薄肉容器 ……… 188
- うず巻ばね ……… 199
- 内歯車 ……… 110
- ウッドラフキー ……… 43
- 腕　節 ……… 144
- 運転係数 ……… 130
- 永久継手 ……… 72
- S-N 曲線 ……… 9
- 円錐クラッチ ……… 78
- 円すいころ軸受 ……… 94
- 円筒ころ軸受 ……… 94
- 円ピッチ ……… 113
- オイルシール ……… 106
- オイルレスベアリング ……… 92
- 応力拡大係数 ……… 13
- 応力集中 ……… 7, 11
  - ――係数 ……… 7, 68
- 応力除去焼鈍 ……… 54
- 応力振幅 ……… 9, 11
- 押さえボルト ……… 37
- 押し進め角 ……… 155
- おねじ ……… 26
  - ――の外径 ……… 26
- 帯ブレーキ ……… 179
- オフセット ……… 154
- オープン掛け ……… 161

〈か行〉

- 開　先 ……… 55
- 回転軸の角速度 ……… 65
- 回転対偶 ……… 144
- 外　輪 ……… 92
- 角ねじ ……… 27, 28
- 加工法 ……… 22
- 重合せ継手 ……… 60
- 重ね板ばね ……… 199, 207

重ね継手 …………………………………55
カスティリアノの定理 ……………204
ガス溶接法 ………………………………55
片停留運動 …………………………153
かど継手 …………………………………55
かみ合い圧力 ………………………118
かみ合いクラッチ …………………76
かみ合い率 …………………………121
カム機構 …………………………143, 151
カム曲線 ………………………………152
カムの基礎円 ………………………154
関数創成機構 ………………………146
慣性モーメント ……………………183
管継手 …………………………………195
含油軸受 …………………………………92
管用テーパねじ ………………………28
管用ねじ …………………………………28
管用平行ねじ …………………………28
キ ー ……………………………………41
　――の呼び寸法 ……………………44
　――溝 ……………………………41, 68
機械加工 ………………………………22
機械軸 ……………………………………63
機械要素 …………………………………2
規格品 ………………………………3, 97
幾何公差 …………………………………20
危険角速度 ……………………………71
基準寸法 …………………………………16
基準強さ …………………………………6
基礎円直径 …………………………119
基礎ボルト ……………………………37
気体（空気）軸受 …………………81
軌道盤 ……………………………………92
軌道輪 ……………………………………92
基本静定格荷重 …………………101
基本動定格荷重 …………………101
基本番号 ………………………………95
逆止弁 …………………………………197
境界潤滑 …………………………………89
許容応力 …………………………………6

切欠き ……………………………………7
　――感度係数 ………………………12
　――係数 ……………………………12
切下げ …………………………………123
きりそぎ（スカーフ）継手 ………60
き 裂 ……………………………………13
空間リンク機構 ……………………144
組み合わせ円筒 ……………………189
クラウン ……………………………166
クラッチ …………………………………72
グリューブラー ……………………145
クロス掛け ……………………………161
形状係数 …………………………………7
経路創成機構 …………………146, 147
ゲルバー線図 …………………………11
限界回転数 …………………………104
原動節 …………………………………144
コイルばね ……………………199, 201
工具圧力角 …………………………122
公差等級 …………………………………18
　――IT ………………………………16
行　程 ………………………………154
コーキング ……………………………48
国際標準化機構ISO …………………3
コッタ ……………………………………46
小ねじ ……………………………………37
転がり軸受 …………………………80, 92

〈さ　行〉

サイレントチェーン ……………173
先割りテーパピン …………………46
サドルキー ……………………………43
さらリベット …………………………47
三角ねじ …………………………………27
残留応力 …………………………………54
思案点 …………………………………151
時間強度 …………………………………9
仕切弁 …………………………………197
軸 ………………………………………63, 87
軸　受 …………………………………80

――圧力 ………………………………88
――荷重 …………………………88, 102
――金 …………………………………87
――系列記号 …………………………95
――箱 …………………………………92
軸基準はめあい ………………………20
軸継手 …………………………………72
軸のたわみ振動 ………………………72
自在継手 ………………………………75
沈みキー ………………………………43
下の寸法許容差 ………………………18
止　端 …………………………………57
自動調心ころ軸受 ……………………94
自動調心玉軸受 ………………………94
自動ブレーキ ………………………180
しまりばめ ………………………18, 19
しめしろ ………………………………19
車　軸 …………………………………63
ジャーナル ……………………………80
――軸受 ………………………………80
修正グッドマン線図 …………………11
自由度 ………………………………144
従動節 ………………………………151
主　軸 …………………………………63
出力節 ………………………………144
寿　命 ………………………………101
――係数 ……………………………103
潤滑剤 …………………………………82
瞬間中心 ……………………………148
仕　様 …………………………………1
伸縮型継手 …………………………195
すきま …………………………………19
――ばめ …………………………18, 19
――比 …………………………………88
すぐばかさ歯車 ……………………110
スプライン ……………………………44
スプロケット ………………………171
すべりキー ……………………………43
すべり軸受 ……………………………80
すべり率 ……………………………121

すみ肉溶接 ……………………………55
スラスト荷重 …………………………80
スラスト軸受 …………………………80
スラスト自動調心ころ軸受 …………95
寸法公差 …………………………16, 18
正規分布 ………………………………14
静止節 ………………………………144
静等価荷重 …………………………103
節 ……………………………………143
接線キー ………………………………43
絶対粘度 ………………………………82
接　着 …………………………………53
――剤 …………………………………59
――継手 ………………………………60
セレーション …………………………44
全歯たけ ……………………………113
相当ねじりモーメント ………………67
相当平歯車歯数 ……………………136
相当曲げモーメント …………………67
速度係数 ………………………103, 130
ソリッド形針状ころ軸受 ……………94
ゾンマーフェルト数 ……………84, 89

〈た　行〉

第一角法 ………………………………24
対　偶 ………………………………143
台形ねじ …………………………27, 28
第三角法 ………………………………24
谷　径 …………………………………26
玉型弁 ………………………………197
たわみ継手 ……………………………74
単式, 複式平面座スラスト玉軸受 ……94
鍛　造 …………………………………22
チェーン ……………………………171
――伝動 ……………………………171
中間ばめ ………………………………18
中間節 ………………………………144
――曲線 ……………………………147
中空軸 …………………………………63
中実軸 …………………………………63

鋳造 ……………………………………22
頂げき …………………………………113
直進対偶 ………………………………144
直動玉軸受 ……………………………107
疲れ限度 ………………………………9
疲れ強さ ………………………………9
突合せ継手 …………………………55, 60
突合せ溶接 ……………………………55
つめ ……………………………………181
　　──車 ……………………………181
定格寿命 …………………………101, 102
抵抗溶接法 ……………………………55
T継手 …………………………………55
適正粘度 ………………………………89
テーパピン ……………………………46
転位歯車 ………………………………124
電磁クラッチ …………………………73
伝達角 …………………………………151
伝達動力 ………………………………65
伝動軸 …………………………………63
転動体 …………………………………92
投影法 …………………………………24
動等価荷重 ……………………………103
動粘度 …………………………………82
通しボルト ……………………………37
トーションバー ……………………199, 208
とまりばめ ……………………………18

〈な 行〉

内径番号 ………………………………95
内輪 ……………………………………92
ナット ………………………………26, 40
並目ねじ ………………………………27
二層軸受材料 …………………………91
日本工業規格 …………………………3
入力節 …………………………………144
ねじ ……………………………………26
　　──込み型継手 …………………195
　　──対偶 …………………………144
　　──の効率 ………………………32
　　──の有効径 ……………………31
　　──の呼び寸法 …………………26
　　──歯車 …………………………110
　　──ブレーキ ……………………180
ねじりコイルばね …………………205, 206
熱応力 …………………………………16
粘性係数 ………………………………82
粘性抵抗 ………………………………82
のこ歯ねじ ……………………………27
のど厚 …………………………………56

〈は 行〉

ハウジング ……………………………92
破壊じん性 ……………………………14
歯形曲線 ………………………………115
歯形係数 ………………………………128
薄肉容器 ………………………………188
歯車の三要素 …………………………117
歯先円 …………………………………113
歯末（はすえ）のたけ ………………113
はすば歯車 ……………………………110
はずみ車 ………………………………183
歯底円 …………………………………113
破損繰返し数 …………………………97
破損寿命 ………………………………97
歯付プーリ ……………………………174
歯付ベルト ……………………………174
歯付ベルト伝動 ………………………174
バッキンガムの式 ……………………139
パッド …………………………………81
ばね ……………………………………199
　　──座金 …………………………40
幅径比 …………………………………88
はめあい ………………………………18
　　──方式 …………………………20
歯元（はもと）のたけ ………………113
半月キー ………………………………43
比応力係数 ……………………………131
左ねじ …………………………………27
ピッチ …………………………………26

——円	113
——曲線	154
——曲線の基礎円	154
——点	113
引張コイルばね	202
ピボット軸受	107
標準数	3
標準Vベルト	167, 168
表面あらさ	24, 87
平座金	40
平軸受	80
平歯車	110
平プーリ	161
平ベルト	161
——伝動	161
疲労強度	9
ピローブロック	106
ピン	46
Vベルト伝動	166
フェザーキー	43
深溝玉軸受	93
腐食しろ	189
不等速運動機構	143
フランジ継手	73, 195
プーリ	160
フリーラン	48
ブレーキ	177
プレス加工	22
ブロックブレーキ	177
平行ピン	46
平面すべり軸受	85
平面リンク機構	144
ペトロフの式	83
へり継手	55
ヘルツの弾性接触理論	97
ヘルツの式	131
ベルト	160
——車	160
——伝動	160
偏心率	89
偏心量	89
法線ピッチ	117, 119
法線方向バックラッシュ	117
保持器	92
細幅Vベルト	168
細目ねじ	27
ボルト	26, 40
ボールねじ	108

〈ま 行〉

まがりばかさ歯車	111
摩擦クラッチ	73, 77
摩擦係数	82, 87
摩擦抵抗	83
摩擦ブレーキ	177
丸リベット	47
右ねじ	27
ミッチェル形スラスト軸受	81, 87
無停留運動	153
メートルねじ	27
めねじ	26
木ねじ	37
モジュール	112, 113

〈や 行〉

焼ばめ圧力	189
焼ばめしろ	189
山径	26
やまば歯車	110
有限要素法	6
ユニファイねじ	27
油膜	82, 83
予圧	105
溶接	22, 53
——継手	55
——熱影響部	54
——ビード	57
呼び寸法	56
余盛り	16

〈ら 行〉

- ラジアル荷重 ……………………………80
- ラジアル軸受 ……………………………80
- ラック ……………………………………110
- リード ……………………………………26
  - ──角 …………………………………26
- リベット …………………………………47
  - ──継手 ………………………………47
  - ──継手の板の効率 …………………50
  - ──継手の効率 ………………………51
- 流体潤滑 …………………………87, 89
- 両停留運動 ………………………………153
- リンク機構 ………………………………143
- ルイスの式 ………………………………128
- レイノルズの式 …………………………84
- ロープ ……………………………………174
  - ──車 …………………………………174
  - ──伝動 ………………………………174
- ローラチェーン …………………………173

〈わ 行〉

- ワイヤロープ ……………………………174
- 割ピン ……………………………………46

著者略歴

茶谷　明義（ちゃたに・あきよし）
　1939年　兵庫県に生まれる
　1963年　東京工業大学理工学部機械工学課程卒業
　1968年　東京工業大学大学院理工学研究科博士課程修了
　1982年　金沢大学工学部教授
　現　在　金沢大学名誉教授，工学博士

新宅　救徳（しんたく・すけのり）
　1943年　石川県に生まれる
　1966年　金沢大学工学部機械工学科卒業
　1968年　金沢大学大学院工学研究科修士課程修了
　1990年　金沢大学工学部教授
　現　在　金沢大学名誉教授，工学博士

放生　明廣（ほうじょう・あきひろ）
　1948年　石川県に生まれる
　1970年　金沢大学工学部機械工学科卒業
　1972年　金沢大学大学院工学研究科修士課程修了
　1992年　金沢大学工学部教授
　現　在　金沢大学元教授，工学博士

喜成　年泰（きなり・としやす）
　1959年　石川県に生まれる
　1982年　金沢大学工学部機械工学第2学科卒業
　1984年　金沢大学大学院工学研究科修士課程修了
　現　在　金沢大学理工研究域機械工学系教授，博士（工学）

立矢　宏（たちや・ひろし）
　1965年　石川県に生まれる
　1987年　東京工業大学工学部機械工学科卒業
　1989年　東京工業大学大学院理工学研究科修士課程修了
　現　在　金沢大学理工研究域機械工学系教授，博士（工学）

基礎からわかる機械設計学　　Ⓒ　茶谷明義・新宅救徳・放生明廣・　　2003
　　　　　　　　　　　　　　　　　喜成年泰・立矢　宏

2003年1月30日　第1版第1刷発行　　【本書の無断転載を禁ず】
2022年3月10日　第1版第7刷発行

著　者　茶谷明義・新宅救徳・放生明廣・喜成年泰・立矢　宏
発行者　森北博巳
発行所　森北出版株式会社
　　　　東京都千代田区富士見1-4-11（〒102-0071）
　　　　電話　03-3265-8341／FAX03-3264-8709
　　　　https://www.morikita.co.jp/
　　　　日本書籍出版協会・自然科学書協会　会員
　　　　JCOPY　＜（一社）出版者著作権管理機構　委託出版物＞

落丁・乱丁本はお取替えいたします　　印刷／太洋社・製本／ブックアート

Printed in Japan／ISBN978-4-627-66461-6

図　書　案　内　森北出版

内燃機関 第3版

田坂英紀／著

菊判・192頁　定価（本体 2500円＋税）　ISBN978-4-627-60533-6

エンジンを通して内燃機関を学ぶ入門テキスト．エンジンの構造，しくみを，例題を交えながら，わかりやすい図を使って説明する．既習であることが前提となる熱力学や伝熱工学の基礎についても説明があるので，復習しながら学ぶことができる．

機械設計法 第3版

塚田忠夫・吉村靖夫・黒崎茂・柳下福蔵／著

菊判・224頁　定価（本体 2600円＋税）　ISBN978-4-627-60573-2

機械設計の基本事項を中心に，初心者向きに平易にまとめた格好のテキスト・入門書．軸受，ボルトなどの機械要素の機能や使い方を理解することで，使用目的にもっとも適した機械要素を選択できる力が身につく．改訂では単位系やJISの改訂への対応に加え，演習問題の解答に詳細な解説を設けた．

幾何公差
　―設計に活かす「加工」「計測」の視点

株式会社プラーナー／編

菊判・192頁　定価（本体 2400円＋税）　ISBN978-4-627-61431-4

設計者だけでなく，設計意図が込められた図面を受け取る『加工』『計測』部門のエンジニアにもおすすめの一冊．幾何公差の意味と表記方法はもちろん，汎用の計測器や3次元測定機を用いてそれぞれの公差を測定する方法についても丁寧に紹介している．

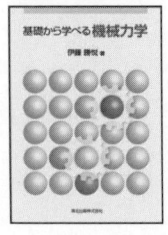

基礎から学べる機械力学

伊藤勝悦／著

菊判・160頁　定価（本体 2200円＋税）　ISBN978-4-627-65041-1

初学者向けのテキストを多数執筆してきた著者による入門書．ベクトル表記を用いず，また数式展開も紙面の許すかぎり丁寧に書きくだすことで，数学が苦手な読者でも読み通せるよう配慮した．機械力学の学びはじめに最適な一冊．

定価は2016年1月現在のものです．現在の定価等は弊社Webサイトをご覧下さい．

http://www.morikita.co.jp

図書案内 森北出版

計測工学入門 第3版

中村邦雄・石垣武夫・冨井薫／著
菊判 ・ 224頁 定価（本体 2600円＋税） ISBN978-4-627-66293-3

幅広い分野で必要になる計測手法について，その原理と実用で注意すべき部分に重点をおいて解説．基本的かつ必須の項目に絞っているので，初学者にはもちろん，計測機器の原理集として，既習者にも有用な一冊．今回の改訂では，現在の潮流に合わせて内容を全面的に見直した．

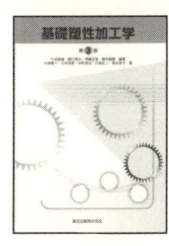

基礎塑性加工学 第3版

川並高雄・関口秀夫・齊藤正美・廣井徹麿／著
菊判 ・ 224頁 定価（本体 2600円＋税） ISBN978-4-627-66313-8

プレス機械をはじめとする塑性加工を，学生・初学者に向けてわかりやすく解説したテキスト．塑性変形の現象をつかみ，加工の考え方を学んだうえで，塑性力学の理論につなげている．各章の冒頭に学習目標を，本文内に多数のミニコラムをそれぞれ掲載し，読者の理解を支える構成となっている．

初心者のための機械製図 第4版

藤本元・御牧拓郎／監修　植松育三・髙谷芳明／著
B5判 ・ 224頁 定価（本体 2500円＋税） ISBN978-4-627-66434-0

学びやすさから好評を得ているテキストの改訂版．改訂では，歯車，ボルト・ナットなど最近のJIS改正に対応した．図中に吹き出しでポイントが明示され，図から視覚的に理解できる．また，正しい描き方とともに間違いやすい描き方が例示されているので，深く理解できるよう工夫されている．

基礎から学ぶ材料力学 第2版

臺丸谷政志・小林秀敏／著
菊判 ・ 224頁 定価（本体 2600円＋税） ISBN978-4-627-66512-5

基礎事項から始めて例題で理解を深め，多数の演習問題を解くことで考え方が身につく，初学者に最適な一冊．静定問題，不静定問題，歪み，座屈，組合せ応力，モールの円と，基礎的な事項が網羅されている．単位や工業材料定数の載った付録付き．

定価は2016年1月現在のものです．現在の定価等は弊社Webサイトをご覧下さい．
http://www.morikita.co.jp

図書案内　森北出版

人と機械の共生のデザイン
―「人間中心の自動化」を探る

稲垣敏之／著
A5判・200頁　定価(本体2400円＋税)　ISBN978-4-627-94781-8

わかりやすい例として航空機や自動車の事例をたどり，機械と人がお互いに能力を補い合うための設計方法を提案．また，読者の設計課題に役立つようなメッセージや注意点も掲載．機械・制御・情報系の各エンジニアに加えて，機械に携わる経営・行政・メディアのみなさまにもおすすめ．

図解Ｉｎｖｅｎｔｏｒ実習 第2版
―ゼロからわかる3次元CAD

船倉一郎・堀 桂太郎／共著
B5判・224頁　定価(本体3200円＋税)　ISBN978-4-627-66622-1

3次元CADの代表的ソフトとして普及しているInventor(オートデスク社)の操作を，数多くのスクリーンショットでわかりやすく解説．Inventorの特徴的な機能も解説し，効率的な作図方法も学べる．Inventorを使いながら3次元CADの基本を習得したい方におすすめしたい．

図解ＳｏｌｉｄＷｏｒｋｓ実習 第2版
―3次元CAD完全マスター

栗山晃治・新間寛之／著
B5判・224頁　定価(本体3200円＋税)　ISBN978-4-627-66662-7

3次元CADソフト「SolidWorks」好評の実習書の改訂版．ソフトのバージョンアップに伴う変更に加え，実践的内容がボリュームアップ．第2版では，ショベルカーの模型を作成しながら，部品作成・組み立て・図面作成などの基本操作をわかりやすく学ぶことができる．

ロバストデザイン
―「不確かさ」に対して頑強な人工物の設計法

松岡由幸・加藤健郎／共著
菊判・176頁　定価(本体2600円＋税)　ISBN978-4-627-66951-2

品質工学に基づく従来の設計手法は，材料や加工のばらつきに着目することで成果を上げてきた．しかし，今後のユーザーニーズの多様化やグローバルな製品展開への対応には，十分とは言えない．本書では，ユーザーや製品が使われる環境などを「多様な場」ととらえ，その「不確かさ」に対応できる新しい設計手法を解説．

現在の定価等は弊社Webサイトをご覧下さい．
http://www.morikita.co.jp